电梯虚拟仿真 VR 教程

主　编　时洪芳

副主编　郭建军　詹娟娟　彭双双　刘书岑

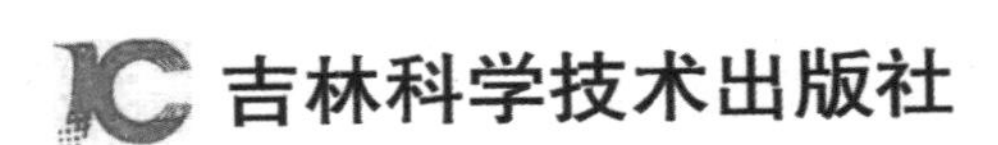

图书在版编目（CIP）数据

电梯虚拟仿真 VR 教程 / 时洪芳主编. -- 长春 : 吉林科学技术出版社, 2023.6
ISBN 978-7-5744-0620-9

Ⅰ. ①电… Ⅱ. ①时… Ⅲ. ①电梯－系统仿真－教材 Ⅳ. ①TU857

中国国家版本馆 CIP 数据核字(2023)第 133024 号

电梯虚拟仿真 VR 教程

主　　编　时洪芳
出 版 人　宛　霞
责任编辑　赵海娇
封面设计　江　江
制　　版　北京星月纬图文化传播有限责任公司
幅面尺寸　185mm × 260mm
开　　本　16
字　　数　240 千字
印　　张　13.5
印　　数　1–1500 册
版　　次　2023年6月第1版
印　　次　2024年2月第1次印刷

出　　版　吉林科学技术出版社
发　　行　吉林科学技术出版社
地　　址　长春市福祉大路5788号
邮　　编　130118
发行部电话/传真　0431-81629529 81629530 81629531
81629532 81629533 81629534
储运部电话　0431-86059116
编辑部电话　0431-81629518
印　　刷　三河市嵩川印刷有限公司

书　　号　ISBN 978-7-5744-0620-9
定　　价　84.00元

前　　言

随着我国经济的持续高速发展及城镇化建设的加速，电梯市场的需求快速增长，电梯的应用越来越广泛。目前，我国电梯的产量、销量均居世界首位，我国已成为全球最大的电梯生产和消费市场。随着电梯行业的快速发展，电梯安装、维修与保养人才相继出现空缺，电梯安装与维修保养专业应运而生，助力符合安全技术规范的人才培养。

壮大技术工人队伍，培养更多高素质技术技能人才、能工巧匠、大国工匠，既是当前之需，又是长远之计。电梯是机电合一的综合大型工业产品，一台电梯从设计到安全运行，主要由制造、安装和保养 3 个部分组成，任何一个环节出现问题都会给电梯带来巨大的危险。电梯安装是制造与使用（保养）的中间环节，正确、稳固的安装不仅能保证电梯的高质量运行，还能保证其使用期间的可靠性。

本书通过虚拟仿真的方式来介绍电梯的安装知识。全书共 10 个模块，以电梯实际安装的步骤为顺序来安排各模块内容，按照当前职业教育教学改革和职业活动过程来设计教学过程，努力体现教学内容的先进性，突出专业领域的新知识。为了让学生直观、系统地掌握电梯安装的知识，编者在书中配备了详细的虚拟仿真指导图片，并结合相应的练习题来进行知识反馈。

另外，书中必要地方配备了二维码，手机扫描右侧二维码安装技培云 APP，使用该 APP 扫码即可观看具体操作视频。

本书可作为中职学校电梯专业的教材，也可供从事电梯技术和管理人员学习参考。

由于编者水平有限，加之编写时间仓促，书中疏漏之处在所难免，恳请广大读者及同行批评指正。

目　　录

模块一　样板安装及基准线挂设

学习目标

【知识目标】

1. 能够根据实际井道大小制作相对应的样板架，会安放样板架。

2. 能够根据图样找到放线的位置。

3. 掌握稳样架安装的知识。

4. 掌握样板安装及基准线挂设的流程及对接标准，并为岗位培养人才需求、1+X 证书考取做准备。

【能力目标】

通过虚拟仿真让学生全面掌握样板的安装方法及国家标准要求并用于实践。

【素养目标】

培养学生勤于思考、勤于总结、精益求精的工匠精神。

模块导入

在电梯安装过程中，最重要的环节就是放样。放样是将电梯井道按照工程图样上设计的位置（或物体）放到实际位置（或物体）的过程。放样过程中需要使用样板架。样板架的作用是定位电梯导轨、轿厢、对重、层门等核心部件在电梯井道中的位置，以保证电梯安装的精度和可靠性。

施工工艺

样板架放样线工艺流程表

工艺流程		作业计划
1	用膨胀螺栓将角钢固定在顶层井壁上，并保持两边角钢高低、水平一致	
2	按井道平面图制作样板架，并在放线点木架上锯下 1mm 放线缺口	
3	向井道放样板线，稳定线锤	
4	制作下样板支架，固定样板垂线	

施工安全

（1）搭设样板架作业安全：按规定凡进入井道现场作业的，必须使用、穿戴相关的劳防用品，包括安全头盔、全身保险带、安全鞋、手套、工作目镜、防护工作服等。

（2）高空施工安全：井道内应放置不少于两根生命线（在井道顶部固定悬挂至底坑的高强度绳缆）；作业时，为防止发生作业人坠落的危险，个人应使用全身式保险带，并将保险带的止回锁系挂在生命线上进行作业，每条生命线只允许一人使用。

（3）井道防坠物保护：放线时处于立体作业环境，应预先将机房通向井道开口及各层门洞口全部封堵，井架平台上不堆杂物，使用的工具用绳索绑住，以防坠物伤害下方作业人员。

施工质量

样板架放样线施工验收表

序号	验收要点
1	样板水平偏差不得大于 3/1000
2	样板应牢固、准确，制作样板时，样板架托架木质、强度必须符合规定要求，保证样板架不会发生变形或塌落事故
3	样板架托架应牢固地安装在井道壁上，不允许作其他承重使用。托架水平度、等高度≤2mm，保证样板架放置的水平度公差为 1/1000

续表

序号	验收要点
4	放样板时井道上下作业人员应保持联络畅通
5	放样板工具和材料应装入工具袋中，并固定在工作平台上确保不会坠落。如在井道中不易固定，则应在不使用时随时退出井道
6	底坑配合人员应在放样人员允许时才可进入底坑，并保持联络。放钢丝线时，钢丝线上临时所拴重物不得过大，必须捆扎牢固，放线时下方不得站人
7	基准线尺寸必须符合图样要求，各线偏差应不大于 0.3mm，基准线必须保证垂直
8	确定轿厢导轨基准线时，应先复核图样尺寸与实物是否一致，不一致时应以实物为准，并经核验

工具、材料

防护用品

安全头盔	全身保险带	安全鞋	手套	工作目镜
			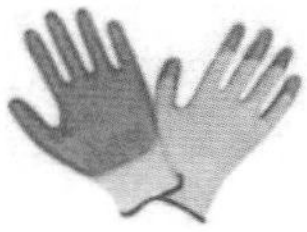	

安装工具

电锤	膨胀螺栓	吊锤	钢丝	角钢
	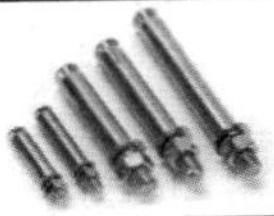			
方木	铁钉	铁锤	卷尺	电工刀

水平尺	水桶	钢尺		

任务一 安装样板架

一、知识架构

样板架制作就是将电梯安装尺寸进行垂直放样定位。样板架制作的正确与否直接关系到电梯的安装质量，在制作样板架时首先要仔细阅读电梯的土建布置图。样板架制作流程如下：

（1）顶层部位制作样板架搁置支架。在井道顶层距楼板 1m 部位先用膨胀螺栓固定井壁一边的两段角钢，校正水平，允许误差为 1/1000；将此边角钢安装高度对应到对面井壁画线，用膨胀螺栓固定井壁对面的角钢，校正水平允许误差为 1/1000，同时校正两对角钢的高度差不大于 2mm。

（2）样板架的制作。样板架要选用不易变形并经烘干处理的、四面刨平且互成直角的木料制作，其截面尺寸如表 1-1-1 所示。样板架需在平坦的地面上制作，在框架制作完后应校对框架的对角线，使对角线相对偏差不大于 2mm，并用木料固定框的 4 个角，以保证样板架的准确性，在每个放线点的角上用钢锯条沿着标注线锯一道深约 10mm 的斜口，在其旁钉一枚铁钉。为了便于辨别，应在样板架的主要尺寸处（如轿厢和对重中心线、层门和轿门的门口净宽点、导轨校对点等）进行文字标注。样板架平面示意图如图 1-1-1 所示。

表 1-1-1 工具、材料表

序号	工具、材料名称	规格	单位	数量	用途
1	上样板架条木	80mm×40mm（或100mm×60mm）×2500mm	段	6	井道总高低于 20m 时使用前者
2	下样板架条木	60mm×50mm×2500mm	段	8	
3	样板托架条木	100mm×100mm×2500mm	段	2	视井道宽距至适合安装
4	钢丝	ϕ1mm	kg		视井道总高确定
5	吊锤（铁砣）	3～5kg	个	8	
6	铁钉	3″	kg	0.5	
7	水桶	400mm×400mm（直径×高度）	个	8	（废机油桶、涂料桶）
8	U 形骑马钉	1/2″	个	30	
9	角钢	50mm×50mm×5；长 400mm	段	4	
10	膨胀螺栓	12mm	套	10	
11	手提冲击钻	10～20mm	把	1	

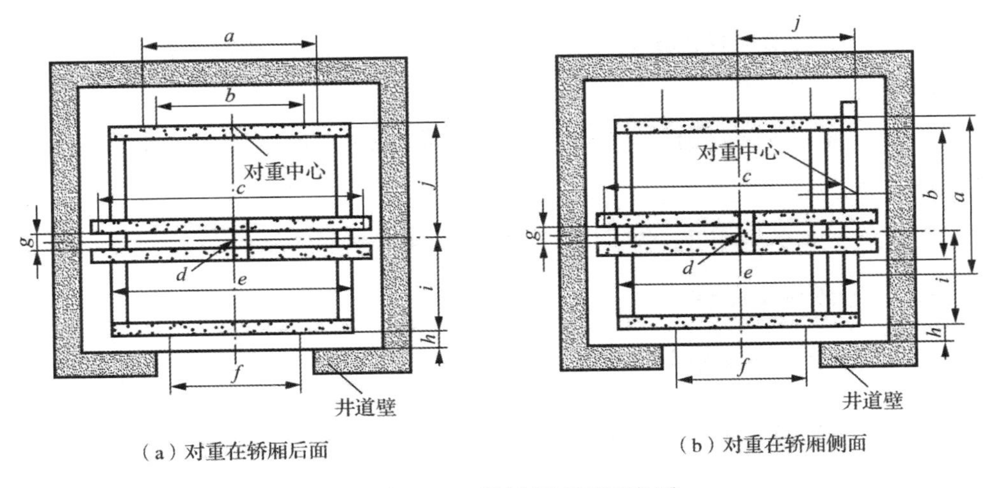

（a）对重在轿厢后面

（b）对重在轿厢侧面

图 1-1-1　样板架平面示意图

（3）架设（图 1-1-2）。先将用 2 根四面刨平且互成直角的截面面积大于 0.1m×0.1m 的木料制成样板托架，并将其架设至井道墙壁上的角钢上；再将样板架安装在托架上，并将两者校正为相互平行。样板托架需要可靠固定在角钢上，不能产生位移。

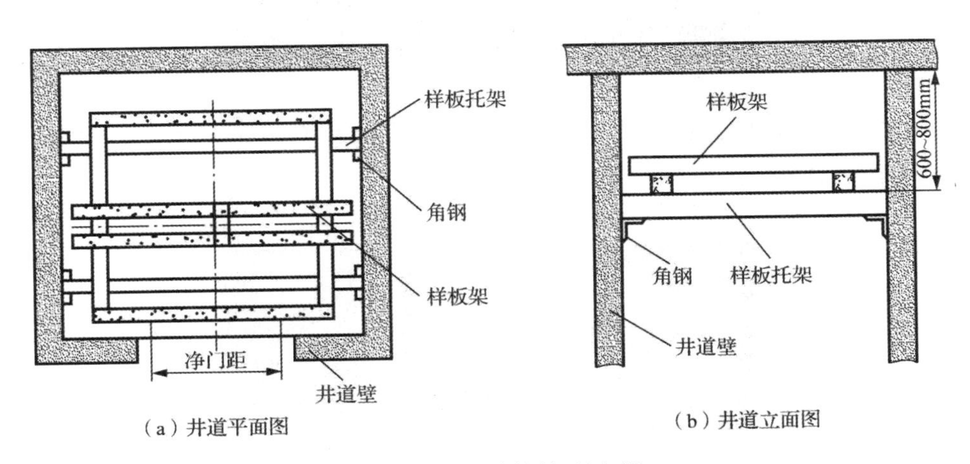

（a）井道平面图

（b）井道立面图

图 1-1-2　样板架的架设

二、对接标准

（1）在井道顶板下方 1m 左右的前井道壁上固定 2 只角钢托架。

（2）安装稳样架支撑，要求找实垫平，测量稳样架支撑的水平误差应不大于 3/1000。

（3）用水平尺测量样板支撑木的水平误差不大于 3/1000。

（4）参照图样复核轿厢对重导轨宽样线对角线距，各尺寸偏差均应不超过 0.3mm。

（5）参照图样复核厅门净宽样线对角线距，各尺寸偏差均应不超过 0.3mm。

（6）对于高层电梯，在距底坑 400mm 处安装稳样架，固定样线。

三、任务实施流程

1. 井道前后壁安装角钢托架

消息框提示：在井道顶板下方 1m 左右的前井道壁上，用膨胀螺栓固定 2 只角钢托架。

（1）电锤打孔：单击下方【电锤】图标，单击引导图标下的红圈闪烁位置。

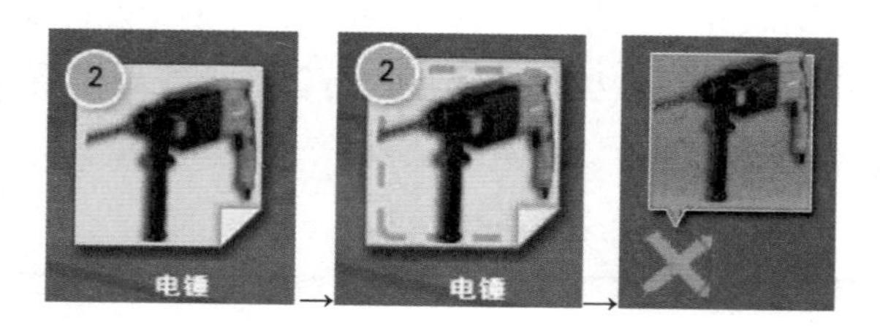

（2）安装膨胀螺栓：单击下方【M12 膨胀螺栓】图标，单击引导图标下的红圈闪烁位置。

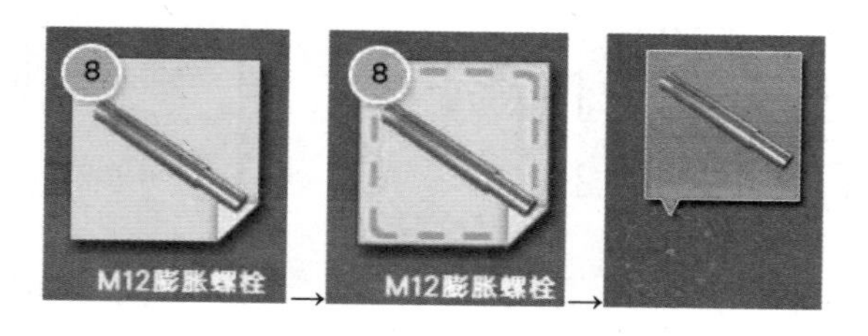

（3）安装角钢托架：单击下方【样架支撑（角钢）】图标，单击引导图标下的红圈闪烁位置。

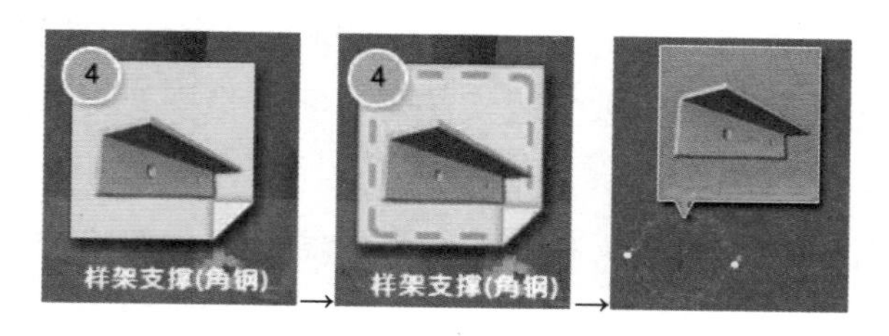

（4）安装螺母：单击下方【M12 螺母】图标，单击引导图标下的红圈闪烁位置。

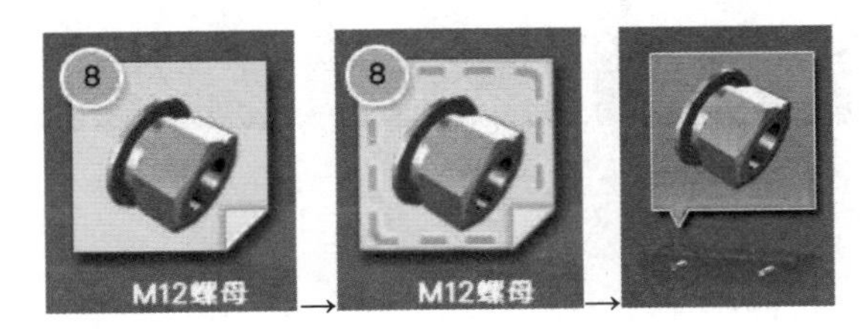

消息框提示：“在井道顶层位置安装角钢托架”操作已完成。

2. 安装并调整样架支撑

消息框提示：安装样架支撑，要求垫实找平。

（1）放置方木：单击下方【样架支撑方木】图标，单击引导图标下的红圈闪烁位置。

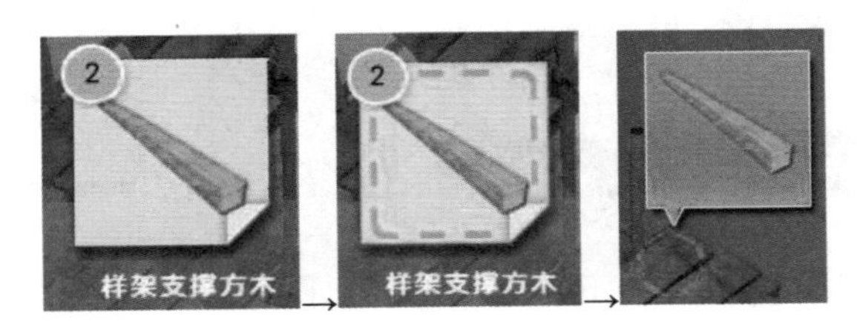

消息框提示：用水平尺测量样板支撑木的水平误差不大于 3/1000。

（2）两组支撑木水平度测量：单击下方【水平尺】图标，单击引导图标下的红圈闪烁位置，使用完后单击【收回】。使用同样的方法测量 3 次。

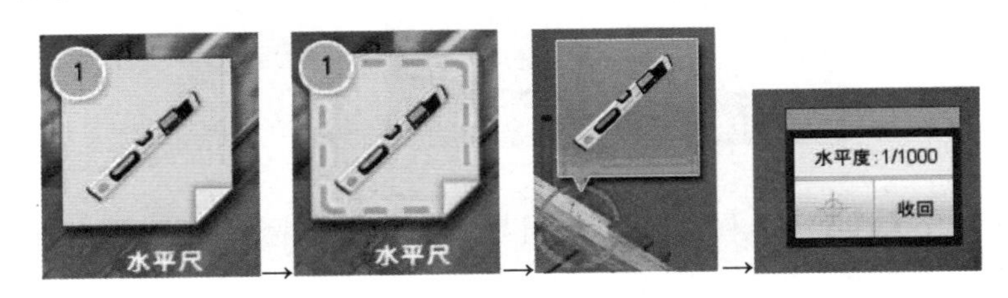

消息框提示：“安装并调整样架支撑”操作已完成。

3. 固定样架支撑前端

消息框提示：用木楔块分别固定支撑木的 4 个端部。

安装样板架楔块：单击下方【样板架楔块】图标，单击引导图标下的红圈闪烁位置。

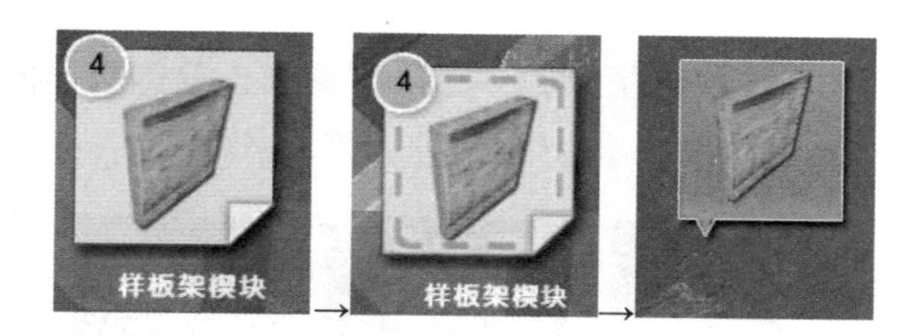

4. 拼装样架

消息框提示：按照样架平面示意图，拼装样架。注意，样板应选用干燥、不易变形、光滑平直、四面刨平、互成直角的木料，截面尺寸 80mm×40mm（提升高度≤20m）。

（1）查看样板架示意图：单击下方【样板架示意图】图标，单击引导图标下的红圈闪烁位置，使用完后单击【收回】。

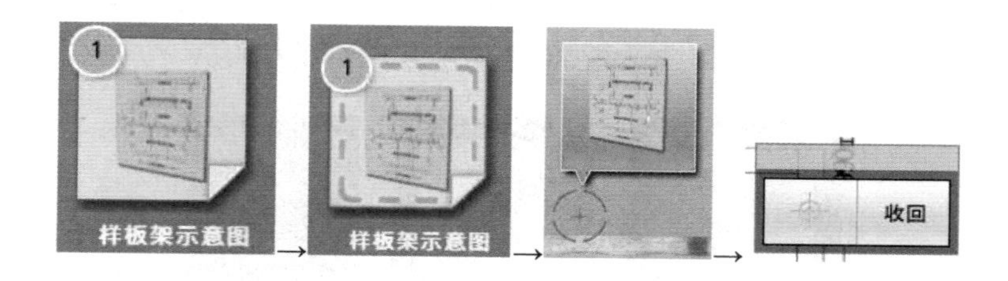

（2）样板架拼装：单击下方【样架 2】图标，单击引导图标下的红圈闪烁位置。

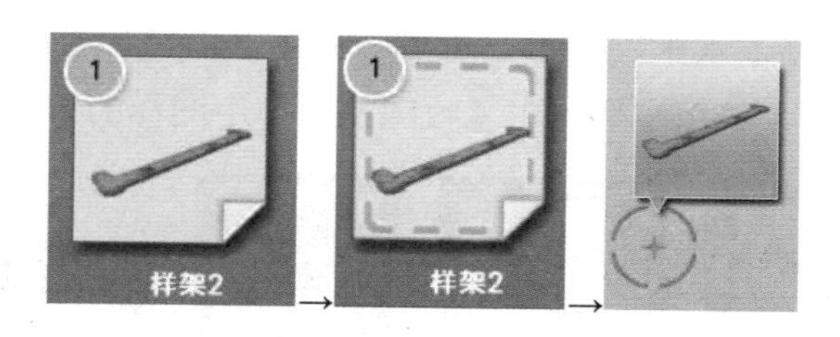

单击下方【样架 3】图标，单击引导图标下的红圈闪烁位置。

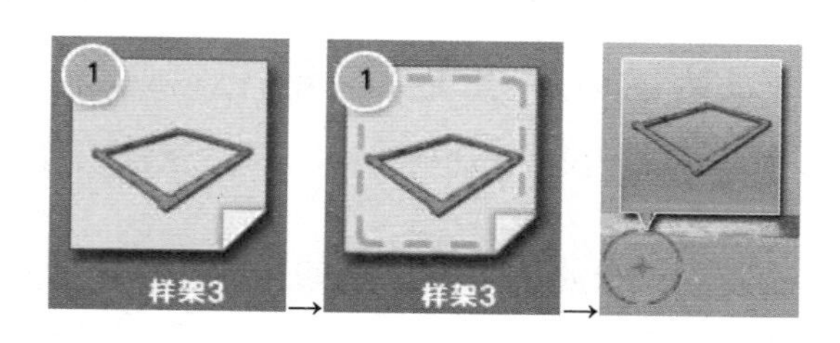

单击下方【样架 4】图标，单击引导图标下的红圈闪烁位置。

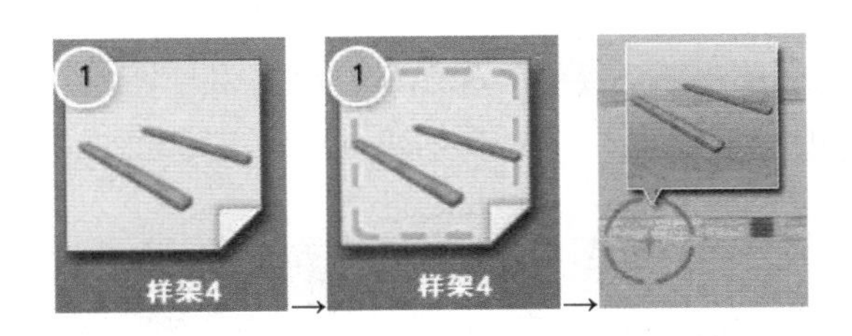

消息框提示：“拼装样架”操作已结束。

5. 复核

（1）复核样架前后距离。

消息提示框：参照图样复核样架前后位置距离，各尺寸偏差均应不超过0.3mm。

使用卷尺测量：单击下方【卷尺】图标，单击引导图标下的红圈闪烁位置。

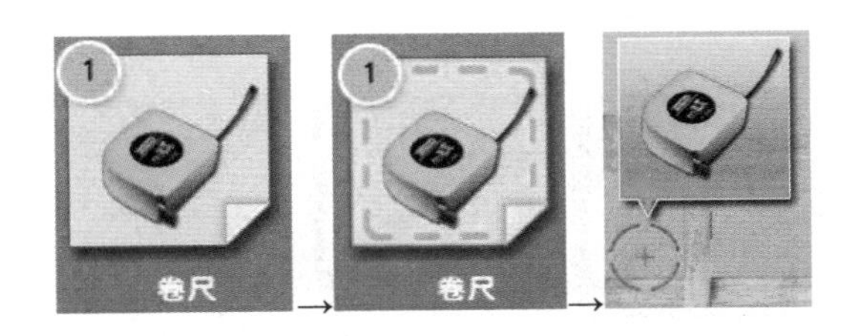

消息提示框：“复核样架前后距离”操作已结束。

（2）复核厅门净宽样线对角线距。

消息提示框：参照图样复核厅门净宽样线对角线距，各尺寸偏差均应不超过 0.3mm。

使用卷尺测量：单击下方【卷尺】图标，单击引导图标下的红圈闪烁位置。使用同样的方法测量 2 次。

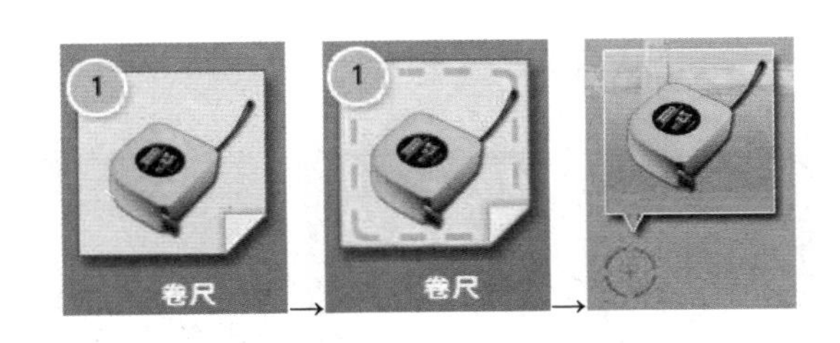

消息提示框：“复核厅门净宽样线对角线距”操作已结束。

（3）复核轿厢、对重导轨样线对角线距。

消息提示框：参照图样复核轿厢导轨宽样线对角线距，各尺寸偏差均应不超过 0.3mm。

使用卷尺测量：单击下方【卷尺】图标，单击引导图标下的红圈闪烁位置。使用同样的方法测量 2 次。

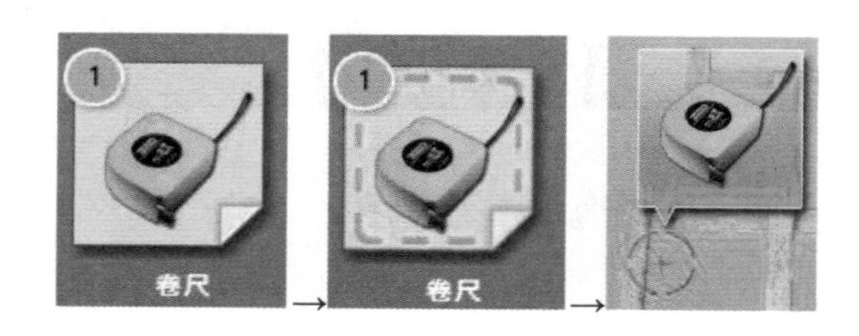

消息提示框：“复核轿厢导轨宽样线对角线距”操作已结束。

6. 放线点豁口

消息提示框：在样板架放铅垂线的各点处，用薄锯条锯一个斜口。

电工刀豁口：单击下方【电工刀】图标，单击引导图标下的红圈闪烁位置。

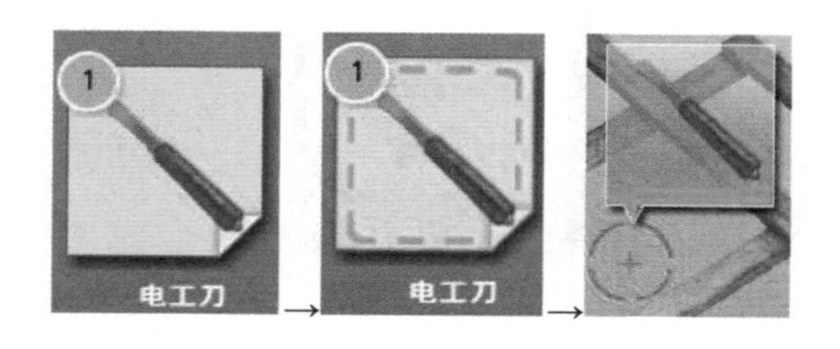

消息提示框：“放线点豁口”操作已结束。

7. 样板架安装就位

（1）样板架放置。

消息提示框：将组装好的样板平稳放置在井道顶部样架支撑上，样板架的水平度偏差在全平面内≤3mm。

安装样板架：单击下方【样板架】图标，单击引导图标下的红圈闪烁位置。

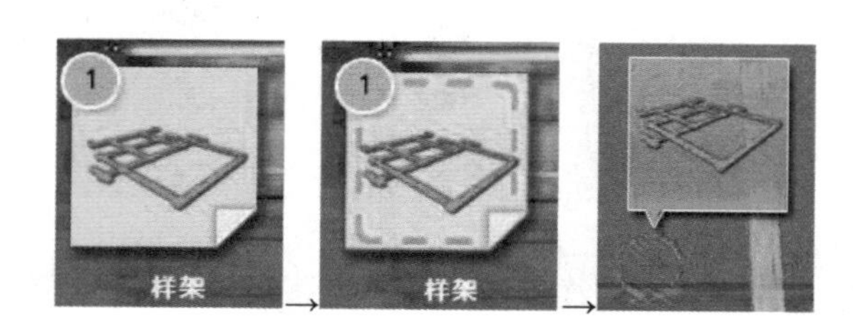

（2）样板架水平度测量。

水平尺测量水平度：单击下方【水平尺】图标，单击引导图标下的红圈闪烁位置，使用完后并单击【收回】。使用同样的方法测量 2 次。

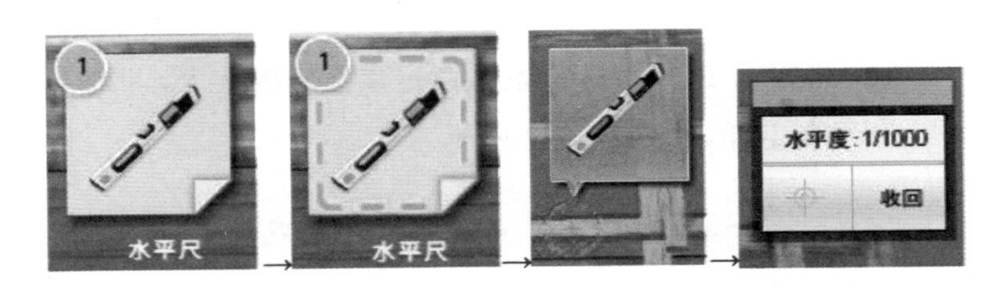

消息提示框：“样板架安装就位”操作已结束。

任务二　放样线

一、知识架构

样线的放置流程如下：

（1）首先放层门垂线，作为井道其他放线的参照基准。必须保证所有层门地坎、门柱、挂件层门板活动区域与土建不冲突，尽量将层门部件与土建最凸出点的间隙控制在 6～10mm。

（2）参照层门垂线并结合井道平面图，确定轿厢导轨、对重导轨的放线点。

（3）确定样板架放线点后锯出放线点斜口，将 1mm 钢丝的一头缠绕于样板架斜口附近及斜口旁铁钉上，另一头通过斜口放至底坑（图 1-2-1）。钢丝下端悬垂 3～5kg 的铁砣将钢丝拉直，如提升高度较高，端部吊锤（铁砣）的重量也可以适当增加。为了防止安装时铅垂线的晃动，可以将吊锤（铁砣）置入水桶中使之稳定。

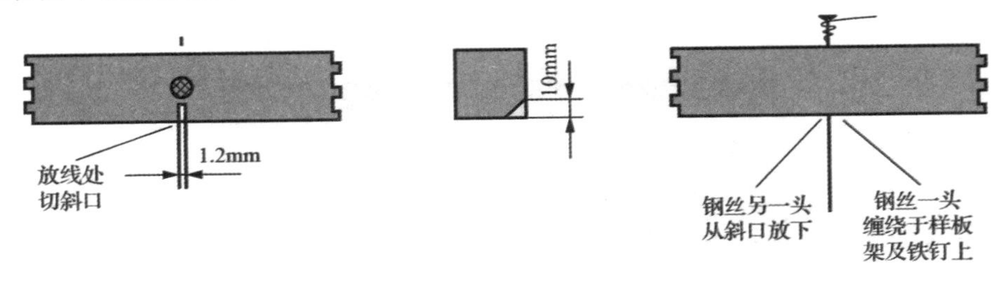

图 1-2-1　样板架放线示意图

（4）用方木、木楔或钉子将放样线架固定并不得松动。

（5）固定样板垂线。

① 在离底坑 0.8～1.0m 的井壁两侧安装 4 根平行相对的角钢，供放置下

样板架用。

② 将下样板架移至贴紧样板垂线后，固定下样板架，可用方木、木楔将架框与井壁嵌紧，再将U形骑马钉将垂线钉定于下样板架上，即使施工无意碰触垂线，垂线也不会走样，如图1-2-2所示。

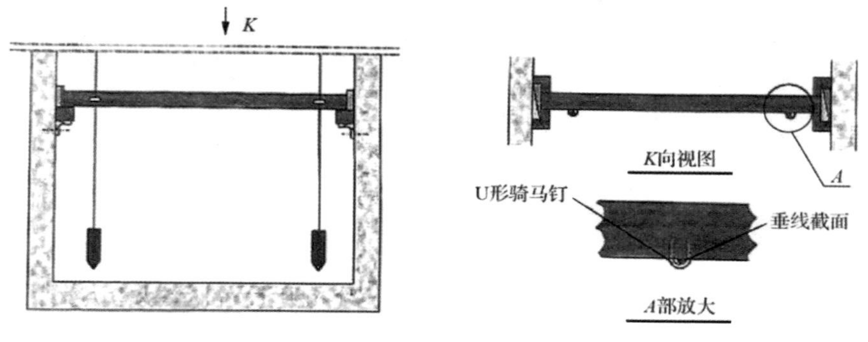

图1-2-2　样板垂线固定示意

二、对接标准

（1）参照图样复核轿厢对重导轨宽样线对角线距，各尺寸偏差均应不超过0.3mm。

（2）参照图样复核厅门净宽样线对角线距，各尺寸偏差均应不超过0.3mm。

三、任务实施流程

1. 厅门样线放置

消息提示框：样架初步安装就位后，先放2根层门样线。放线过程中要注意，垂线中间不能与脚手架或其他物体接触，且不能使钢丝有死结现象。

放置样线组件：单击下方【样线组件】图标，单击引导图标下的红圈闪烁位置。

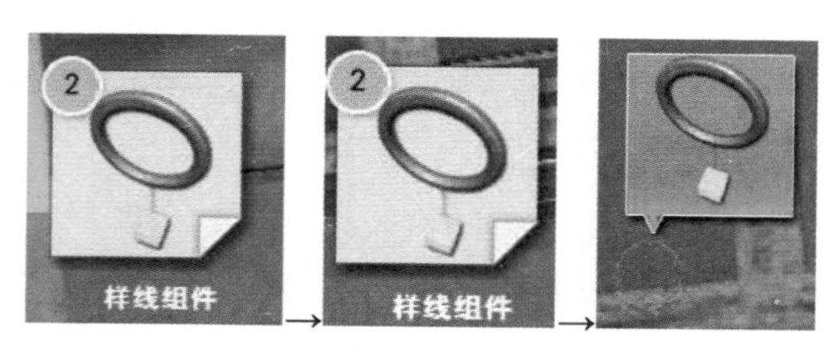

消息提示框：“放层门样线”操作已结束。

2. 测量井道

消息提示框：在每一层的厅门口层站地面高度位置，用卷尺测量厅门样线至各井道壁及厅门门洞墙垛的距离 A、B、C、D、E、F、G、H，将测量数值填入表格。

测量数值：单击下方【测量】图标，单击引导图标下的红圈闪烁位置。

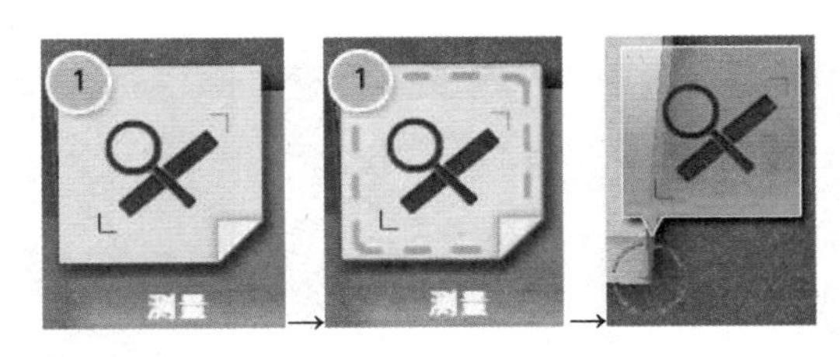

消息提示框：全部楼层测量完成后，检查测量数据。井道尺寸允许正偏差不大于 25mm，“井道测量”操作已完成。

3. 固定样板架

消息提示框：样架位置确定后，用铁钉将样板架固定在支撑木上。

固定样板：单击下方【样架固定件】图标，单击引导图标下的红圈闪烁位置。

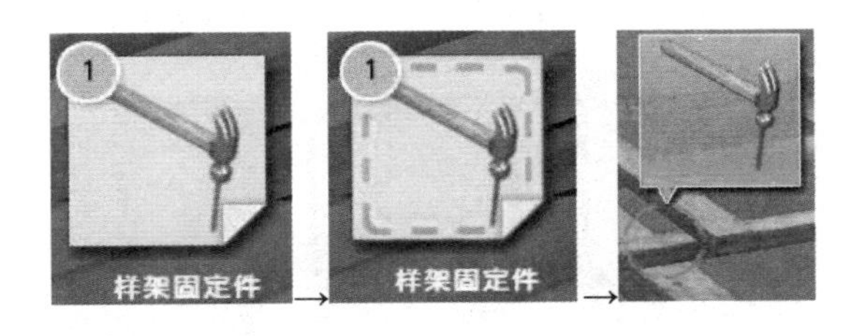

消息提示框：“固定样板架”操作已完成。

4. 完成放样线

（1）轿厢导轨左右侧样线放置。

消息提示框：与放厅门样线的方法一样，放轿厢导轨样线（4 根）与对重导轨样线（4 根）。

放置样线组件：单击下方【样线组件】图标，单击引导图标下的红圈闪烁位置。

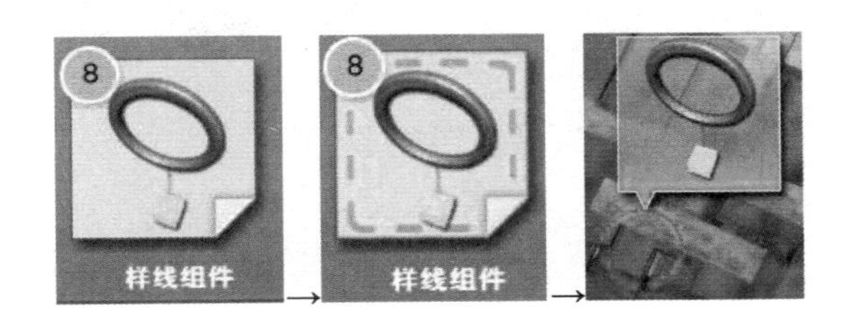

（2）对重导轨左右侧样线放置。

放置样线组件：单击下方【样线组件】图标，单击引导图标下的红圈闪烁位置。

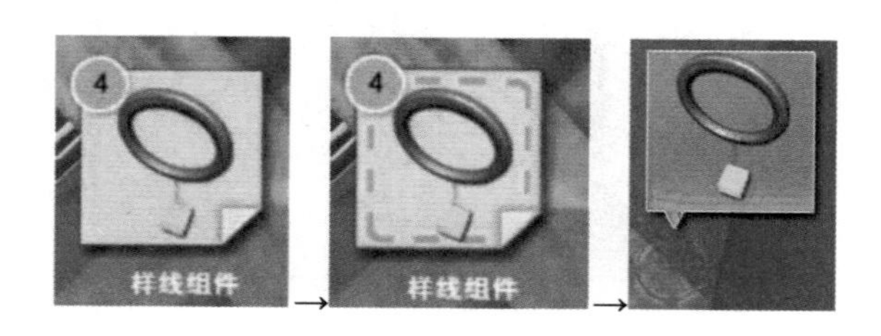

消息提示框：“完成放样线”操作已完成。

5. 稳定样线

（1）水桶放置。

消息提示框：线锤不易静止时，可在底坑放一水桶，桶内装入适量的水或机油，将线锤置于桶内，使线锤尽快静止。

放置水桶：单击下方【水桶】图标，单击引导图标下的红圈闪烁位置。

（2）添加机油。

向水桶内添加机油：单击下方【机油】图标，单击引导图标下的红圈闪烁位置。

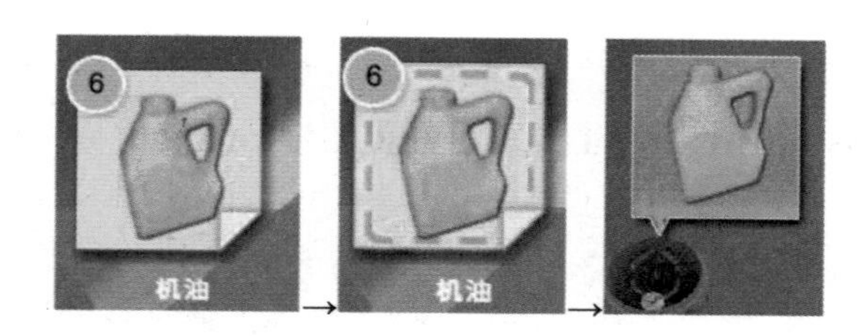

消息提示框：“稳定样线”操作已完成。

任务三　安装稳样架

一、知识构架

为了防止铅垂线晃动，在底坑固定一个与顶部相似的稳样架。稳样架的制作参考本模块任务一的“任务实施流程”部分。

二、对接标准

（1）对于高层电梯，在距底坑 400mm 处安装稳样架，固定样线。

（2）安装稳样架支撑，要求找实垫平，测量稳样架支撑的水平误差应不大于 3/1000。

（3）将组装好的稳样架平稳地放置在底坑上方的稳样架支撑上，稳样架的水平偏差在全平面内应不大于 3/1000。

三、任务实施流程

1. 安装稳样架支撑角钢

（1）井道前后壁打孔完成。

消息提示框：对于高层电梯，在距底坑 400mm 处安装稳样架，固定样线。

电锤打孔：单击下方【电锤】图标，单击引导图标下的红圈闪烁位置。

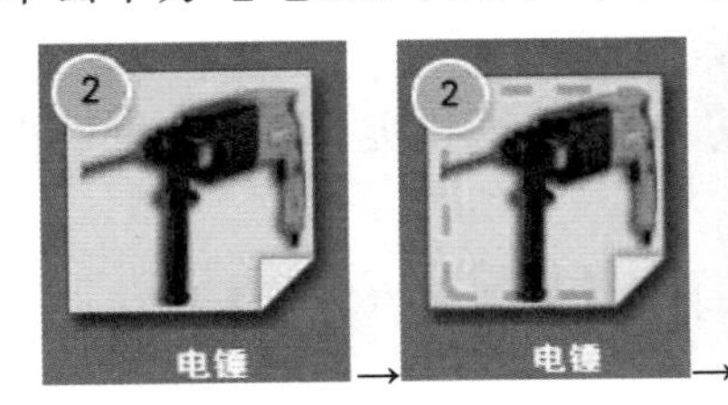

（2）安装膨胀螺栓完成。

安装膨胀螺栓：单击下方【M12 膨胀螺栓】图标，单击引导图标下的红圈闪烁位置。

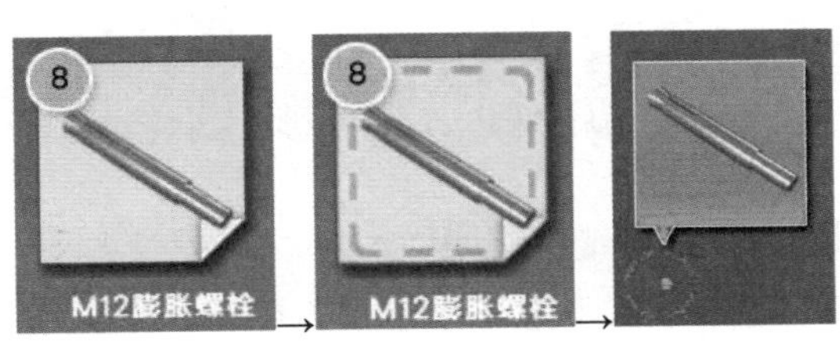

（3）放置稳样架支撑角钢完成。

安装样架支撑：单击下方【样架支撑】图标，单击引导图标下的红圈闪烁位置。

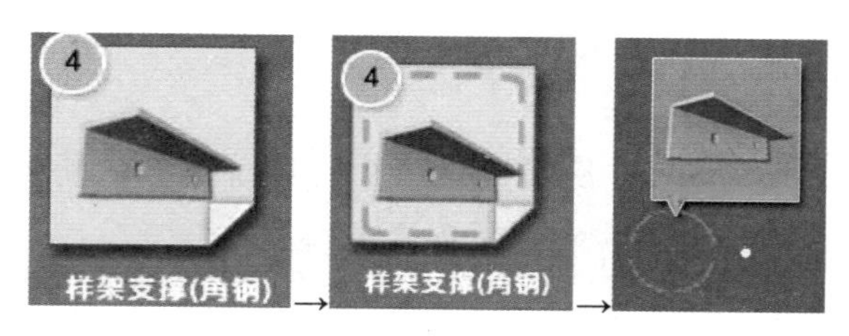

（4）固定稳样架支撑角钢完成。

安装 M12 螺母：单击下方【M12 螺母】图标，单击引导图标下的红圈闪烁位置。

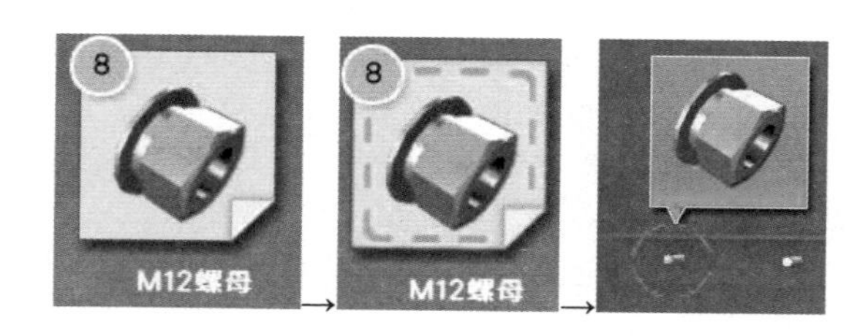

消息提示框：“安装稳样架支撑角钢”操作已完成。

2. 安装并调整稳样架支撑

（1）放置稳样架支撑完成。

消息提示框：安装稳样架支撑，要求找实垫平，测量稳样架支撑的水平误差应≤3/1000。

放置样架支撑方木：单击下方【样架支撑方木】图标，单击引导图标下的红圈闪烁位置。

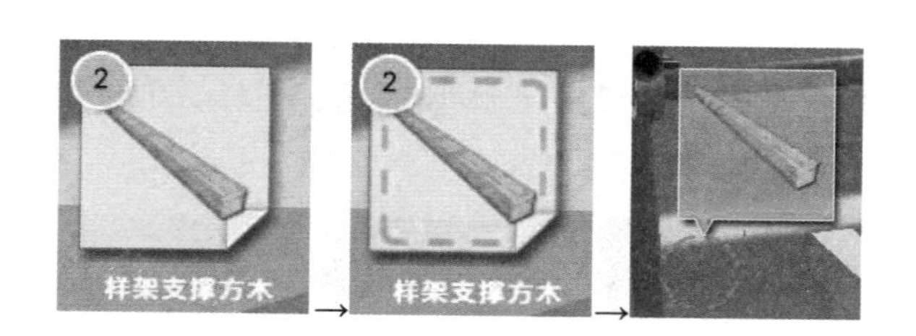

（2）两组支撑木水平度测量完成。

水平尺测量水平度：单击下方【水平尺】图标，单击引导图标下的红圈闪烁位置，使用完后并单击【收回】。使用同样的方法测量 3 次。

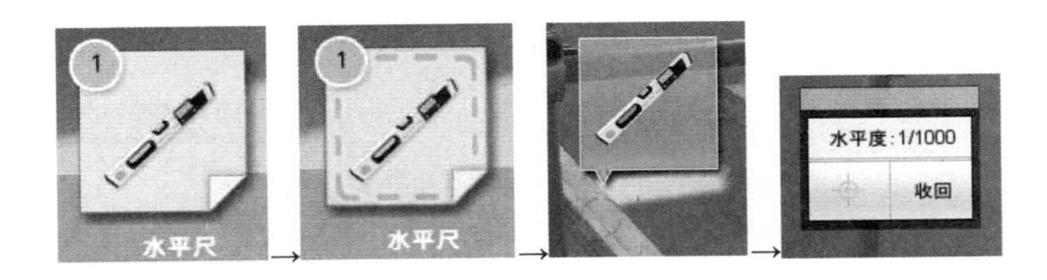

消息提示框：“安装并调整稳样架支撑”操作已完成。

3. 固定样架支撑端部

消息提示框：用木楔块分别固定稳样架支撑木的 4 个端部。

安装样板架楔块：单击下方【样板架楔块】图标，单击引导图标下的红圈闪烁位置。

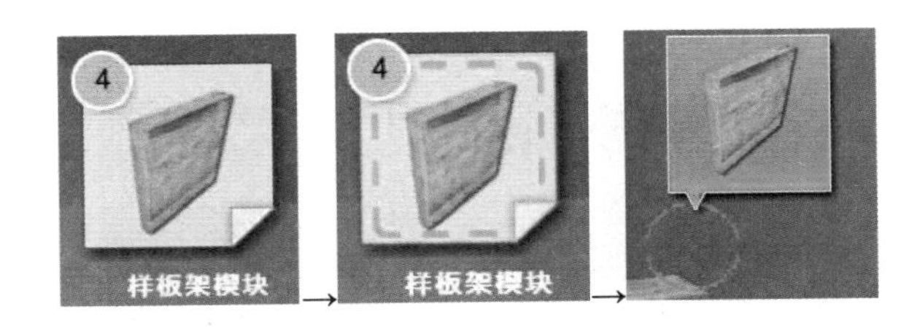

消息提示框：“固定稳样架支撑”操作已完成。

4. 稳样架安装就位

（1）稳样架放置位置正确。

消息提示框：将组装好的稳样架平稳地放置在底坑上方的稳样架支撑上，稳样架的水平偏差在全平面内应≤3/1000。

安装样架：单击下方【样架】图标，单击引导图标下的红圈闪烁位置。

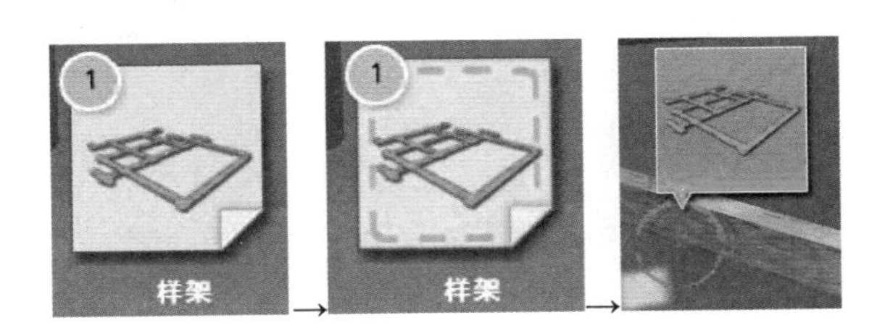

（2）稳样架水平度测量完成。

水平尺测量水平度：单击下方【水平尺】图标，单击引导图标下的红圈闪烁位置，使用完后并单击【收回】。使用同样的方法测量 2 次。

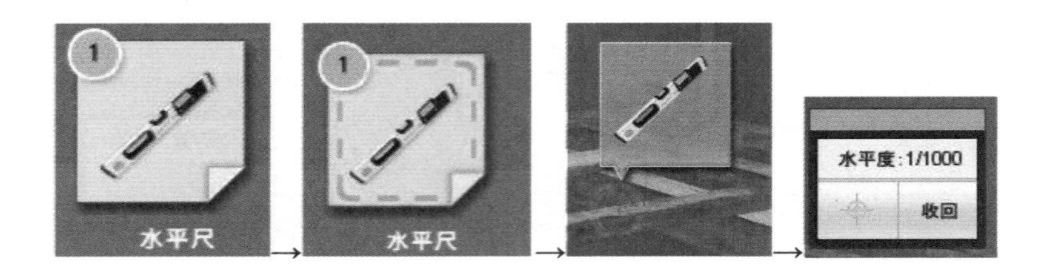

消息提示框：“稳样架安装就位”操作已完成。

5. 固定稳样架

消息提示框：稳样架各部位尺寸确认后，使用铁钉固定稳样架，稳样架的固定应牢靠，不应有变形现象。

固定样板：单击下方【样架固定件】图标，单击引导图标下的红圈闪烁位置。

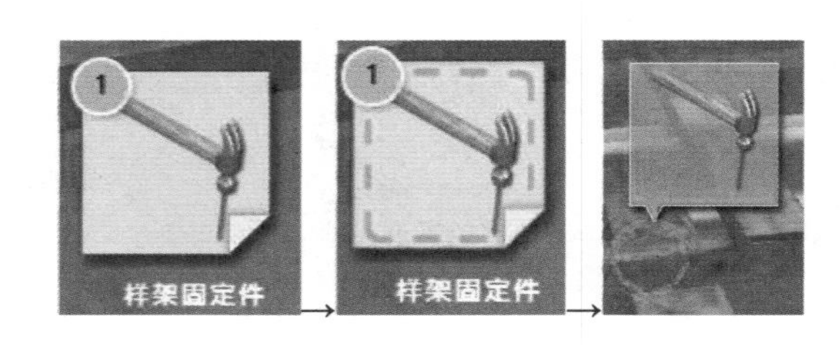

消息提示框：“固定稳样架”操作已完成。

6. 样线固定至稳样架

消息提示框：将样线平稳地固定至稳样架，撤去底坑的水桶。

收回水桶：单击下方【收回】图标，单击引导图标下的红圈闪烁位置。

消息提示框：“样线固定至稳样架”操作已完成。

模块梳理

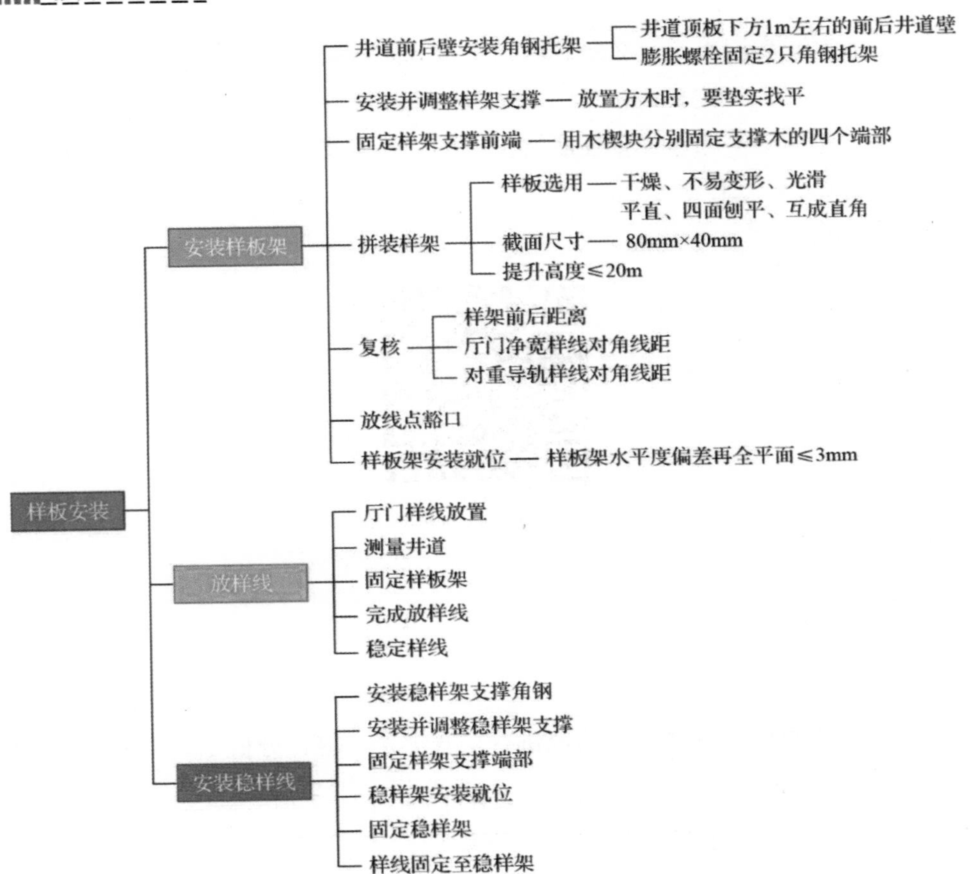

模块测评

选择题

（1）样板的水平度在全平面内不得大于（　　）mm。

A. 2　　B. 3　　C. 4　　D. 5

（2）样板支架方木端部应垫实找平，水平度误差不得大于（　　）。

A. 1/1000　　B. 2/1000　　C. 3/1000　　D. 4/1000

（3）层门需要放置（　　）根样线。放线过程中要注意，垂线中间不能与脚手架或其他物体接触，且不能使钢丝有死结现象。

A. 1　　B. 2　　C. 3　　D. 4

（4）在每一层的厅门口层站地面高度位置，用卷尺测量厅门样线至各井道壁及厅门门洞墙垛的距离，井道尺寸允许正偏差不大于（　　）。

A. 10mm　　B. 20mm　　C. 25mm　　D. 35mm

（5）对于高层电梯，在距底坑（　　）处安装稳样架，固定样线。

A. 300mm　　B. 350mm　　C. 400mm　　D. 450mm

（6）稳样架平稳地放置在底坑上方的稳样架支撑上，稳样架的水平偏差在全平面内应不大于（　　）。

A. 1/1000　　B. 2/1000　　C. 3/1000　　D. 4/1000

模块测评答案

模块评价

（一）自我评价

由学生根据学习任务完成情况进行自我评价，将评分值记录于表中。

自我评价

评价内容	配分	评分标准	扣分	得分
1. 安全意识	10	1. 不遵守安全规范操作要求，酌情扣 2～5 分； 2. 有其他违反安全操作规范的行为，扣 2 分		
2. 熟悉电梯主要部件和作用	40	1. 没有找到指定的部件，每个扣 5 分； 2. 不能说明部件的作用，每个扣 5 分		
3. 参观（观察）记录	40	根据任务实施流程观察学生掌握情况，酌情扣分		
4. 职业规范和环境保护	10	1. 工作过程中工具和器材摆放凌乱，扣 3 分； 2. 不爱护设备、工具、不节省材料，扣 3 分； 3. 工作完成后不清理现场，不按规定处置工作中产生的废弃物，各扣 2 分；若将废弃物遗弃在井道内，扣 3 分		
总评分=（1～4 项总分）×40%				

签名：__________　　　　　　　　　　____年____月____日

（二）小组评价

由同一实训小组的同学结合自评的情况进行互评，将评分制记录于表中。

小组评价

评价内容	配分	评分
1. 实训记录自我评价情况	30	
2. 口述电梯的基本结构与各主要部件的作用	30	
3. 互助与协作能力	20	
4. 安全、质量意识与责任心	20	
总评分=（1～4 项总分）×30%		

参加评价人员签名：________________　　　　______年______月______日

（三）教师评价

由指导教师结合自评与互评的结果进行综合评价，并将评价意见与评价值记录于表中。

教师评价

教师总体评价意见：	
教师评分：	
总评分（自我评分+小组评分+教师评分）	

教师签名：____________　　　　______年______月______日

模块二　导轨系统安装

学习目标

【知识目标】

1. 熟悉并掌握导轨安装的全过程。

2. 了解并熟悉导轨系统的安装工艺，并能够对导轨支架及导轨的安装流程熟稔于心。

【能力目标】

学生能够掌握导轨安装的理论知识，并独立用于现实实践中。

【素养目标】

培养学生分析问题和解决问题的能力，使其形成良好的学习习惯，具备继续学习专业技术的能力。

模块导入

导轨是安装在井道的导轨支架上，确定轿厢和对重相对位置，并引导其运动的部件。导轨的安装质量直接影响电梯的晃动、抖动等性能指标。

轿厢导轨：作为轿厢在竖直方向运动的导向，限制轿厢自由度。

对重导轨：作为对重在竖直方向运动的导向，限制对重自由度。

施工工艺

导轨安装工艺流程表

工艺流程		作业计划
1	启封预检	
2	配件预置	
3	导轨吊装	
4	接头修正	
5	精度检测	
6	点焊固定	
7	导轨清洗	

施工质量

（1）全程复核测量导轨的垂直度，允差≤1.2mm。

（2）全程复核测量导轨的扭折度，允差≤0.5mm。

（3）全程复核测量导轨的直线度，允差≤1mm。

（4）复核测量导轨距：轿厢导轨距允差 0～2mm、对重导轨距允差 0～3mm。

（5）上、下节导轨接头处连续缝隙：设安全钳的对重导轨应≤0.5mm、不设安全钳的对重导轨应≤1.0mm。

（6）导轨工作面接头处台阶：设安全钳的应≤0.05mm、不设安全钳的应≤0.15mm。

（7）复核导轨支架的档距应≤2.50m。

（8）导轨上端部至井道顶部的距离与图样设计参数相符。

（9）端层最后一节导轨应有两档支架支撑。

施工安全

（1）施工人员高空坠落的对应预防措施：人员进入施工现场必须戴符合规定的安全帽、穿工作服、身绑保险带，使用带防脱装置的挂钩；或在井道内悬挂生命线，使用带止回锁的全身保险带，止回锁系挂于生命线上，便于施工人员上下移动施工。

（2）高空坠物伤人的对应预防措施：设有完善的隔离措施，严禁井道内立体施工。井道内严禁抛掷工具或物料。机房通向井道的开口应加盖遮挡板。

（3）脚手架踏板断裂或坍塌的对应预防措施：脚手架按技术规程搭设，并经检验合格。踏板必须满铺并与脚手架绑扎牢固，满足预设的承重要求，不得将脚手架用作承重平台与超载使用。

（4）起吊物晃荡撞击伤害的对应预防措施：吊装现场必须听从专人指挥，无关人员不得靠近，并采取周边阻行措施。

工具、材料

安装工具

卷尺	记号笔	水平尺	直角尺	电锤
			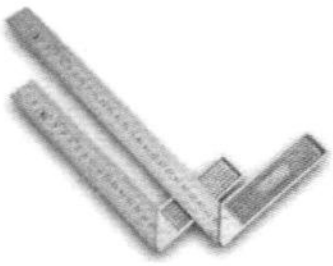	
膨胀螺栓	C 型夹具	细刨锉	钢直尺	刀口尺
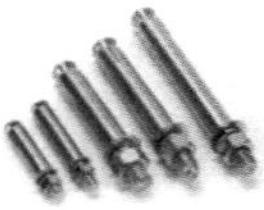				
塞尺	校导尺	便携式 电焊机	卷扬机	环形吊带

卸扣	扳手	铁锤		

任务一　安装导轨支架

一、知识架构

（1）井壁画线前先进行纸面作业。根据井道图样的井道总高及支架档数，核实每档档距是否≤2.5m，然后核实每根导轨是否用两档支架固定及导轨接导板与支架是否发生干涉。若发生干涉，立即在图面上标注并调整当距，并在纸面上标注。以导轨垂线为参照，进行井道壁支架位置标记线作业。

（2）以标记线为准进行钻孔作业。先测量膨胀螺栓套管径及工作区段长度，选用同等直径的钻头以支架孔位为准进行钻孔，钻深为膨胀螺栓工作区段即膨胀套管凸出的倒锥头长度，以 2～5mm 为宜。钻孔时，钻杆与墙面呈 90°钻进，钻毕清理钻屑墙灰。

（3）安装导轨支架作业。塞入膨胀螺杆及膨胀套，套口与墙面平齐。导轨支架由固定架与活动架组成，膨胀螺杆对准固定架孔并穿入，放上大垫片及止退弹簧垫圈，拧上螺母初步紧固；校正固定架的水平度，水平度应＜0.5mm，如图 2-1-1 所示（剪力墙井道钻膨胀螺栓孔形式安装作业）。

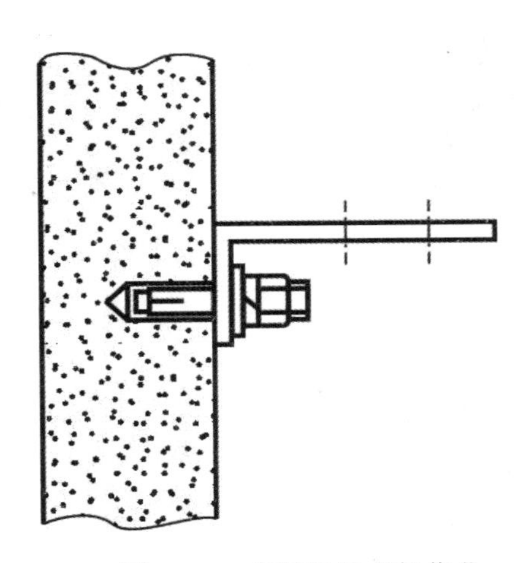

图 2-1-1　安装导轨支架作业

（4）活动架与固定架组合。用螺栓将活动支架组装到固定架上，粗调活动架导轨安装面的垂直度与垂线的等距离。

（5）完成区段导轨支架安装。通过导轨垂线检查支架安装面的重合度、压导板孔中心基线的直线度，基本达标即可。

二、对接标准

（1）导轨支架水平偏差应小于 5mm。

（2）导轨支架埋入深度大于 120mm。

（3）膨胀螺栓不小于 M16mm，埋深不小于 100mm，混凝土边缘不小于 200mm。

（4）支架间距不大于 2500mm。

（5）最低支架距底坑不大于 1000mm。

（6）最高支架距导轨顶端距离不大于 500mm。

三、任务实施流程

1. 壁侧支架划线

壁侧支架标画中心线完成。

消息提示框：首先需要在壁侧支架上部标画出中心线，以便定位导轨支架的安装位置。

（1）使用卷尺测量：单击下方【卷尺】图标，单击引导图标下的红圈闪烁位置。

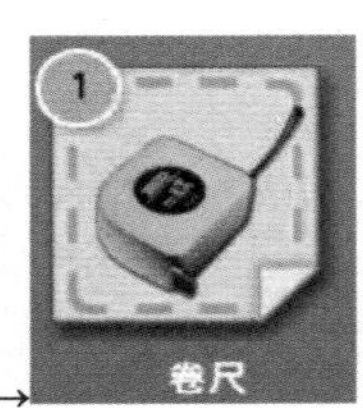

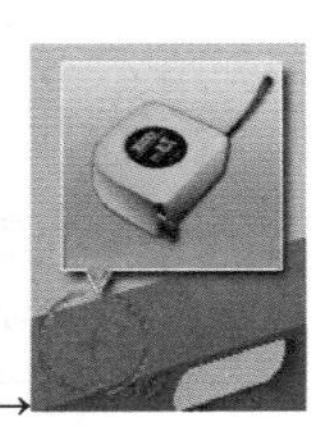

（2）用记号笔记录：单击下方【记号笔】图标，单击引导图标下的红圈闪烁位置。

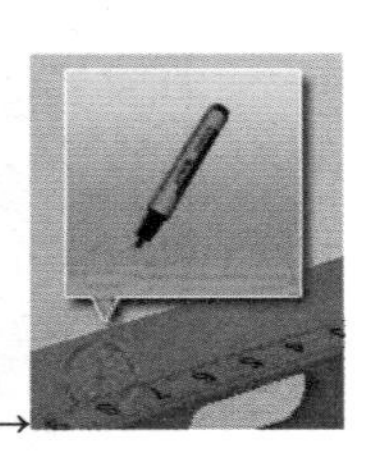

消息提示框：“定位导轨支架安装位置”操作已完成。

2. 导轨支架划线

导轨支架标画中心线完成。

消息提示框：在导轨支架前端标画中心线，用于安装时与样线比对。

（1）使用卷尺测量：单击下方【卷尺】图标，单击引导图标下的红圈闪烁位置。

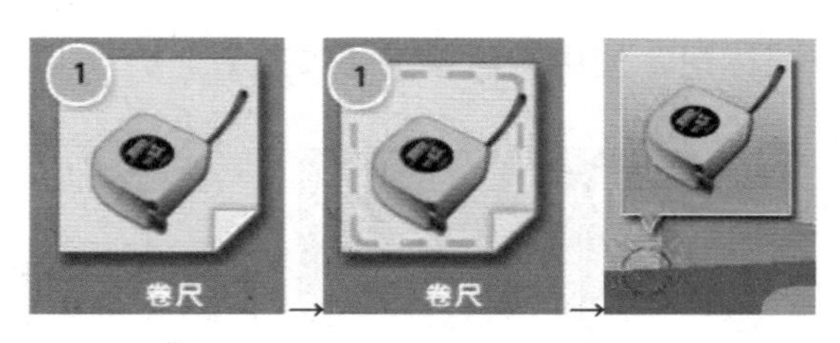

（2）使用记号笔记录：单击下方【记号笔】图标，单击引导图标下的红圈闪烁位置。

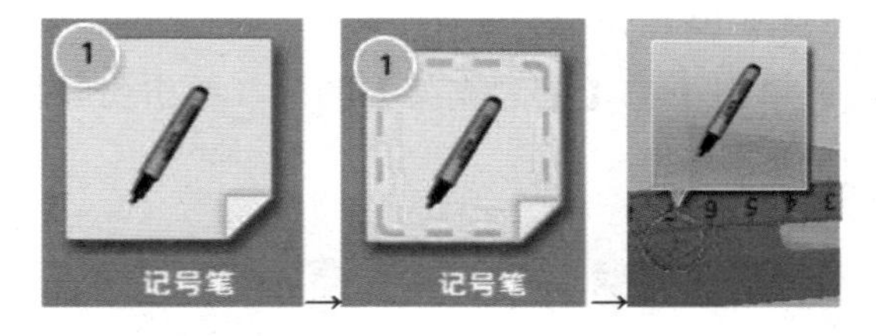

消息提示框：“在导轨支架前端标画中心线”操作已完成。

3. 定位第一档导轨支架高度

（1）壁侧支架打孔高度测量完成。

消息提示框：在井道壁上第一档导轨支架安装高度划线位置确定钻孔点。

① 使用卷尺测量：单击下方【卷尺】图标，单击引导图标下的红圈闪烁位置。

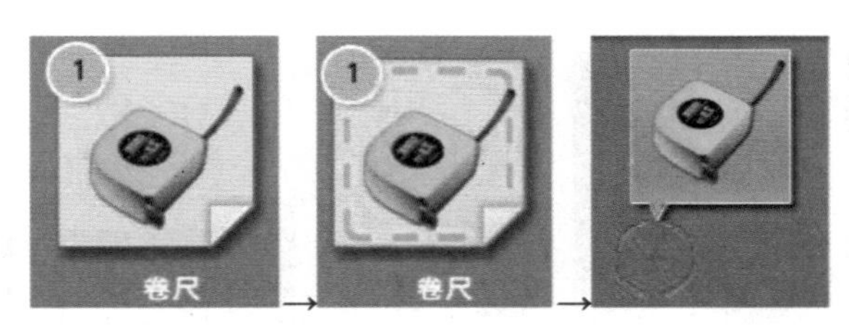

② 使用记号笔记录：单击下方【记号笔】图标，单击引导图标下的红圈闪烁位置。

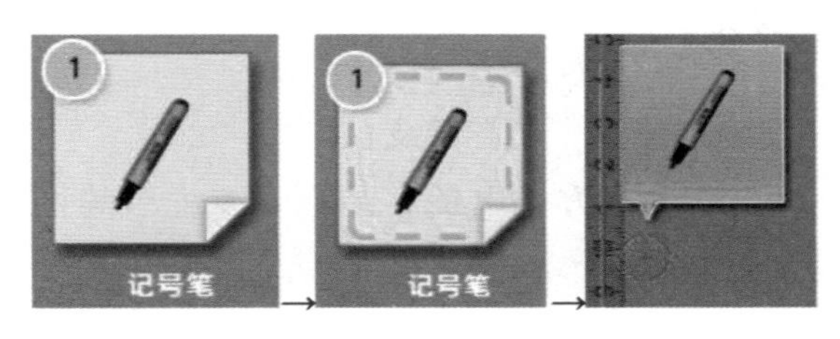

（2）标记打孔高度线完成。

水平尺测量水平度：单击下方【水平尺】图标，单击引导图标下的红圈闪烁位置，单击水平尺标记，使用完后单击【收回】。

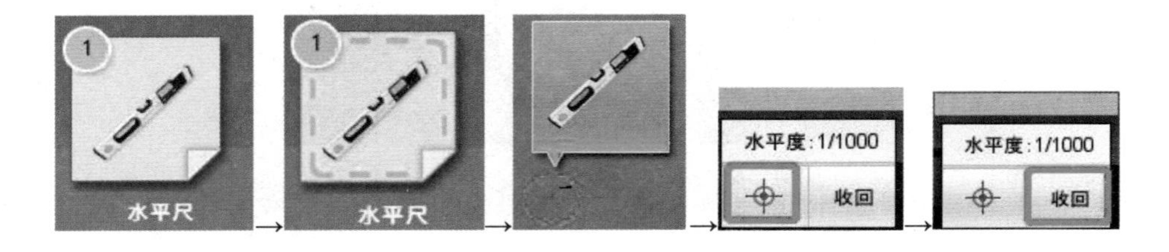

（3）比对壁侧支架位置完成。

安装壁侧支架：单击下方【壁侧支架】图标，单击引导图标下的红圈闪烁位置。

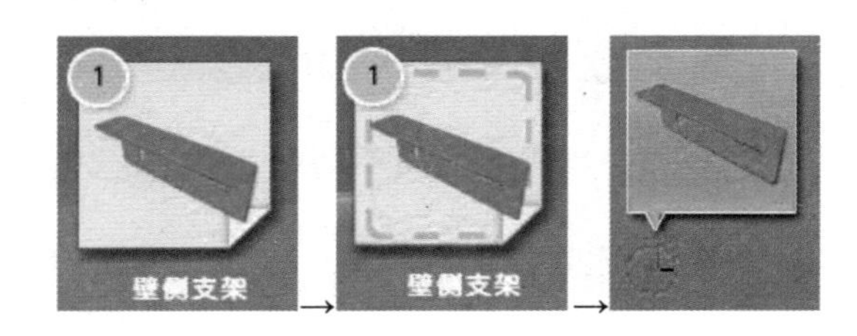

（4）标记打孔点完成。

直角尺测量垂直度：单击下方【直角尺】图标，单击引导图标下的红圈闪烁位置，并记录打孔点，使用完后单击【收回】。

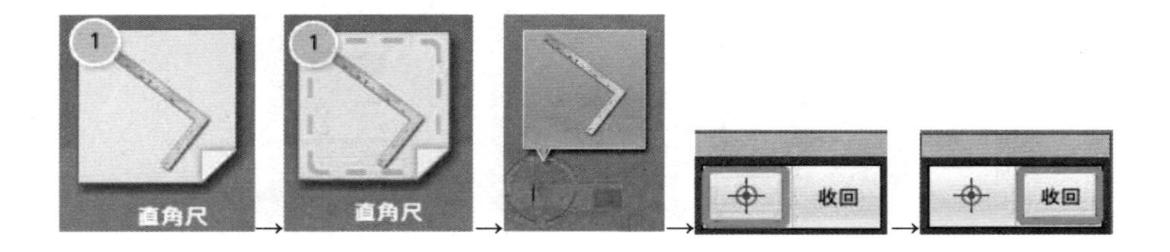

消息提示框：“第一档导轨支架安装位置标记”操作已完成。

4. 安装第一档导轨支架

消息提示框：安装定位第一档导轨支架。

（1）电锤打孔：单击下方【电锤】图标，单击引导图标下的红圈闪烁位置。

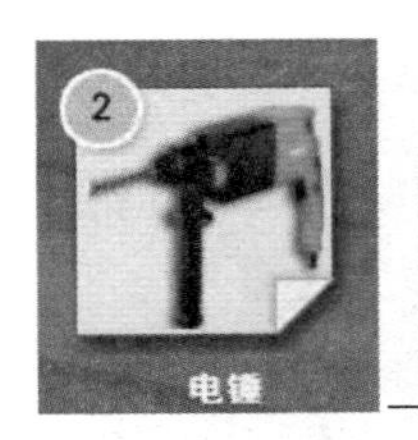

（2）安装膨胀螺栓：单击下方【M12 膨胀螺栓】图标，单击引导图标下的红圈闪烁位置。

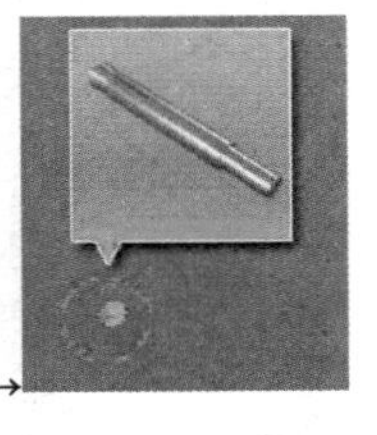

（3）安装壁侧支架：单击下方【壁侧支架】图标，单击引导图标下的红圈闪烁位置。

（4）安装螺母：单击下方【M12 螺母】图标，单击引导图标下的红圈闪烁位置。

（5）安装导轨支架：单击下方【导轨支架】图标，单击引导图标下的红圈闪烁位置。

（6）使用 C 型夹具固定支架：单击下方【C 型夹具】图标，单击引导图

标下的红圈闪烁位置。

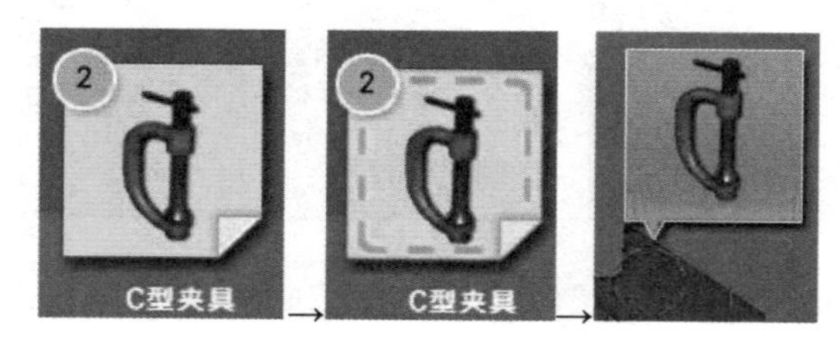

（7）使用角尺确定垂直度：单击下方【角尺】图标，单击引导图标下的红圈闪烁位置。

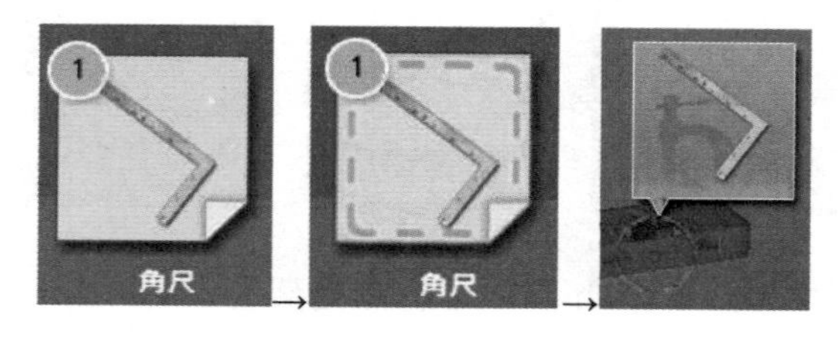

（8）使用电焊固定：单击下方【电焊】图标，单击引导图标下的红圈闪烁位置。

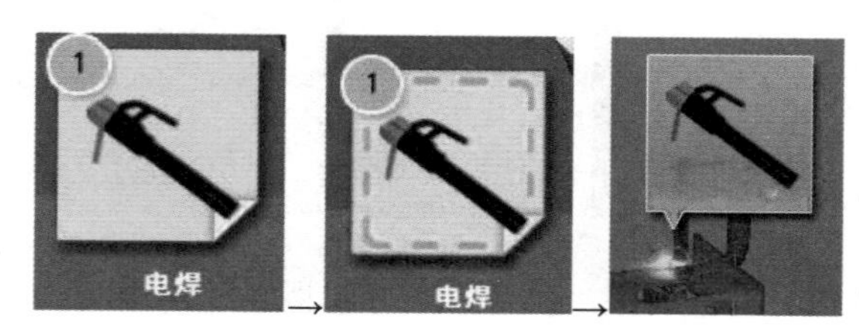

消息提示框：“安装定位第一档导轨支架”操作已完成。

任务二 安装导轨并校正导轨

一、知识架构

（1）放基准线：从样板上放基准线至底坑（基准线距导轨顶面中心2～3mm），并进行固定。

（2）底坑勘察：勘察底坑情况，排除有碍安装的杂物。

（3）架设槽钢基础座：在底坑导轨的下方架设槽钢基础座，目的是防止导轨下沉。

（4）垫钢板：若导轨下无槽钢基础座，可在导轨下边垫一块厚度≥12mm，面积为200mm×200mm的钢板，并与导轨用电焊焊好。

（5）安装压导板：在槽钢基础座和井道壁上安装最低压导板。

（6）起吊导轨：吊装导轨时要采用双钩钩住导轨连接板。

（7）安装最下端导轨：在槽钢基础座上方安装井道最下端导轨。

（8）安装其余导轨：自下而上逐根安装导轨并用压导板压住。

（9）对接导轨：每节导轨的凸榫头应朝上，并清理干净，以保证导轨接头处的缝隙符合要求。

（10）连接导轨：用接导板和相应数量的螺钉把两个相邻导轨接好。

（11）导轨扭曲调整：将道尺端平，并使两指针尾部侧面和导轨侧工作面贴平、贴严，两端指针尖端指在同一水平线上，说明无扭曲现象。调整导轨应由下而上进行。

（12）扭曲度超标：找道尺显示2根导轨的扭曲度超标。

（13）垫片：导轨支架处加衬垫调整，衬垫厚度小于3mm，数量不超过3片。

（14）观察：观察2根导轨与各自的基准线的偏差是否符合要求。

（15）导轨垂直度调整及中心线调整：调整导轨位置，使其端面中心与基准线相对，并保持3mm间隙。在导轨安装的校正检查时，检查每根轿厢导轨正、侧工作面垂直偏差应＜0.6/5000。

（16）侧间隙：操作时，在找正点处将长度较导轨间距小0.5～1mm的找道尺端平，用塞尺测量找道尺与导轨顶面间隙，使其符合要求，找正点在导轨顶面间隙，使其符合要求（找正点在导轨支架处及两支架中心处）。

二、对接标准

（1）全程复核测量导轨的垂直度，允差≤1.2mm。

（2）全程复核测量导轨的扭折度，允差≤0.5mm。

（3）全程复核测量导轨的直线度，允差≤1mm。

（4）复核测量导轨距：轿厢导轨距允差0～2mm、对重导轨距允差0～3mm。

（5）上、下节导轨接头处连续缝隙：设安全钳的对重导轨应≤0.5mm、不设安全钳的对重导轨应≤1.0mm。

（6）导轨工作面接头处台阶：设安全钳的应≤0.05mm、不设安全钳的应≤0.15mm。

（7）复核导轨支架的档距：应≤2.50m。

（8）导轨上端部至井道顶部的距离与图样设计参数相符。

（9）端层最后一节导轨应有两档支架支撑。

三、任务实施流程

1. 放置导轨底座

（1）轿厢导轨底座放置。

消息提示框：放置轿厢导轨底座和对重导轨底座。

放置轿厢导轨底座：单击下方【轿厢导轨底座】图标，单击引导图标下的红圈闪烁位置。

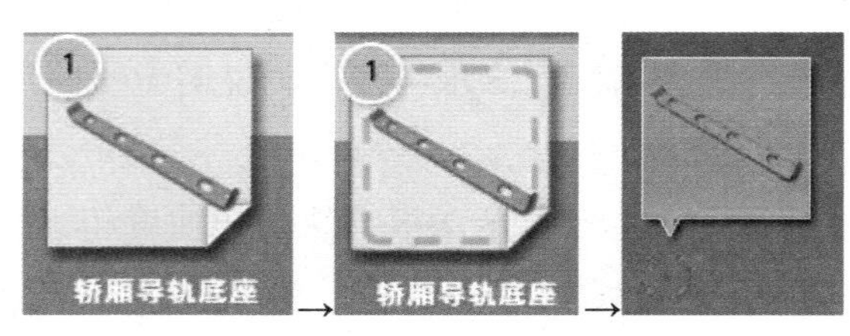

（2）对重导轨底座放置。

放置对重导轨底座：单击下方【对重导轨底座】图标，单击引导图标下的红圈闪烁位置。

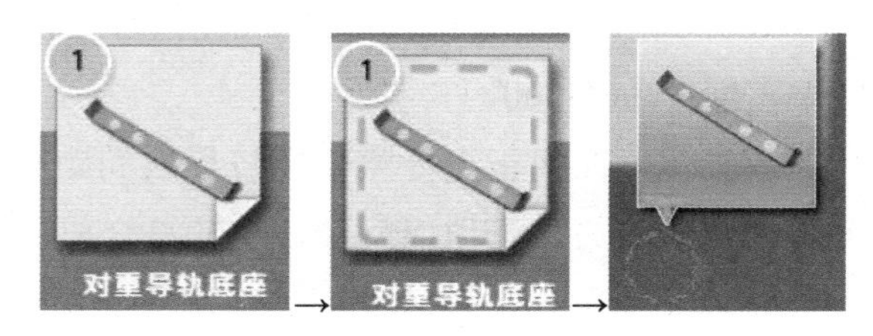

消息提示框：“放置导轨底座”操作已完成。

2. 安装导轨

消息提示框：吊装第一档对重导轨和轿厢导轨。

（1）安装对重导轨：单击下方【对重导轨】图标，单击引导图标下的红圈闪烁位置。

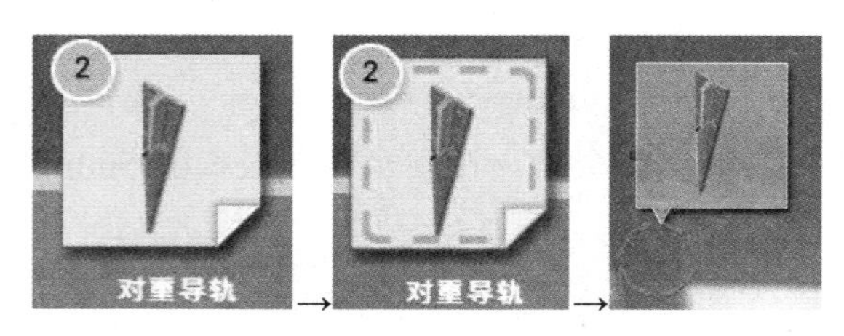

（2）安装轿厢导轨：单击下方【轿厢导轨】图标，单击引导图标下的红圈闪烁位置。

→

→
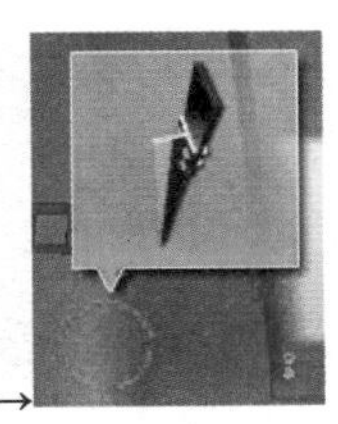

消息提示框：“吊装导轨”操作已完成。

3. 固定第一档导轨

消息提示框：使用压导板将导轨固定在导轨支架和导轨底座上。

使用压导板固定：单击下方【压导板】图标，单击引导图标下的红圈闪烁位置。

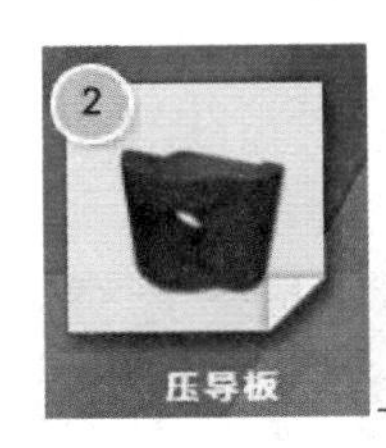

→
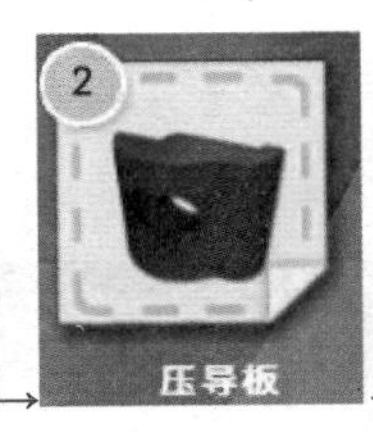

→

消息提示框：“第一档导轨固定”操作已完成。

4. 导轨接头顶面处理

消息提示框：处理导轨接头顶面的缝隙、台阶。

（1）将刀口尺放在导轨接头面：单击下方【刀口尺】图标，单击引导图标下的红圈闪烁位置。

→

→
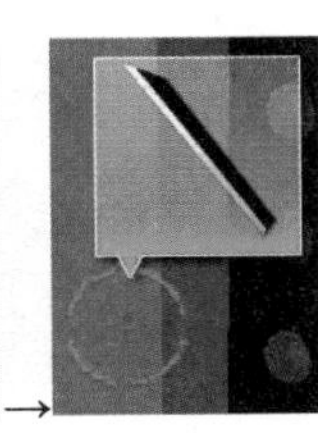

（2）使用塞尺测量：单击下方【塞尺】图标，单击引导图标下的红圈闪烁位置。

→

→

消息提示框： “导轨接头顶面处理”操作已完成。

5. 导轨接头侧面处理

消息提示框： 处理导轨接头侧面的缝隙、台阶。

（1）将刀口尺放在导轨接头侧面：单击下方【刀口尺】图标，单击引导图标下的红圈闪烁位置。

（2）使用塞尺测量：单击下方【塞尺】图标，单击引导图标下的红圈闪烁位置。

消息提示框： “导轨接头侧面处理”操作已完成。

6. 调节导轨

（1）放置校导尺。

消息提示框： 使用校导尺对每档导轨支架位置导轨的中心偏差及规矩进行测量。如不符合标准，添加导轨垫片进行调节。

将校导尺正确放置：单击下方【校导尺】图标，单击引导图标下的红圈闪烁位置。

（2）放置水平尺。

水平尺测量水平度：单击下方【水平尺】图标，单击引导图标下的红圈闪烁位置。

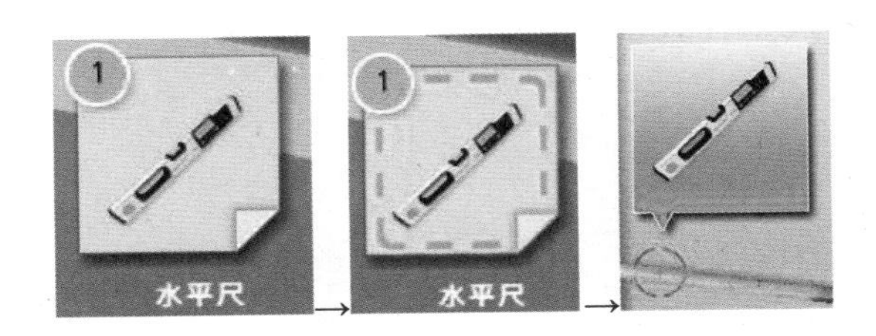

（3）安装垫片。

安装导轨垫片：单击下方【水平尺】图标，单击引导图标下的红圈闪烁位置。

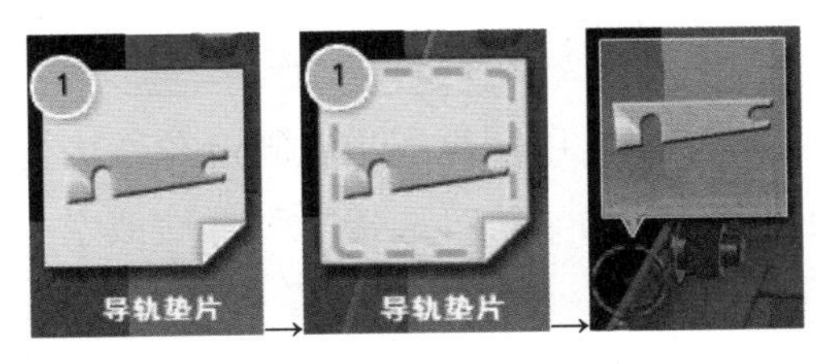

（4）第一档轿厢导轨调节。

消息提示框：“调节导轨”操作已完成。

模块梳理

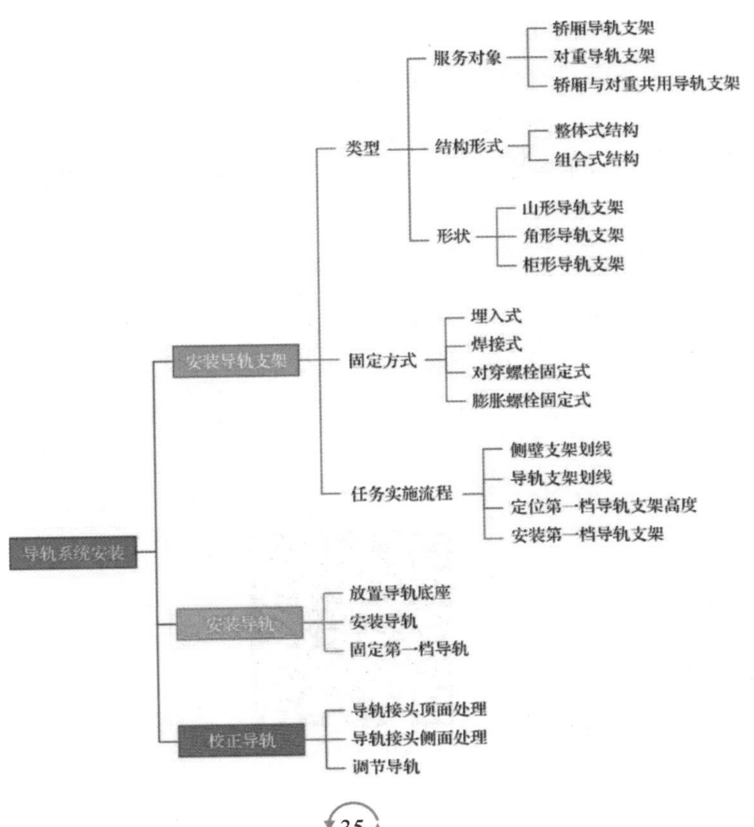

模块测评

1. 判断题

（1）导轨支架只有一种安装方式。（　　）

（2）校正固定架的水平度，水平度应＜0.5mm。（　　）

（3）最高导轨支架距井道顶距离不大于 400mm。（　　）

（4）安装电梯导轨支架时，轿厢导轨与对重导轨可以共用一个导轨支架。（　　）

（5）电梯导轨的安装，是用螺栓把导轨固定在导轨支架上的。（　　）

（6）曳引驱动电梯的轿厢导轨可选择 T 型导轨或空心导轨。（　　）

2. 选择题

（1）导轨对接安装，两根导轨的工作面对接不平需修正刨平时，其修刨的长度应不小于（　　）mm。

A. 100　　B. 200　　C. 300　　D. 400

（2）导轨在导轨架固定处使用的垫片不能超过（　　）mm。

A. 3　　B. 4　　C. 5　　D. 6

（3）轿厢两侧对应导轨顶面的间距误差应控制在（　　）mm。

A. ±6　　B. ±2　　C. 0～2　　D. 0

（4）轿厢、对重各自应至少由（　　）根刚性的钢质导轨导向。

A. 1　　B. 2　　C. 3　　D. 4

（5）在电梯导轨的安装过程中，导轨的安装顺序通常是自井道（　　）而导轨的校验顺序通常是自井道（　　）进行。

A. 由上往下　　B. 由下往上　　C. 由上往下　　D. 由下往上

（6）轿厢导轨节段接头处，不应有连续的缝隙，局部缝隙，应不大于（　　）mm。

A. 0.1　　B. 0.2　　C. 0.4　　D. 0.5

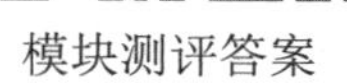

模块测评答案

模块评价

（一）自我评价

由学生根据学习任务完成情况进行自我评价，将评分值记录于表中。

自我评价

评价内容	配分	评分标准	扣分	得分
1. 安全意识	10	1. 不遵守安全规范操作要求，酌情扣2～5分； 2. 有其他违反安全操作规范的行为，扣2分		
2. 知识掌握	40	1. 课前对知识的预习程度及参与度，酌情扣分； 2. 课后对知识的掌握程度，酌情扣分； 3. 课下对知识的巩固程度，酌情扣分		
3. 施工流程	40	1. 是否遵循合理的安装工艺流程，不符合要求，酌情扣分； 2. 在安装过程中是对接标准，不合要求，酌情扣分		
4. 职业规范和环境保护	10	1. 工作过程中工具和器材摆放凌乱，扣3分； 2. 不爱护设备、工具、不节省材料，扣3分； 3. 工作完成后不清理现场，不按规定处置工作中产生的废弃物，各扣2分；若将废弃物遗弃在井道内，扣3分		
总评分=（1～4项总分）×40%				

签名：__________　　　　　　　　　　_____年_____月_____日

（二）小组评价

由同一实训小组的同学结合自评情况进行互评，将评分制记录于表中。

小组评价

评价内容	配分	评分
1. 实训记录自我评价情况	30	
2. 样架放线是否遵循标准	30	
3. 互助与协作能力	20	
4. 安全、质量意识与责任心	20	
总评分=（1～4 项总分）×30%		

参加评价人员签名：________________　　　　______年______月______日

（三）教师评价

由指导教师结合自评与互评的结果进行综合评价，并将评价意见与评价值记录于表中。

教师评价

教师总体评价意见：	
教师评分：	
总评分（自我评分+小组评分+教师评分）	

教师签名：____________　　　　______年______月______日

模块三　层门安装

学习目标

【知识目标】

1. 熟悉地坎安装的整个过程及注意事项。
2. 学生熟悉掌握门套、门机整个流程的理论重点及实际操作注意事项。
3. 熟悉安装门扇的操作并掌握测试门的运行、安装、防护。

【能力目标】

学生能够全面理解层门安装的理论知识并能够熟练地进行实际应用。

【素养目标】

培养学生在学习理论和实践中勤于动脑、动手的好习惯。

模块导入

电梯层门起到封蔽和隔离的作用。在电梯运行时，将人和货物与井道隔离，防止人和货物与井道碰撞甚至坠入井道。只有轿门和所有的层门都完全关闭时电梯才能运行。因此，在层门上装有机电联锁功能的自动门锁，在平时层门全部关闭，在外面不能打开；只有轿门开启时，才能带动相关的层门开启；如果要从门外打开层门，则必须使用专用的锁匙，同时断开电气控制回路使电梯不能启动运行（检修状态除外）。据统计，电梯发生的人身伤亡事故有70%是开门区域引起的，所以门系统是电梯的主要部件和重要的安全保护装置。

层门安装教学动画

施工工艺

层门安装流程表

工艺流程		作业计划
1	地坎安装	
2	门立柱（小门套）安装	
3	大门套安装	
4	层门挂架安装	
5	吊挂层门板	
6	门锁闭合及调整	

施工安全

1. 常规原则

（1）任何进行操作的员工不得与其他人员在井道内同时工作，不允许两个以上的人员同时在井道内上下交叉作业。

（2）一般工具使用原则：

① 应保持工具处于良好状态。

② 有破损裂纹的扳手一律不能使用，也不能使用随意加长的手柄。

③ 不可把改锥当作冲头使用。

④ 不可使用没有装手柄的锉刀，不可把锉刀当作撬棍使用。

2. 人身安全

防坠落原则：当员工在 6 英尺（约 2m）或更高的地方或其他危险地带工作时应使用防坠落装置。

（1）进入井道前仔细检查全身式安全带，保证所有环节安全可靠。

（2）安全带缓冲器必须可靠。

（3）救命绳没有破损、磨损等安全隐患。

（4）正确将安全带挂在救命绳或高于工作平面的井道脚手架上。

3. 设备安全

做厅门地坎支撑和厅门门头固定，使用冲击钻等电气工具作业时的安全风险及预防措施如下：

（1）冲击钻施工时扭力伤害。应对预防措施：使用冲击钻、电锤、握柄的方法应可靠，开、关掌控要灵敏，一旦钻进过程碰到钢筋等异物钻杆卡住，要迅速关断电源，防止发生扭力伤害。

（2）用电器触电伤害。应对预防措施：定期对在用电器进行电气绝缘安全检查，做好检查记录。焊接施工要戴帆布手套，不得裸手直接接触焊把电线（次回路电压 65～70V）。电气施工必须穿电工鞋。

（3）间接伤害。应对预防措施：电焊施工须佩戴防护面具及墨镜，防止弧光灼伤眼睛。钻墙孔时佩戴防灰沙护镜，防止灰沙伤及眼睛。

施工质量

（1）层门中心线与门吊垂线中心线重合度位差不大于 0.5mm。

（2）层门闭合，正面门缝上下偏差不大于 0.3mm。

（3）层门板与立柱、门楣的间距：客梯不大于 6mm，货梯不大于 8mm。

（4）层门下沿距地坎控制在 5～6mm。

（5）门锁锁钩深不小于 7mm。

（6）层门地坎与轿门地坎间距不大于 35mm。

（7）层门地坎表面相对水平面的倾斜不大于 2/1000。

工具、材料

卷尺	记号笔	直尺	水平尺	工作目镜
电锤	膨胀螺栓	直角尺	活扳手	电焊工具

台钻	手电钻	线锤	斜塞尺	铁锹
抹子	钢丝刷/漆刷	锤子		

任务一　安装地坎

一、知识架构

以采用钢牛腿（钢支架）的地坎安装为例，安装作业（图 3-1-1）如下：

（1）土建预留门洞吊门垂线时已考虑不同楼层土建门洞的凹进、凸出，若 *B* 最凸出，则以 *B* 门洞为参照基点，确定地坎在钢牛腿上的进出位置（图 3-1-2）。

（2）若在门洞地坎位置已预埋铁板，则用焊接方法将钢牛腿支架焊接在铁板上。若无预埋铁板，则用膨胀螺栓将钢牛腿支架固定在井道门洞下方。

（3）将地坎托架、地坎用螺栓与钢牛腿支架进行组装。

（4）钢牛腿施工时最终地坎面纵向水平度不大于 1mm。参照土建方告知的最终层站地坪高，要求地坎施工结束后，地坎面高于最终层站的地坪高度，有 2～5mm 的散水坡度。

（5）地坎与层站地面之间的缝隙，待层站地坪装修施工时用地砖或水泥掩盖。

（6）将层门护脚板用螺栓安装固定于地坎托架（或地坎）上。

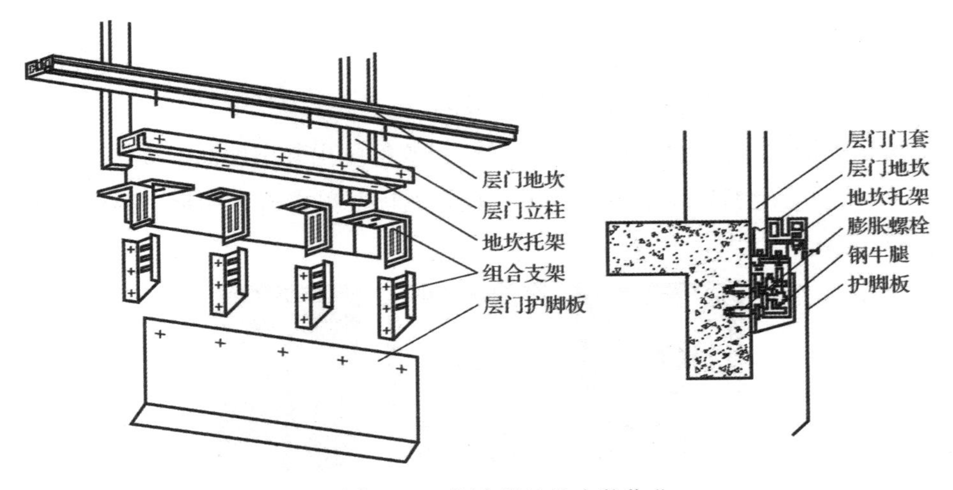

图 3-1-1　钢牛腿地坎安装作业

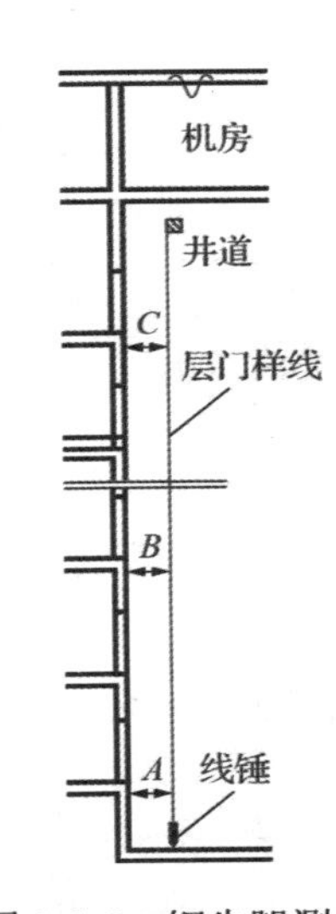

图 3-1-2　钢牛腿测量示意图

二、对接标准

（1）地坎的固定，保持运行间隙（30±5）mm，水平应不大于 1/1000。

（2）地坎安装完工后应高于装修后的地面 3～5mm，地坎与轿坎中心偏差应不超过 1mm。

三、任务实施流程（虚拟仿真）

1. 装饰地面标高线的引入

（1）量取装饰地面标高线位置完成。

消息提示框：在建筑标高线下方 1m 位置标画出装饰地面标高线。

① 使用卷尺测量：单击下方【卷尺】图标，单击引导图标下的红圈闪烁位置。

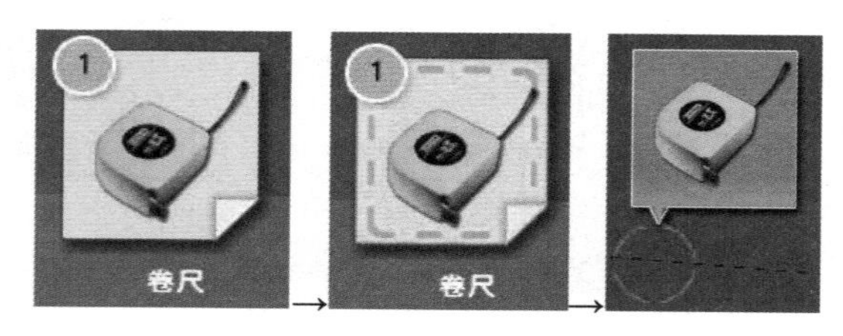

② 用记号笔记录：单击下方【记号笔】图标，单击引导图标下的红圈闪烁位置。

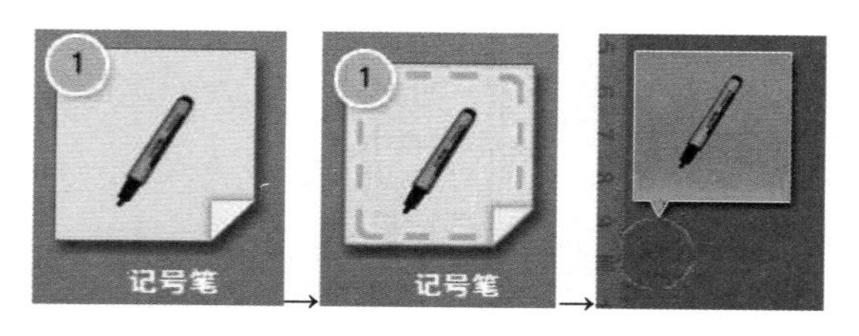

（2）装饰地面标高线弹画完成。

水平尺测量水平度：单击下方【水平尺】图标，单击引导图标下的红圈闪烁位置，并记录装饰地面标高，使用完后并单击【收回】。

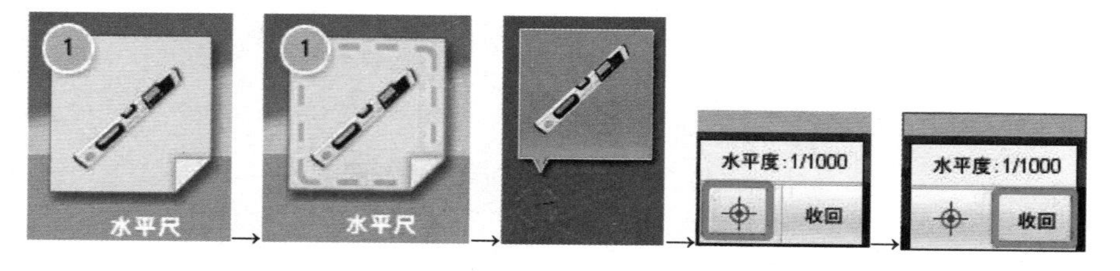

消息提示框：“引入装饰地面标高线”操作已完成。

2. 安装地坎支架

（1）地坎支架定位准确。

消息提示框：安装地坎支架，使地坎高于最终装饰地面 2～5mm。

① 使用直尺测量：单击下方【直尺】图标，单击引导图标下的红圈闪烁位置。

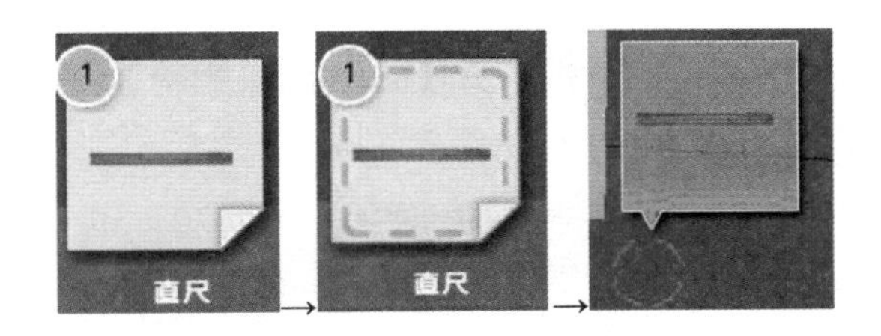

② 使用记号笔记录：单击下方【记号笔】图标，单击引导图标下的红圈闪烁位置。

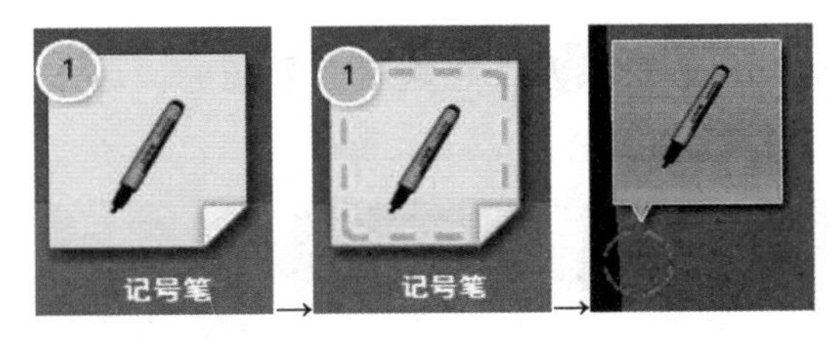

③ 水平尺测量水平度：单击下方【水平尺】图标，单击引导图标下的红圈闪烁位置，使用完后并单击【收回】。

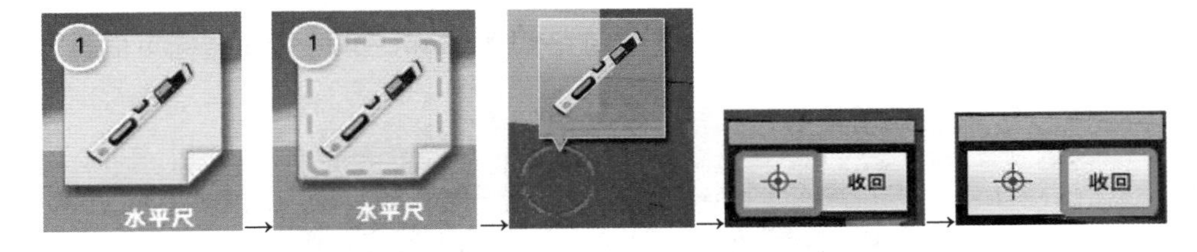

消息提示框：算出固定地坎支架的膨胀螺栓的打孔高度，并标记。

④ 测量打孔位置：单击下方【地坎支架】图标，单击引导图标下的红圈闪烁位置，并确定打孔位置，并单击【收回】。

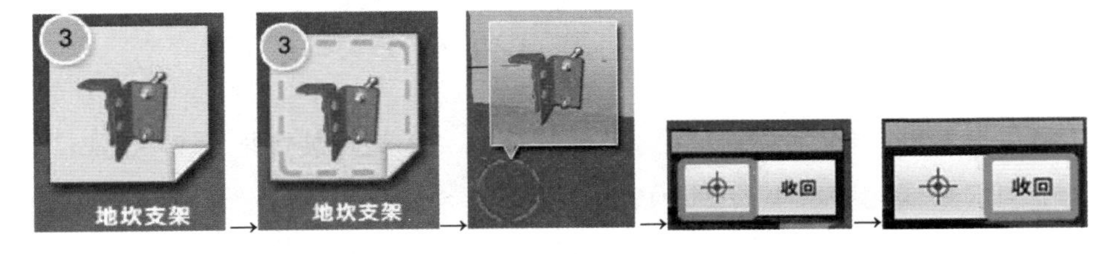

⑤ 电锤打孔：单击下方【电锤】图标，单击引导图标下的红圈闪烁位置。

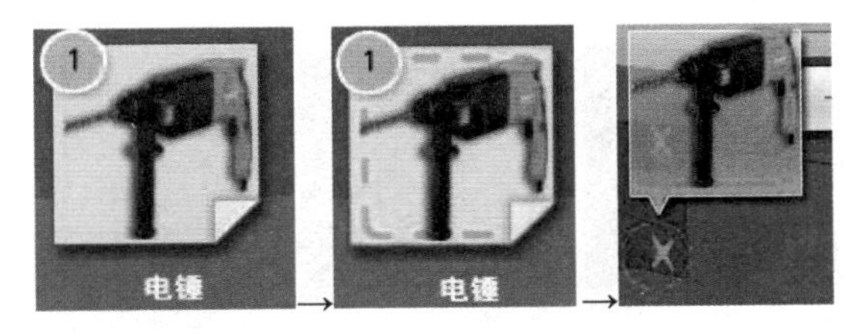

（2）地坎支架安装正确。

① 安装 M10 膨胀螺栓：单击下方【M10 膨胀螺栓】图标，单击引导图标下的红圈闪烁位置。

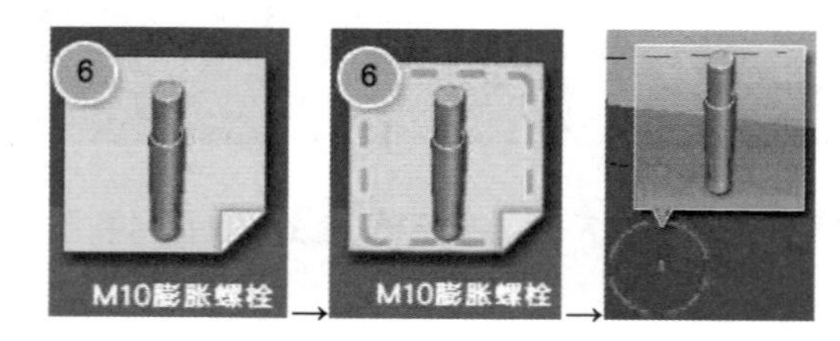

② 安装地坎支架：单击下方【地坎支架】图标，单击引导图标下的红圈闪烁位置。

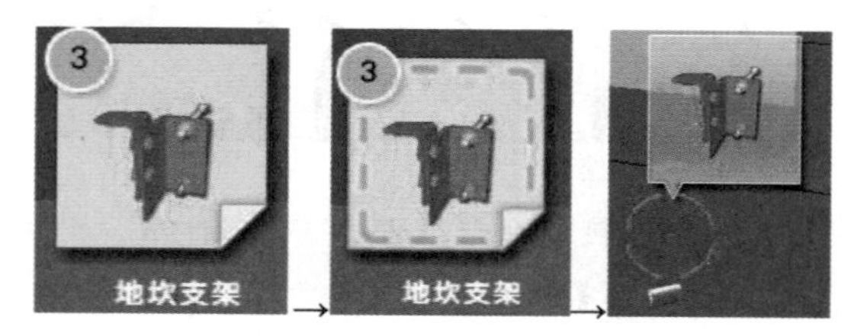

③ 安装 M10 螺母：单击下方【M10 螺母】图标，单击引导图标下的红圈闪烁位置。

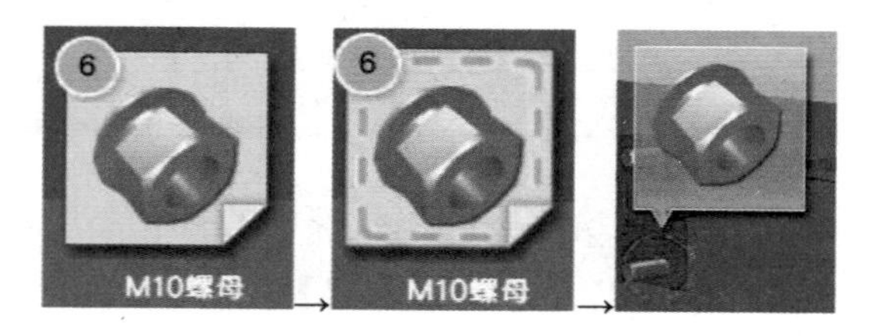

消息提示框：“安装地坎支架”操作已完成。

3. 安装地坎托架

消息提示框：安装地坎托架，使地坎表面高于最终装饰地面 2～5mm，地坎上平面水平误差要求不大于 1/1000。

安装地坎托架：单击下方【地坎托架】图标，单击引导图标下的红圈闪烁位置。

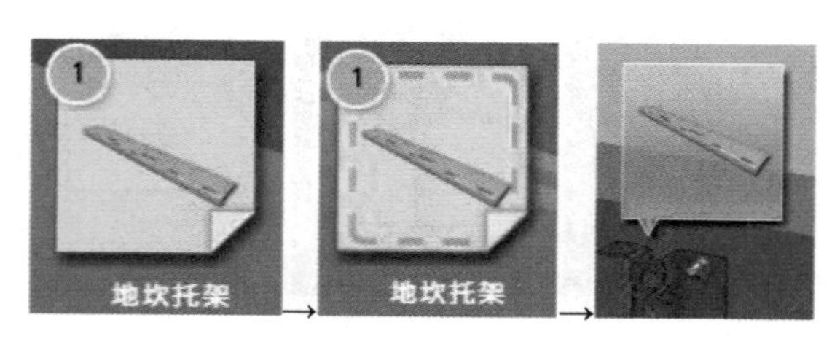

消息提示框：“地坎托架安装”操作已完成。

4. 地坎安装前准备

（1）放置卷尺。

消息提示框：使用卷尺找到地坎 1/2 长度位置，标画地坎的中心线。

放置卷尺：单击下方【卷尺】图标，单击引导图标下的红圈闪烁位置。

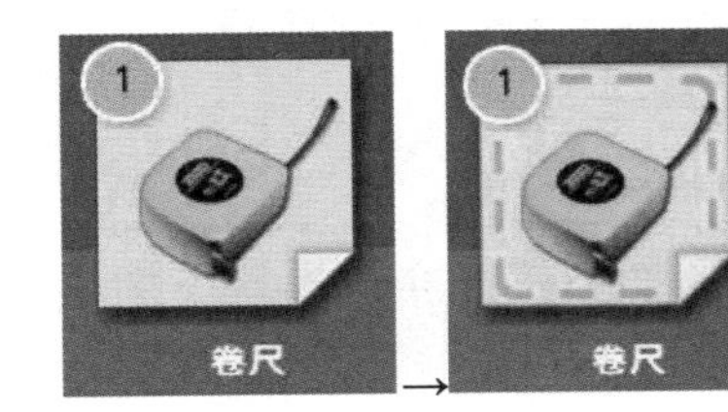

（2）标画地坎中心线。

使用记号笔记录：单击下方【记号笔】图标，单击引导图标下的红圈闪烁位置。

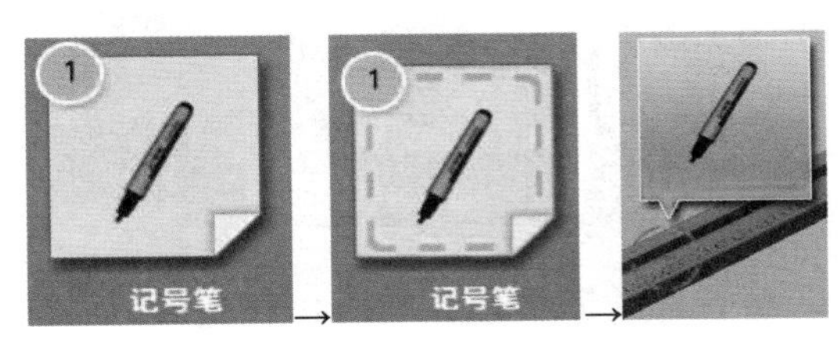

（3）标画一侧厅门净宽线。

使用记号笔记录：单击下方【记号笔】图标，单击引导图标下的红圈闪烁位置。

消息提示框：以地坎中心线为基准标画净开门宽度线。

（4）标画另一侧厅门净宽线。

使用记号笔记录：单击下方【记号笔】图标，单击引导图标下的红圈闪烁位置。

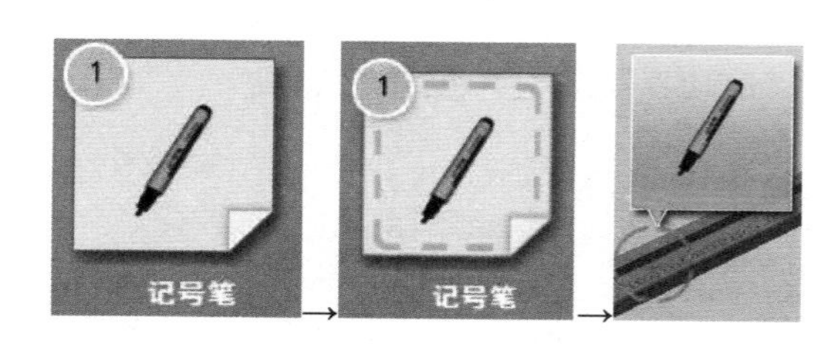

（5）收回卷尺。

消息提示框：“地坎的划线工作”操作已完成。

5. 安装地坎固定螺栓

消息提示框：将固定地坎用的梯形螺栓穿入地坎下螺栓槽中。安装地坎的螺栓应至少有3组。

安装梯形螺栓：单击下方【梯形螺栓】图标，单击引导图标下的红圈闪烁位置。

消息提示框：“放置地坎固定螺栓”操作已完成。

6. 放置生成地坎组件

消息提示框：将地坎安装到地坎托架上，左右调整使地坎上的门净宽标记点与层门样线保持一致。

安装地坎组件：单击下方【地坎组件】图标，单击引导图标下的红圈闪烁位置。

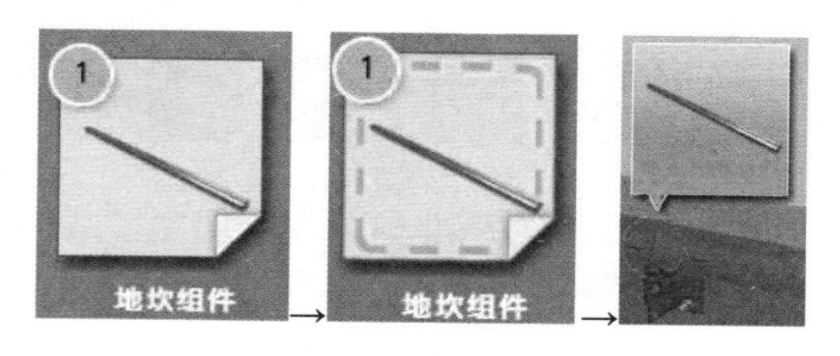

消息提示框：“地坎安装”操作已完成。

7. 复核地坎的安装位置

（1）复核一侧地坎划线与样线位置。

消息提示框：左右调整地坎，使地坎上的门净宽线与两根厅门样线对齐，调整高度使地坎上表面高于装饰地面2～5mm，其余层地坎用同样方式测量。

使用直角尺测量：单击下方【直角尺】图标，单击引导图标下的红圈闪烁位置。

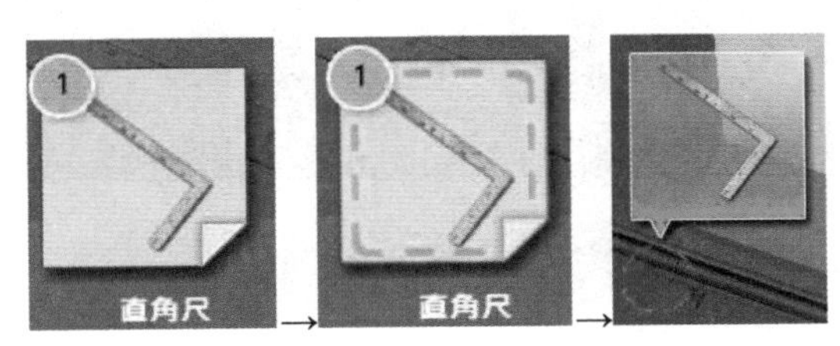

（2）复核另一侧地坎划线与样线位置。

使用直角尺测量：单击下方【直角尺】图标，单击引导图标下的红圈闪烁位置。

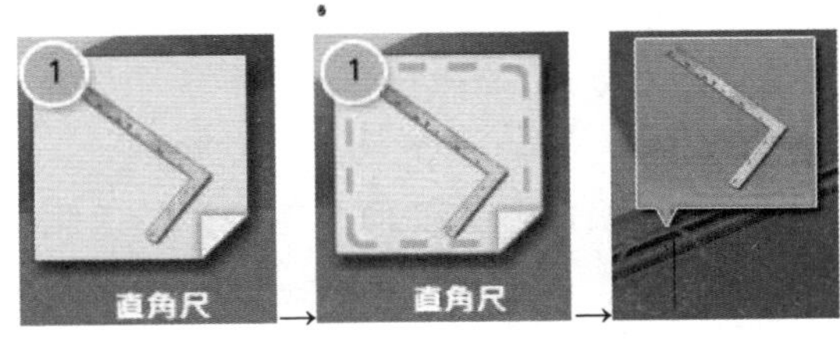

消息提示框：“复核地坎的安装位置”操作已完成。

8. 测量地坎水平度

消息提示框：用水平尺测量地坎水平度，要求水平度偏差≤1/1000。

水平尺测量水平度：单击下方【水平尺】图标，单击引导图标下的红圈闪烁位置，使用完后单击【收回】。使用同样的方法测量2次。

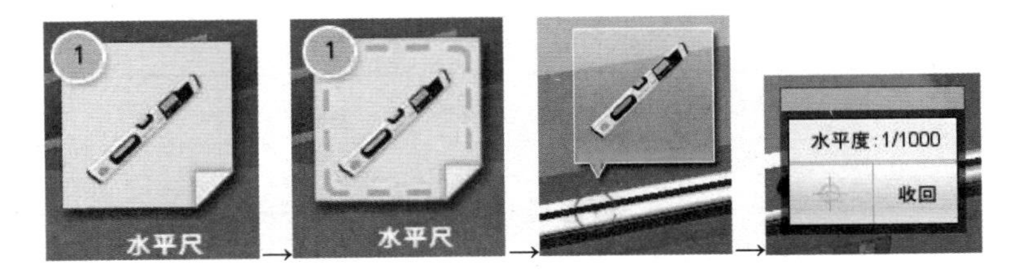

消息提示框：“测量地坎水平度”操作已完成。

9. 固定地坎

消息提示框：使用3组层门地坎紧固螺母（包括平垫、弹垫），完成地坎紧固。地坎的固定应牢靠、无松动。

安装 M8 螺母：单击下方【M8 螺母】图标，单击引导图标下的红圈闪烁位置。

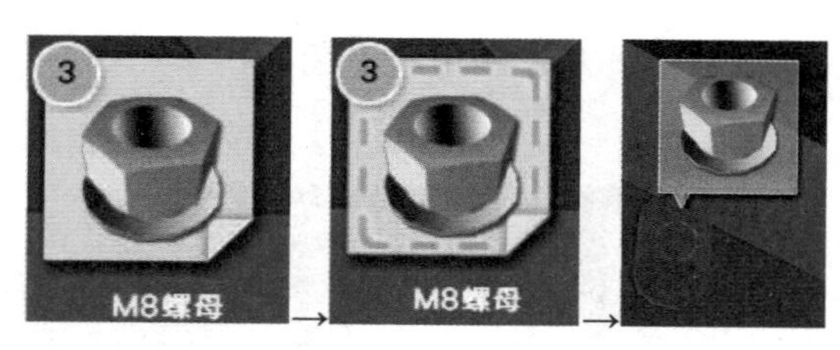

消息提示框：“固定地坎”操作已完成。

任务二　安装门套、门机

一、知识架构

1. 门套安装

（1）门套由侧板和门楣组成，它的作用是保护门口侧壁，装饰门厅。

（2）门套一般有木门套、水泥大理石门套、不锈钢门套几种，安装时通常由木工或抹灰工配合进行。

（3）安装时，先将门套在层门口组成一体并校正平直，然后将门套固定螺栓与地坎连接，用方木挤紧加固，其垂直度和横梁的水平度不大于 1/1000，下面要贴近地坎，不应有空隙。门套外沿应凸出门厅装饰层 0～5mm，最后浇灌混凝土砂浆，通常分段浇灌，以防门套变形。

（4）门套安装流程如表 3-2-1 所示。

表 3-2-1　门套安装流程

序号	步骤	
1	安装门套固定钢筋	
2	砸入一根钢筋	
3	砸入全部钢筋	
4	组装门套	
5	组装门套	
6	放置门套	

续表

序号	步骤	
7	焊接固定门套	
8	填充	
9	放置层门导轨架	将门导轨架放到层门立柱上，左右移动导轨架，使层门立柱基本垂直，连接挂板与门导轨架，略紧
10	标记支架安装位置	用线锤来衡量门导轨架中心与地坎中心垂直，在井道壁上标出门导轨架安装支架的固定位置
11	钻孔	用电锤钻孔（若遇钢筋，不能钻出所需深度，可用支架的其他孔固定或用螺栓垫片压住支架）
12	固定层门导轨支架	用螺栓将安装支架固定，为防止调动暂不紧固（使螺栓处于支架固定孔中心，便于调动），再用线锤将门导轨支架中心与地坎中心垂直。在门导轨安装支架与门导轨架连接处用记号笔做出标记
13	安装层门导轨	用卷尺分别调出左右层门导轨支架与层门导轨之间的距离，用螺栓固定或焊接固定支架与门导轨架（若由有空隙，可加贴片焊接）

2. 门机安装流程

地坎混凝土硬结后才能安装门立柱、门机。

（1）将左右厅门立柱、门机用螺栓组装成门框架，立到地坎或地坎支撑型钢上，立柱下端与地坎或支撑型钢固定，门套与门头临时固定，确定门上坎支架的安装位置，然后用膨胀螺栓或焊接方法将门上坎支架固定在井道壁上。

（2）用螺栓固定门上坎和门上坎支架，按要求调整门套、门立柱、门上坎的水平度、垂直度和相应位置。

（3）用水平尺测量层门导轨安装是否水平，如是侧开门，2 根门导轨上端面应在同一水平面上，用门口样线检查层门导轨中心与地坎槽中心的水平距离 X 是否符合图样要求，偏差应不大于 1mm，如图 3-2-1 所示。检查门导轨及门上坎的垂直度，确认合格后，紧固门立柱、门上坎支架、门上坎及地坎之间的连接螺栓。

（4）用门口样线校正门套立柱的垂直度，全高应对应垂直一致，然后将门套与门上坎之间的连接螺栓紧固，用钢筋与打入墙中的钢筋和门套加强板进行焊接固定，注意将钢筋弯成弓形后再焊接，以免焊接变形导致门套的变形，如图 3-2-2 所示。

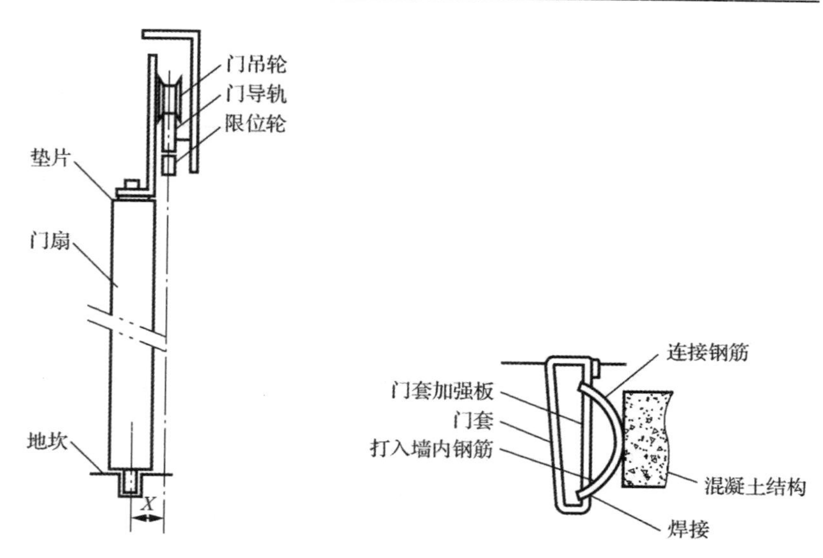

图 3-2-1　检查层门导轨中心与地坎槽中心的水平距离　　图 3-2-2　校正门套立柱垂直度

二、对接标准

对接标准如表 3-2-2 所示。

表 3-2-2　对接标准

序号	验收要点
1	门套垂直度和横梁水平度不大于 1/1000，下面要贴紧地坎，不应有空隙
2	门套外沿应高出门厅装饰层 0～5mm
3	层门导轨与地坎槽相对应，在导轨两端和中间 3 处的间距偏差不大于±1mm，层门导轨上表面对地坎上表面的不平行度应不超过 1mm
4	导轨截面的不垂直度应不超过 0.5mm
5	导轨固定前应用门扇试挂，实测导轨和地坎的距离是否合适，否则应调整
6	导轨的表面或滑动面应光滑平整、清洁，无毛刺、尘粒、铁屑

三、任务实施流程

1. 门楣划线

（1）放置卷尺。

消息提示框：参照地坎的划线方法，标画出门楣中心线及净开门宽度线。

放置卷尺：单击下方【卷尺】图标，单击引导图标下的红圈闪烁位置。

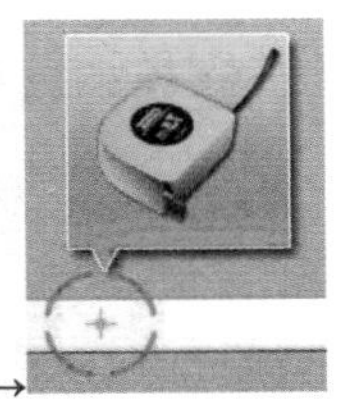

（2）标画门楣中心线。

使用记号笔记录：单击下方【记号笔】图标，单击引导图标下的红圈闪烁位置。

（3）标画一侧厅门净宽线。

使用记号笔记录：单击下方【记号笔】图标，单击引导图标下的红圈闪烁位置。

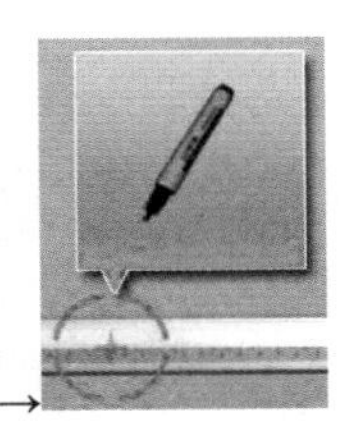

（4）标画另一侧厅门净宽线。

使用记号笔记录：单击下方【记号笔】图标，单击引导图标下的红圈闪烁位置。

（5）收回卷尺。

消息提示框：“门楣标画标记线”操作已完成。

2. 组装生成门套

（1）拼接左侧立柱。

消息提示框：将门柱和门楣用螺栓拼装在一起组成门套。

放置左侧厅门立柱：单击下方【厅门立柱-左侧】图标，单击引导图标下的红圈闪烁位置。

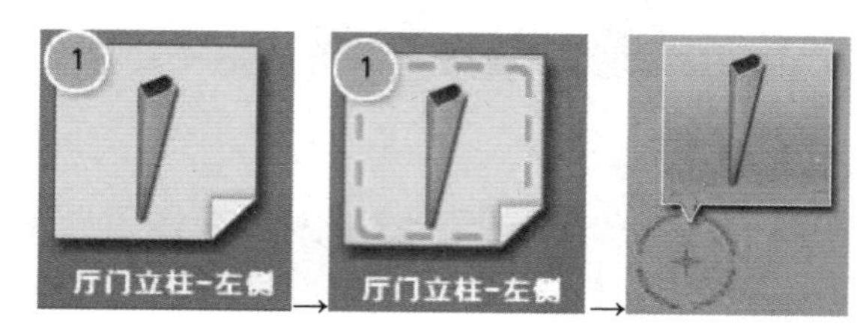

（2）安装拼接螺栓。

安装立柱拼接螺栓：单击下方【立柱拼接螺栓】图标，单击引导图标下的红圈闪烁位置。

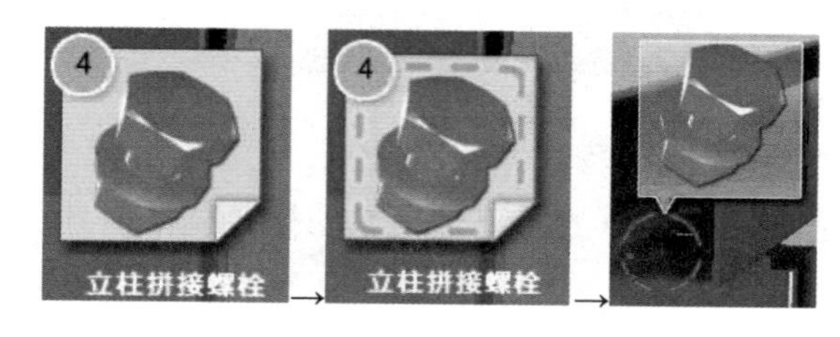

（3）拼接右侧立柱。

放置右侧厅门立柱：单击下方【厅门立柱-右侧】图标，单击引导图标下的红圈闪烁位置。

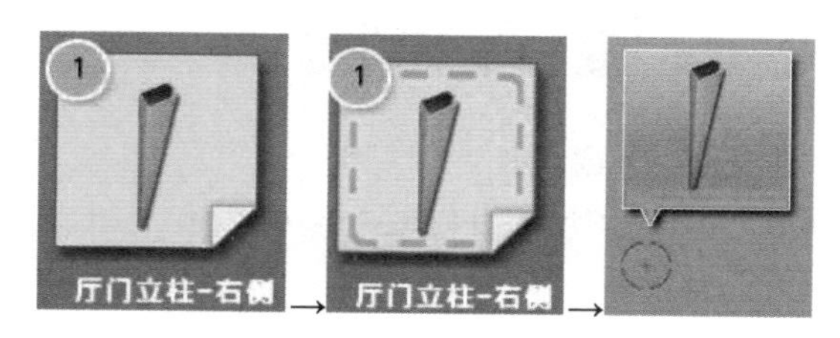

（4）安装拼接螺栓。

安装立柱拼接螺栓：单击下方【立柱拼接螺栓】图标，单击引导图标下的红圈闪烁位置。

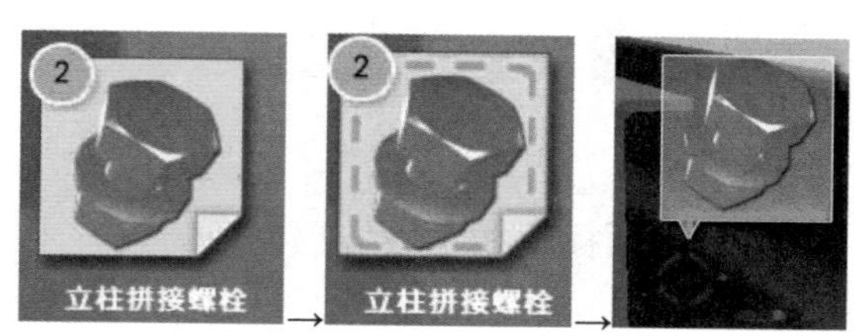

消息提示框："组装生成门套"操作已完成。

3. 放置门套

（1）门套与地坎安装。

消息提示框：将拼装好的门套安装在层门地坎托架上，对准门套放置位置。

安装层门门套：单击下方【层门门套】图标，单击引导图标下的红圈闪烁位置。

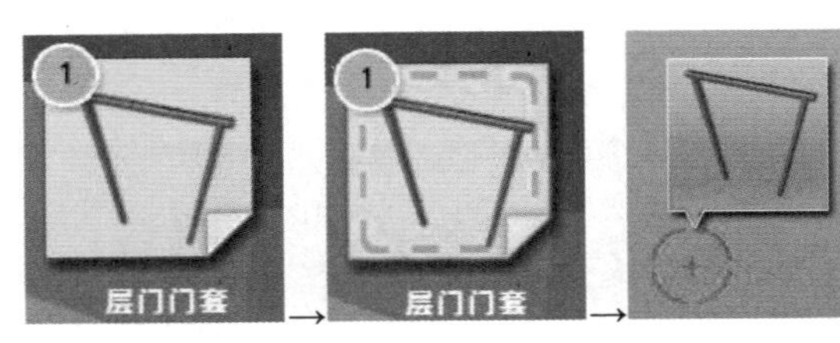

（2）门套放置位置准确。

消息提示框：“放置门套”操作已完成。

4. 门套安装位置复核

消息提示框：使用线锤测量门楣中心线与地坎中心线的相对位置，确定门楣中心线与地坎中心线对齐。

使用磁力线锤校准：单击下方【磁力线锤】图标，单击引导图标下的红圈闪烁位置。

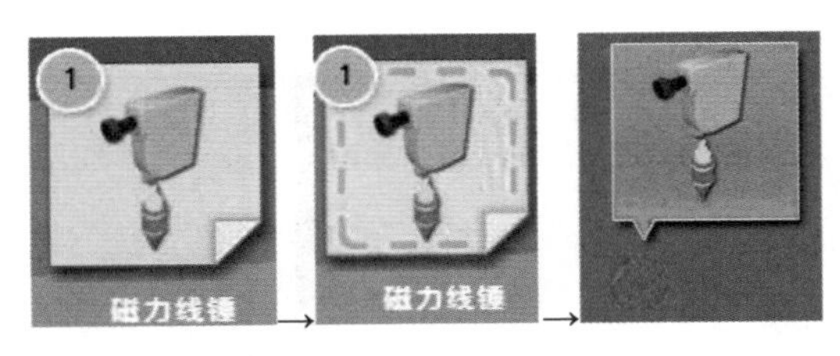

消息提示框：“门套安装位置复核”操作已完成。

5. 固定门套

消息提示框：使用地坎托架连接螺栓完成门套与地坎支架的紧固。

安装 M6 螺栓：单击下方【M6*20 螺栓】图标，单击引导图标下的红圈闪烁位置。

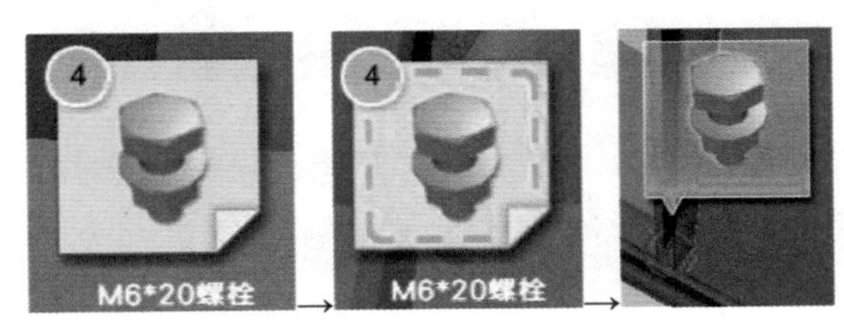

消息提示框：“固定门套”操作已完成。

6. 门套内侧角复核

消息提示框：使用直角尺对门套上部两内侧角进行测量，要求立柱与门楣应互成直角，两立柱应垂直且相互平行。

使用角尺测量：单击下方【角尺】图标，单击引导图标下的红圈闪烁位置。使用同样的方法测量 2 次。

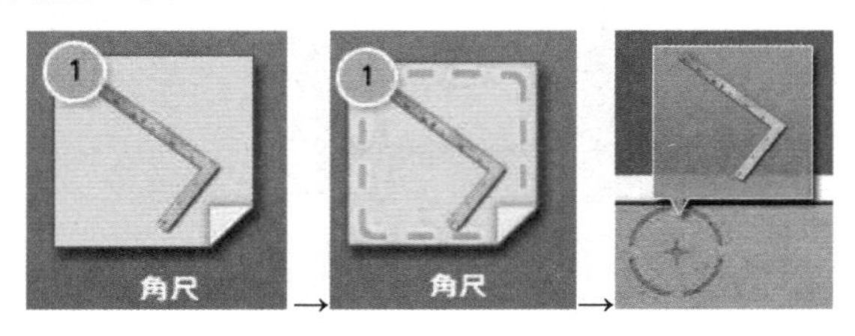

消息提示框：“门套内侧角复核”操作已完成。

7. 门套垂直度测量

消息提示框：使用线锤、直尺测量门套的垂直度，要求垂直度的偏差≤1/1000。

（1）使用磁力线锤测量：单击下方【磁力线锤】图标，单击引导图标下的红圈闪烁位置。

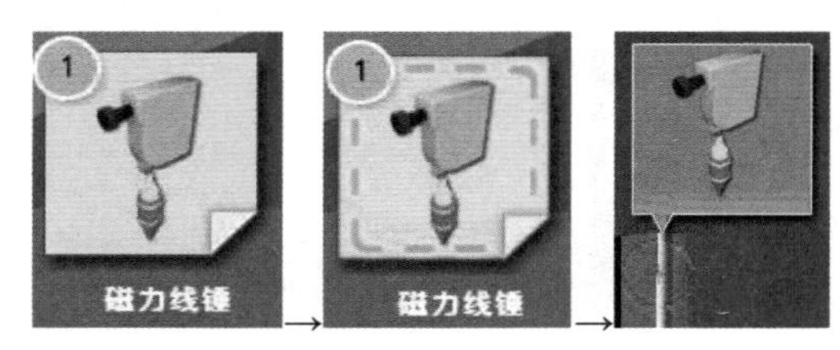

（2）使用直尺测量：单击下方【直尺】图标，单击引导图标下的红圈闪烁位置。

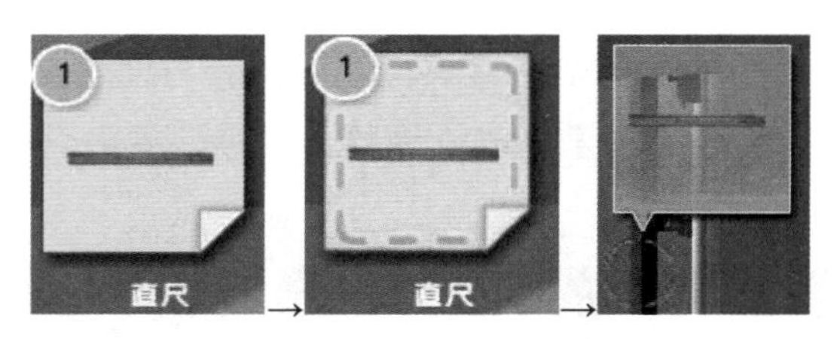

（3）使用直尺测量：单击下方【直尺】图标，单击引导图标下的红圈闪烁位置。使用同样的方法测量 4 次。

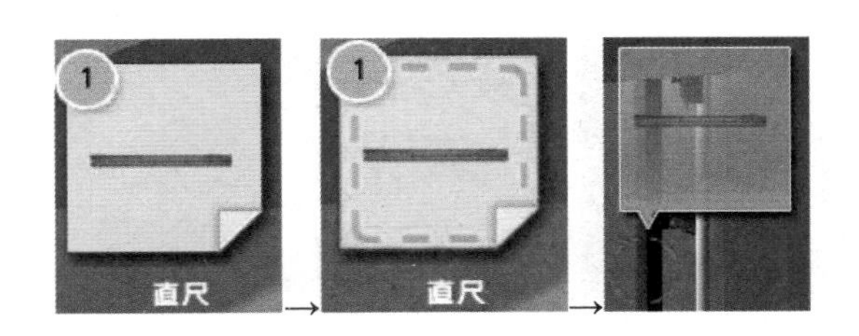

消息提示框：“门套垂直度测量”操作已完成。

8. 安装门套侧部固定件

消息提示框：使用膨胀螺栓将侧部固定件安装到井道壁，使用 M10×25 螺栓将侧部固定件与门套立柱连接。

（1）测量打孔位置：单击下方【侧部固定件】图标，单击引导图标下的红圈闪烁位置，并记录打孔位置，单击【收回】。

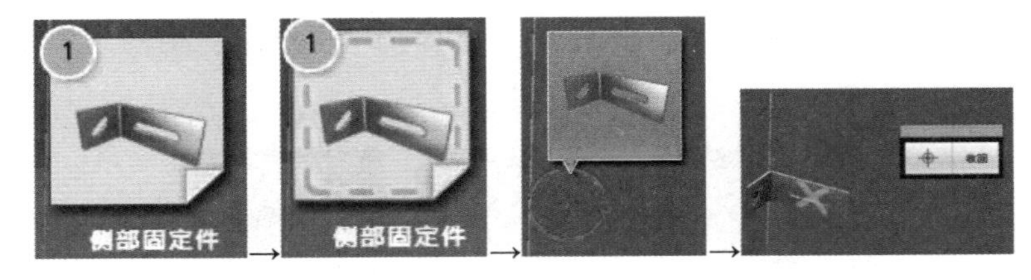

（2）电锤打孔：单击下方【电锤】图标，单击引导图标下的红圈闪烁位置。

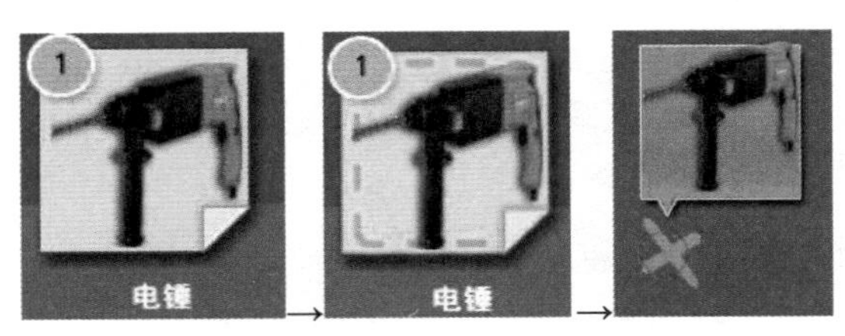

（3）安装 M6 膨胀螺栓：单击下方【M6 膨胀螺栓】图标，单击引导图标下的红圈闪烁位置。

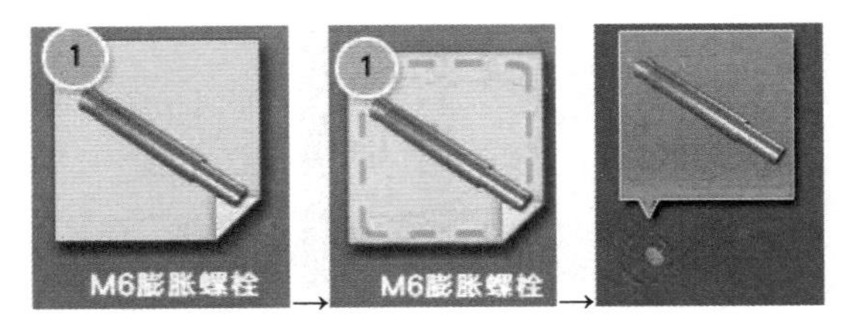

（4）安装侧部固定件：单击下方【侧部固定件】图标，单击引导图标下的红圈闪烁位置。

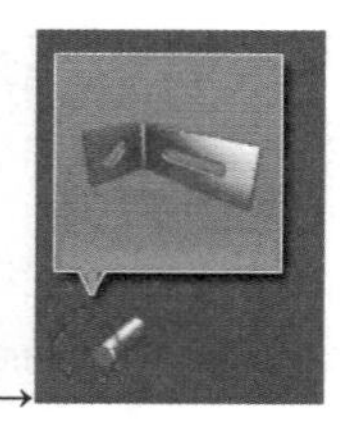

（5）安装 M6 螺母：单击下方【M6 螺母】图标，单击引导图标下的红圈闪烁位置。

（6）安装 M10×25 螺栓：单击下方【M10*25 螺栓】图标，单击引导图标下的红圈闪烁位置。

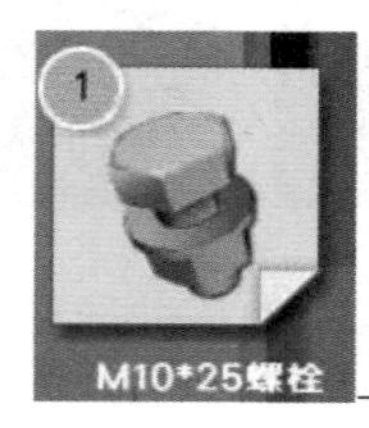

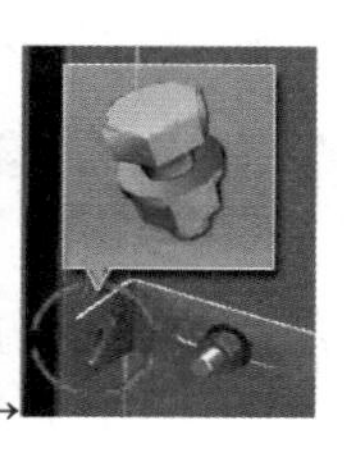

消息提示框：“安装门套侧部固定件”操作已完成。

9. 角铁连接件安装

（1）右侧角铁连接件安装。

消息提示框：在门套顶部一侧安装角铁连接件。

放置角铁连接件：单击下方【角铁连接件】图标，单击引导图标下的红圈闪烁位置。

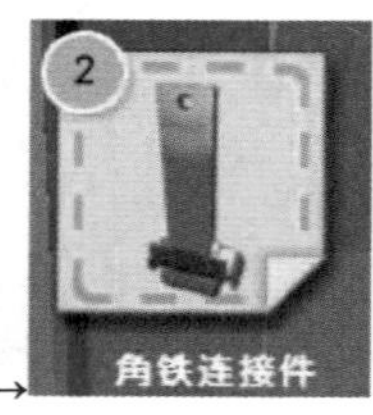

（2）左侧角铁连接件安装

放置角铁连接件：单击下方【角铁连接件】图标，单击引导图标下的红圈闪烁位置。

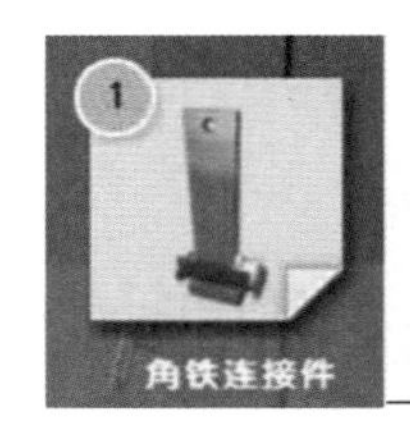

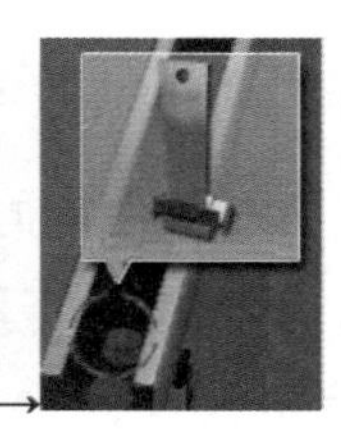

消息提示框：“安装角铁连接件”操作已完成。

10. 门机固定至角铁连接件

（1）门机放置完成。

消息提示框：使用螺栓将层门门机安装至角铁连接件。

放置层门装置：单击下方【层门装置】图标，单击引导图标下的红圈闪烁位置。

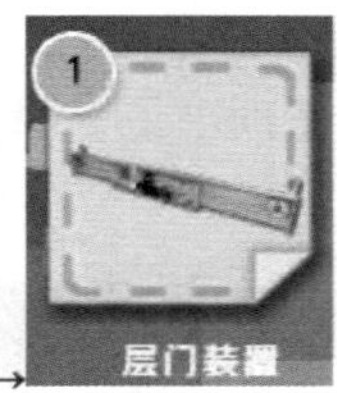

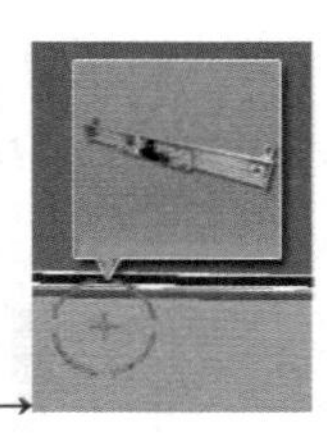

（2）门机固定至角铁连接件完成。

① 安装门机固定螺栓：单击下方【门机固定螺栓】图标，单击引导图标下的红圈闪烁位置。

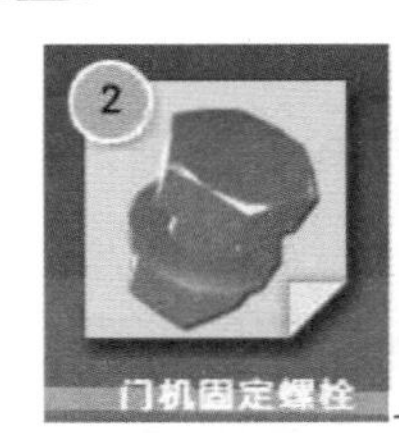

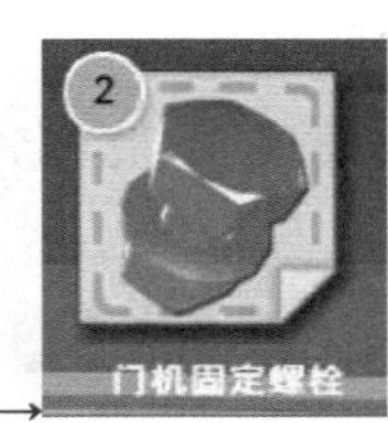

② 安装门机固定螺栓：单击下方【门机固定螺栓】图标，单击引导图标下的红圈闪烁位置。

消息提示框：“门机固定至角铁连接件”操作已完成。

11. 门机固定至井道壁

（1）安装门机左侧顶部固定膨胀螺栓安装。

消息提示框：使用螺栓将顶部固定件安装到层门门机上，使用膨胀螺栓将顶部固定件固定至井道壁。

安装 M12 膨胀螺栓：单击下方【M12 膨胀螺栓】图标，单击引导图标下的红圈闪烁位置。

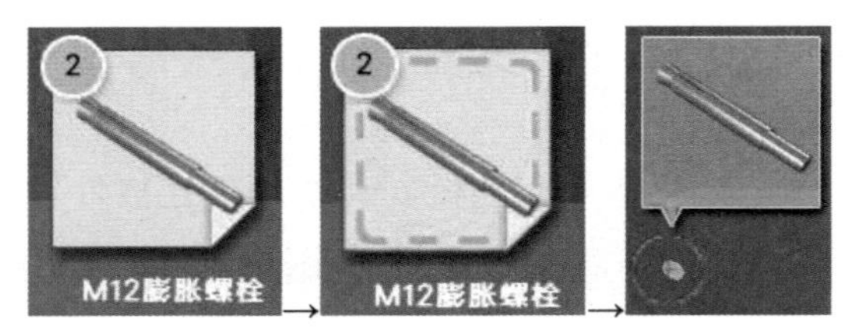

（2）安装左侧顶部固定件。

安装顶部固定件：单击下方【顶部固定件】图标，单击引导图标下的红圈闪烁位置。

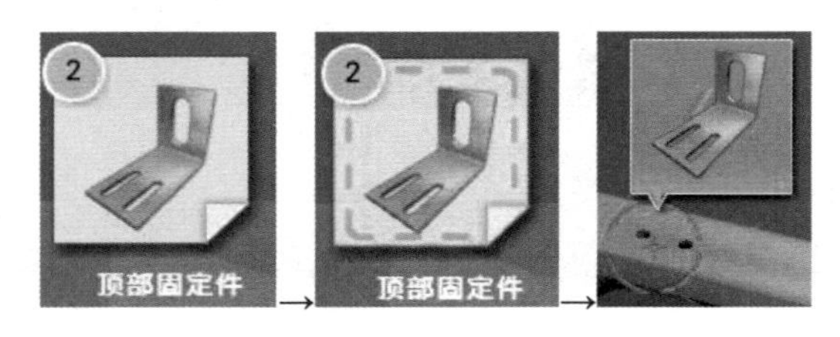

（3）安装左侧顶部固定螺栓。

安装顶部固定螺栓：单击下方【顶部固定螺栓】图标，单击引导图标下的红圈闪烁位置。

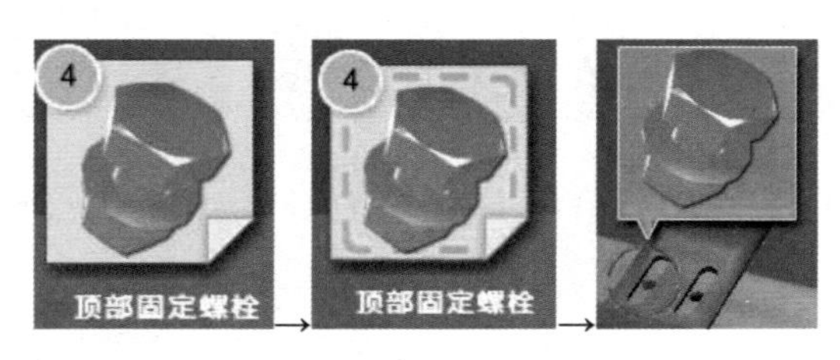

（4）左侧顶部固定件固定至井道壁。

安装 M12 螺母：单击下方【M12 螺母】图标，单击引导图标下的红圈闪烁位置。

（5）安装门机右侧顶部固定膨胀螺栓安装。

安装 M12 膨胀螺栓：单击下方【M12 膨胀螺栓】图标，单击引导图标下的红圈闪烁位置。

（6）安装右侧顶部固定件。

安装顶部固定件：单击下方【顶部固定件】图标，单击引导图标下的红圈闪烁位置。

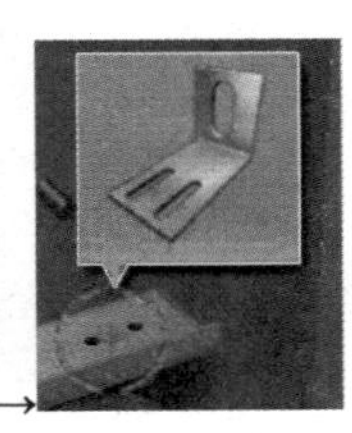

（7）安装右侧顶部固定螺栓。

安装顶部固定螺栓：单击下方【顶部固定螺栓】图标，单击引导图标下的红圈闪烁位置。

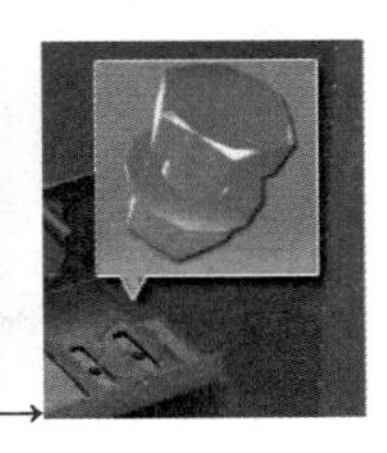

（8）右侧顶部固定件固定至井道壁。

安装 M12 螺母：单击下方【M12 螺母】图标，单击引导图标下的红圈闪烁位置。

消息提示框：“门机固定至井道壁”操作已完成。

12. 放开左侧偏心轮

将左侧偏心轮调至最大距离。

消息提示框：将门挂板上左侧的偏心轮调至与滑道距离最大。

使用扳手调整：单击下方【扳手】图标，单击引导图标下的红圈闪烁位置。

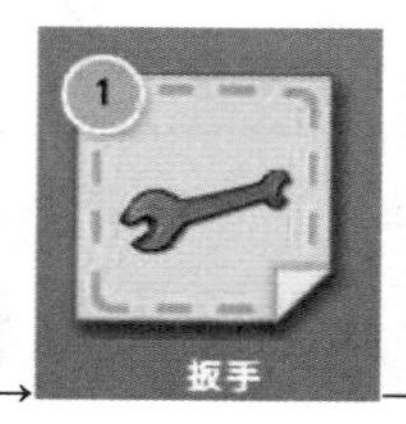

消息提示框：“放开左侧偏心轮”操作已完成。

13. 放开右侧偏心轮

将右侧偏心轮调至最大距离。

消息提示框：将门挂板上右侧的偏心轮调至与滑道距离最大。

使用扳手调整：单击下方【扳手】图标，单击引导图标下的红圈闪烁位置。

消息提示框：“放开右侧偏心轮”操作已完成。

14. 复核门机安装位置

门机安装位置准确。

消息提示框：将两门挂板拉开，测量样线至门挂板距离及相对位置，确保两侧门挂板与基准线同时对齐。

（1）拉开两门挂板：单击下方【打开】图标，单击引导图标下的红圈闪烁位置。

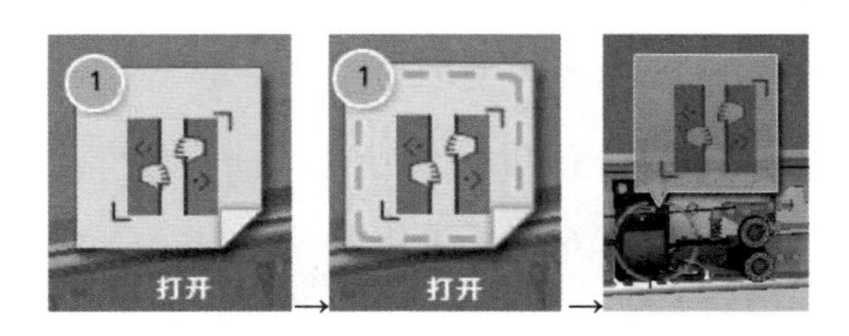

（2）使用直角尺测量：单击下方【直角尺】图标，单击引导图标下的红圈闪烁位置。使用同样的方法测量2次。

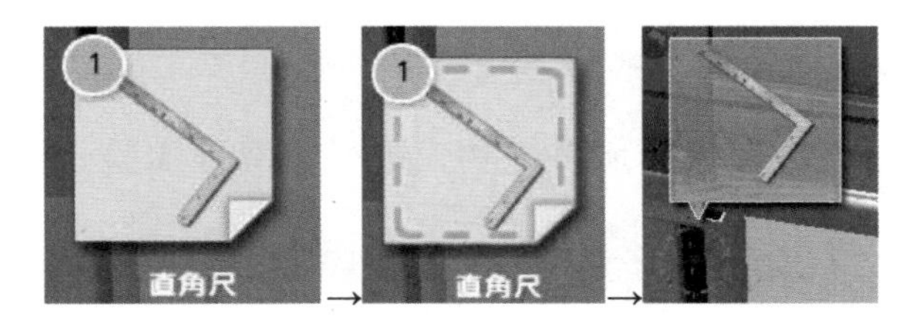

消息提示框：“复核门机安装位置”操作已完成。

任务三　安装门板与测试门的运行安装防护

一、知识架构

1. 层门门扇的安装准备

（1）电梯的层门按其运行方式，以轨道式滑动门最为常见。轨道式滑动门又可分为中分式门、旁开式门和直分式门等。

（2）检查门扇滑轮转动是否灵活，并在门滑轮的轴承内注入润滑脂。

（3）如有地坎护脚板，可先行安装。

（4）注意层门外观，检查门扇有无凹凸及不妥之处，不要划伤和撞击门板。

（5）用锉刀清除门套的焊接部位，用手锤清除填塞门套的水泥、砖块等的凸出物。

（6）如果门套和门扇为不锈钢材质，应先用裁纸刀削去层门扇和层门套转角部位的保护胶纸，然后撕去保护胶纸条，待电梯投入运行时再由客户自行除去剩余部位的保护胶纸。

（7）清除地坎槽内残留的杂物。

二、对接标准

1. 安装门板（门扇）

（1）用螺栓连接门板与门挂板，在门板下端安装门导靴，将门导靴放入地坎槽，在门扇与地坎间垫上 6mm 厚的支撑物。

（2）门挂板和门扇之间用专用垫片进行调整，使之达到要求。

（3）将门挂板和门扇用连接螺钉进行紧固。

（4）将偏心轮调回与滑道间距小于 0.5mm 的位置。

2. 测试门的运行安装防护

（1）撤掉门扇与地坎间所垫之物，进行门滑行实验，达到轻快自如为合格。

（2）两门扇前后偏差应不大于 0.5mm。

（3）当厅门关闭时，两门扇间隙不得大于 6mm。门扇与地坎的间隙应在 1～6mm。

（4）门套与门扇的间隙应在 1～6mm。

（5）当层门全开时，在无外力的作用下，层门能自动、平稳地关闭（安装测试强迫关门装置）。

（6）层门地坎为牛钢腿时，应装设 1.5mm 厚的护脚板，钢板的宽度应在层门口宽度的基础上两边各延伸 25mm，垂直面的高度不小于 350mm，下边应向下延伸一个斜面，使斜面与水平面的夹角不小于 60°，其投影深度不小于 20mm。

三、任务实施流程

1. 安装三角锁

（1）三角锁锁芯安装。

消息提示框：将三角锁安装至门板上，先安装锁芯，然后安装推杆，安装完成后调整，要求动作灵活、无卡阻。

安装三角锁锁芯：单击下方【三角锁锁芯】图标，单击引导图标下的红圈闪烁位置。

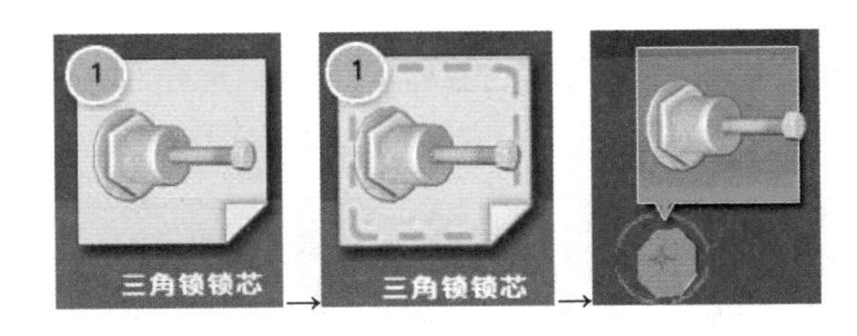

（2）推杆安装。

安装推杆：单击下方【推杆】图标，单击引导图标下的红圈闪烁位置。

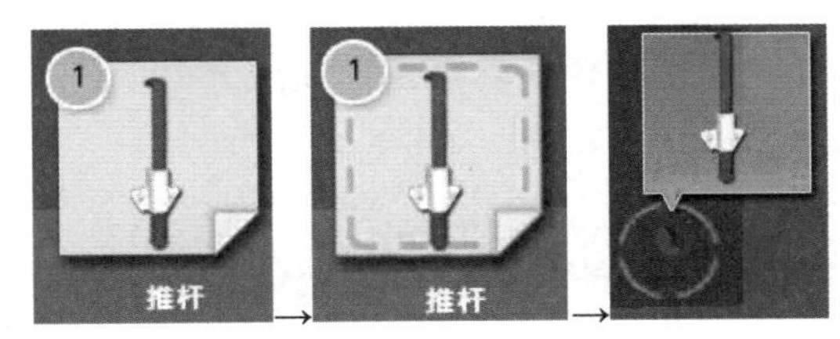

（3）调整三角锁装置。

调整三角锁：单击下方【拨动】图标，单击引导图标下的红圈闪烁位置。

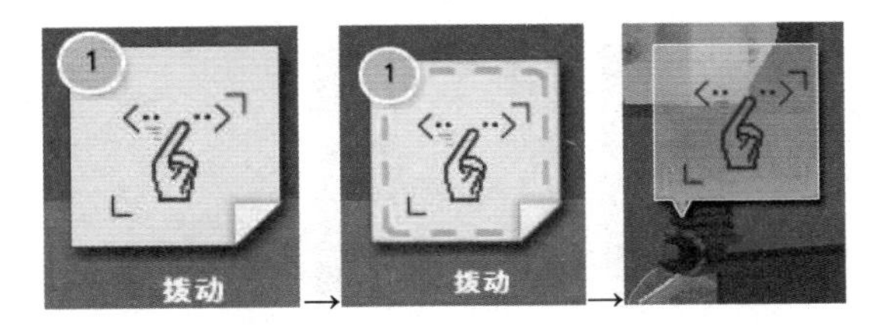

消息提示框：“安装三角锁”操作已完成。

2. 粘贴三角锁标签

消息提示框：粘贴三角锁标签。

粘贴三角锁标签：单击下方【三角锁标签】图标，单击引导图标下的红圈闪烁位置。

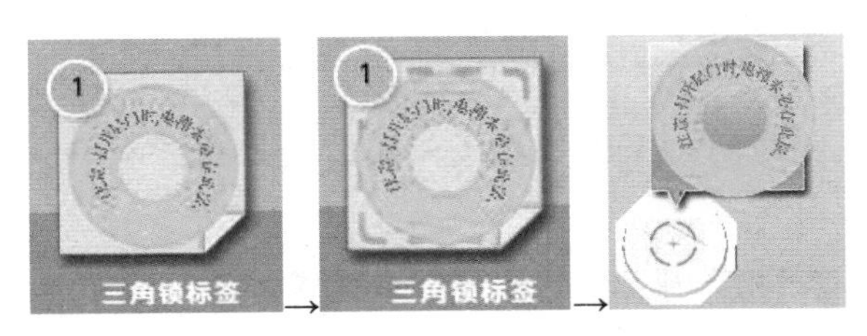

消息提示框：“粘贴三角锁标签”操作已完成。

3. 安装厅门导靴

消息提示框：将门导靴安装至门板下部。

安装4组门导靴：单击下方【门导靴】图标，单击引导图标下的红圈闪烁位置。

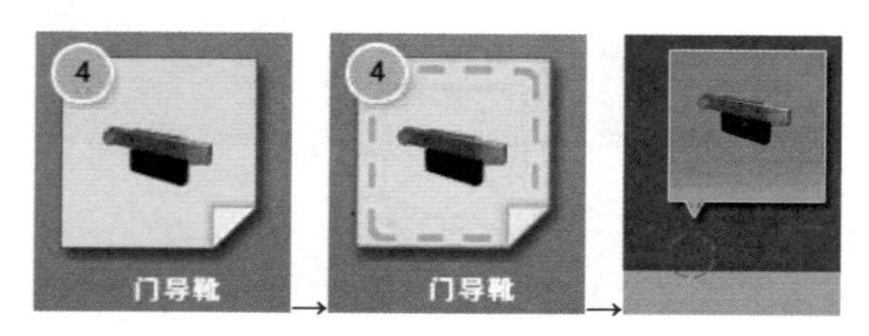

消息提示框：“安装厅门导靴”操作已完成。

4. 安装门板

消息提示框：将门板下方的导靴放入地坎导向槽中，在门板和地坎之间垫6mm厚的支撑物。

（1）安装垫块：单击下方【垫块】图标，单击引导图标下的红圈闪烁位置。

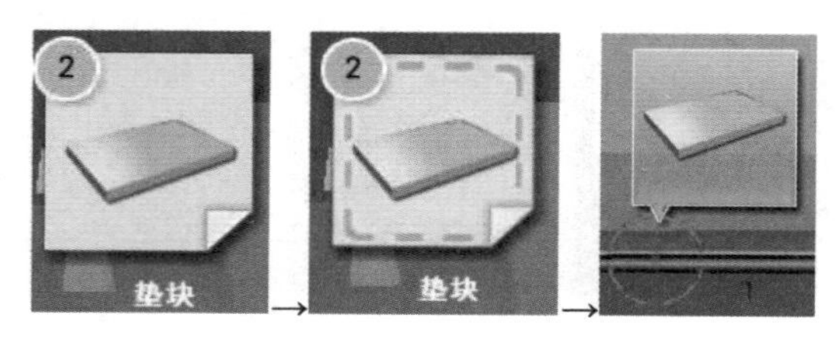

（2）安装右侧厅门：单击下方【右侧厅门】图标，单击引导图标下的红圈闪烁位置。

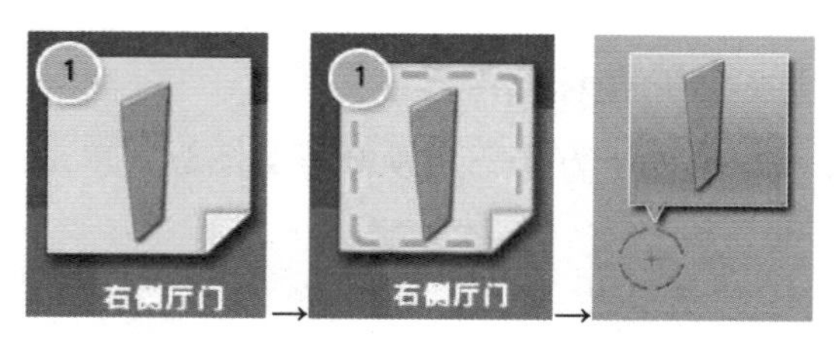

（3）安装左侧厅门：单击下方【左侧厅门】图标，单击引导图标下的红圈闪烁位置。

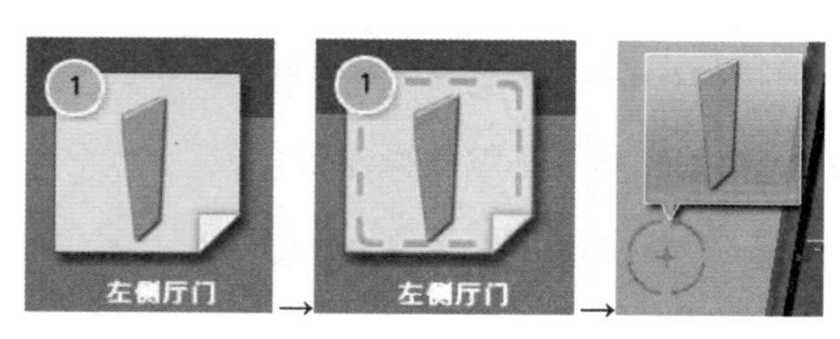

消息提示框：“安装门板”操作已完成。

5. 固定门板

消息提示框：门挂板与门板之间的间隙通过添加专用垫片进行调整，调整好后用螺栓将门挂板与门板紧固。

安装门板固定件：单击下方【门板固定件】图标，单击引导图标下的红圈闪烁位置。

消息提示框：“固定门板”操作已完成。

6. 调节偏心轮

消息提示框：将偏心轮调回与滑道间隙小于 0.5mm 的位置。

（1）使用扳手调整：单击下方【扳手】图标，单击引导图标下的红圈闪烁位置。

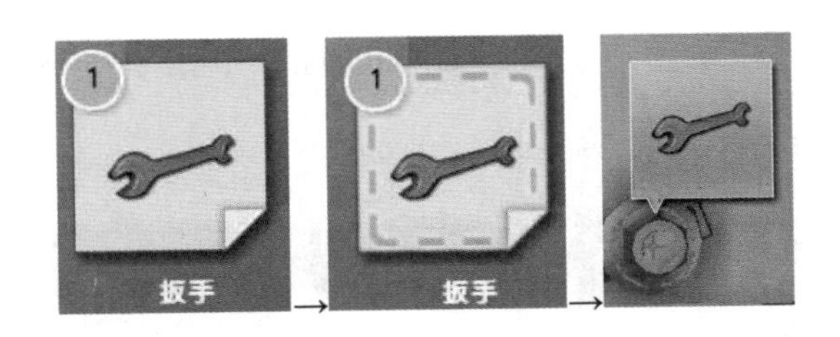

（2）使用塞尺测量：单击下方【塞尺】图标，单击引导图标下的红圈闪烁位置。

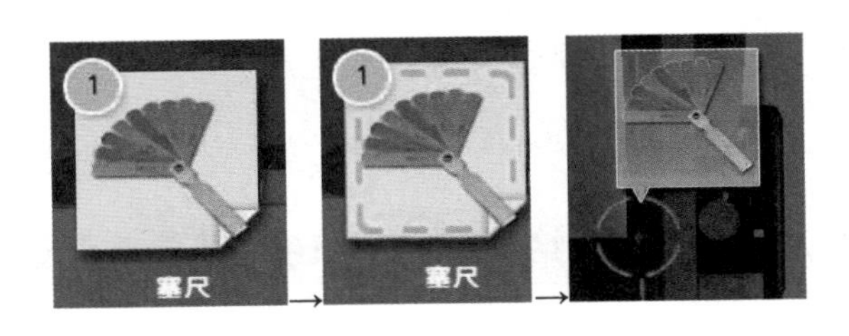

消息提示框：“偏心轮调节”操作已完成。

7. 撤除垫片

消息提示框：撤掉门板与地坎之间的所垫之物。

撤除门板垫：单击下方【卸除】图标，单击引导图标下的红圈闪烁位置。

→
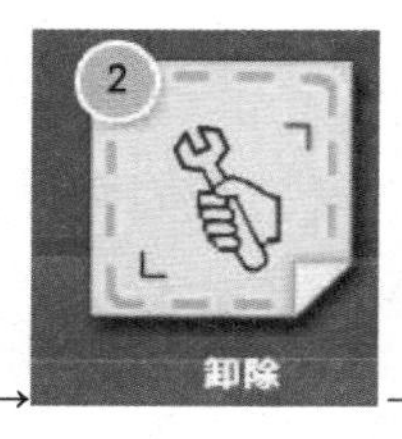

→

消息提示框：“撤除垫片”操作已完成。

8. 厅门滑行试验

消息提示框：进行门滑行试验，滑动轻快自如说明安装合格。

（1）打开厅门：单击下方【打开】图标，单击引导图标下的红圈闪烁位置。

→
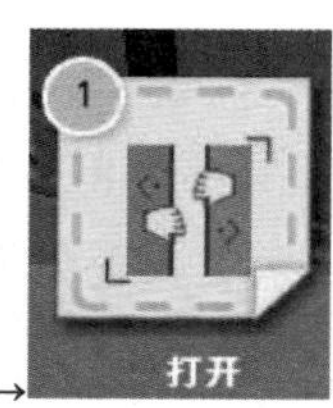

→

（2）关闭厅门：单击下方【关闭】图标，单击引导图标下的红圈闪烁位置。

→
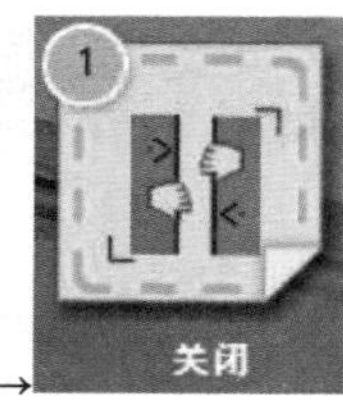

→

消息提示框：“厅门滑行试验”操作已完成。

9. 测量门板垂直度

消息提示框：用线锤支持测量门板的垂直度，要求垂直度偏差在整个高度上≤2mm。

（1）使用磁力线锤测量：单击下方【磁力线锤】图标，单击引导图标下的红圈闪烁位置。

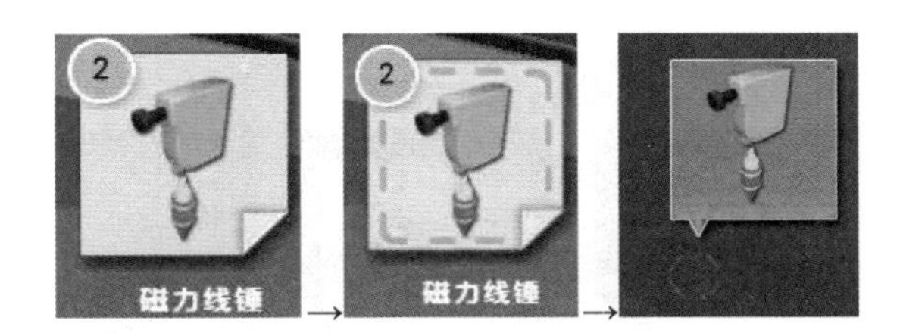

（2）使用直尺测量：单击下方【直尺】图标，单击引导图标下的红圈闪烁位置。

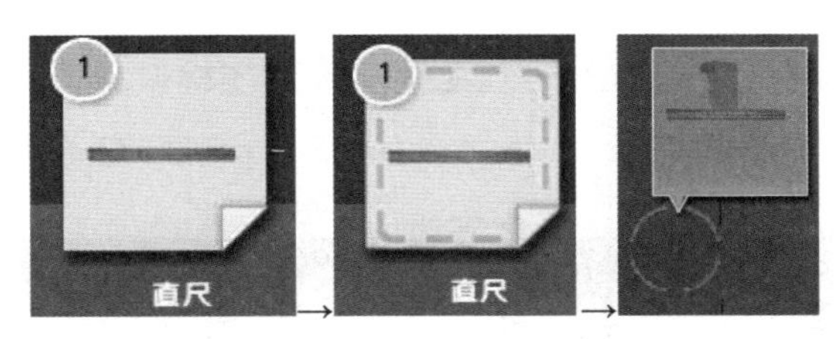

（3）使用直尺测量：单击下方【直尺】图标，单击引导图标下的红圈闪烁位置。同样的方法测量 2 次。

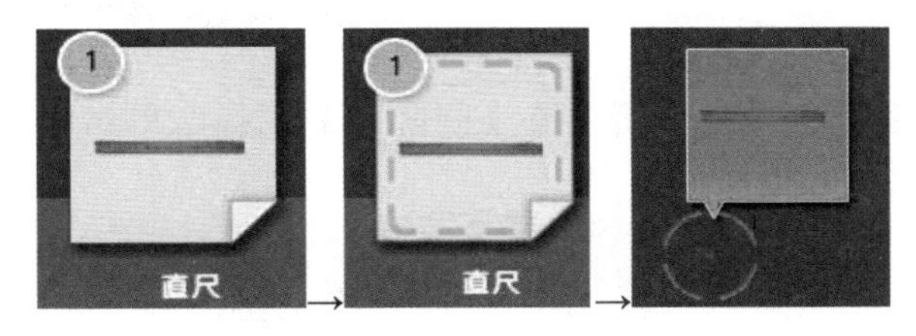

消息提示框：“测量门板垂直度”操作已完成。

10. 厅门各部位间隙测量

（1）测量左侧门板与门套间隙。

消息提示框：使用塞尺测量门板各部位间隙，要求层门关闭后各部位间隙尽可能小。对于乘客电梯，此运动间隙不得大于 6mm；对于载货电梯，此间隙不得大于 8mm。由于磨损，间隙值允许达到 10mm。

① 使用间隙尺测量：单击下方【间隙尺】图标，单击引导图标下的红圈闪烁位置。

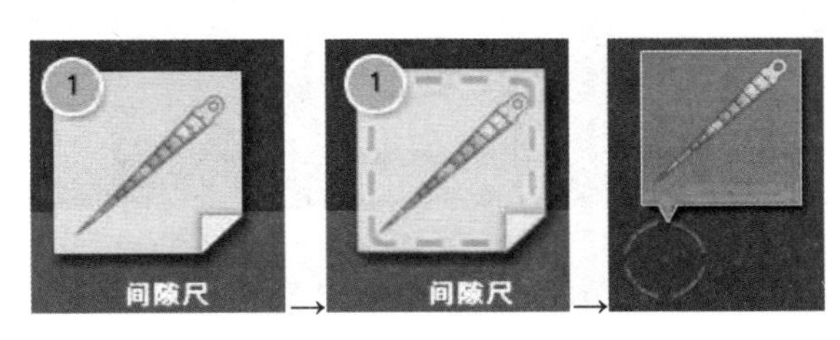

② 使用间隙尺测量：单击下方【间隙尺】图标，单击引导图标下的红圈

闪烁位置。

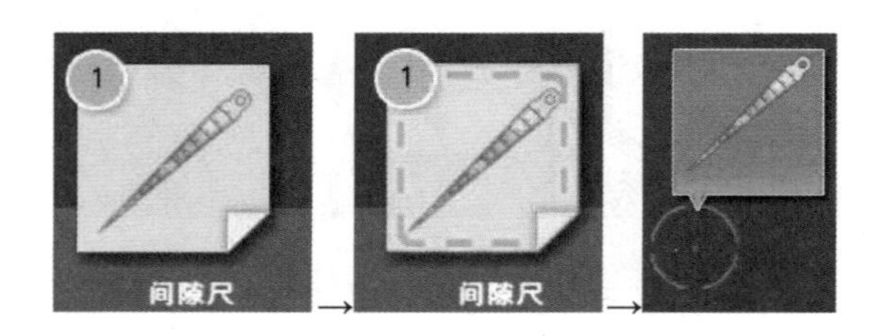

（2）测量右侧门板与门套间隙。

① 使用间隙尺测量：单击下方【间隙尺】图标，单击引导图标下的红圈闪烁位置。

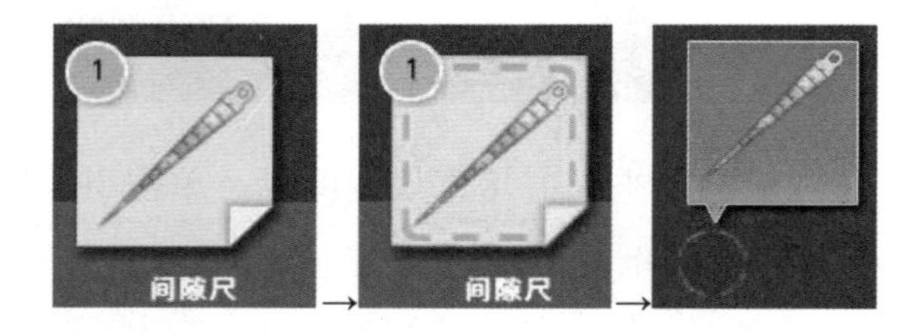

② 使用间隙尺测量：单击下方【间隙尺】图标，单击引导图标下的红圈闪烁位置。

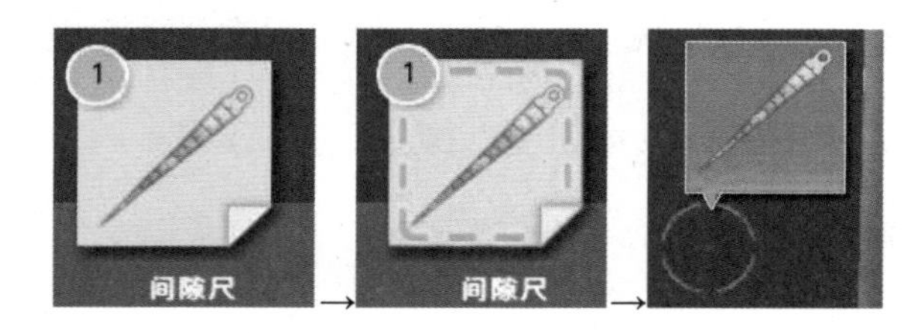

（3）测量左侧门板与地坎间隙。

① 使用间隙尺测量：单击下方【间隙尺】图标，单击引导图标下的红圈闪烁位置。

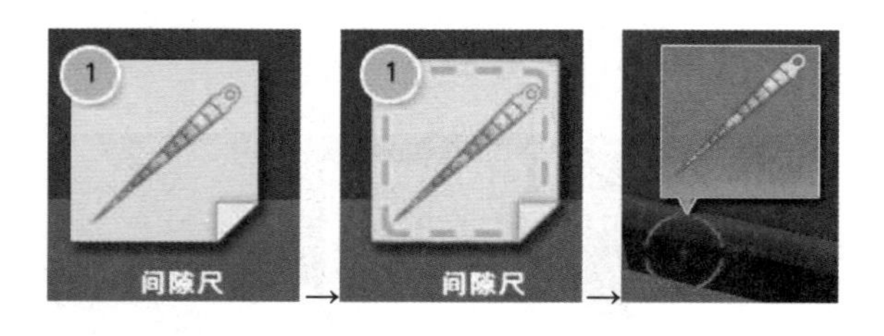

② 使用间隙尺测量：单击下方【间隙尺】图标，单击引导图标下的红圈闪烁位置。

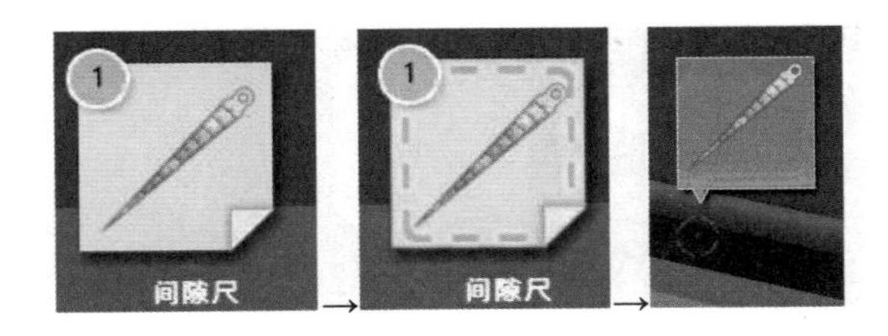

（4）测量右侧门板与地坎间隙。

① 使用间隙尺测量：单击下方【间隙尺】图标，单击引导图标下的红圈闪烁位置。

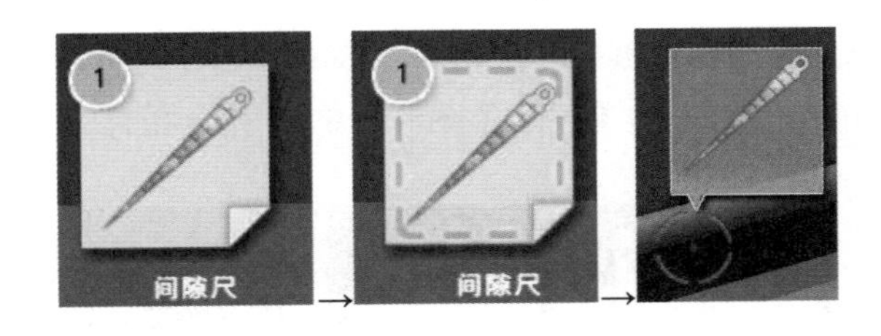

② 使用间隙尺测量：单击下方【间隙尺】图标，单击引导图标下的红圈闪烁位置。

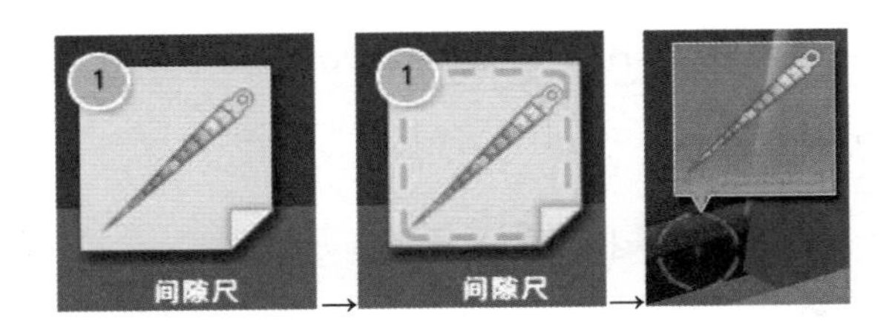

（5）测量两门板间隙。

① 间隙尺测量：单击下方【间隙尺】图标，单击引导图标下的红圈闪烁位置。

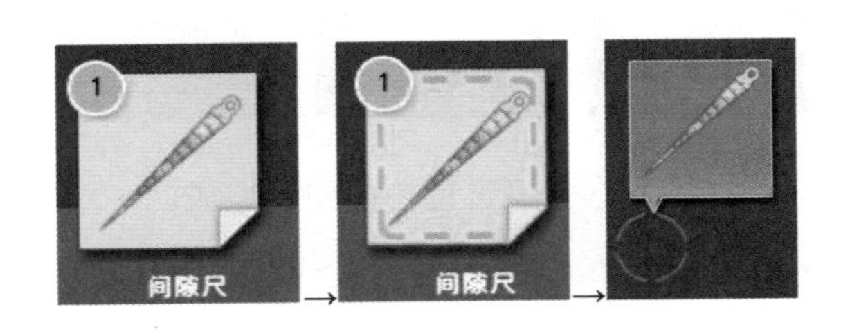

② 使用间隙尺测量：单击下方【间隙尺】图标，单击引导图标下的红圈闪烁位置。

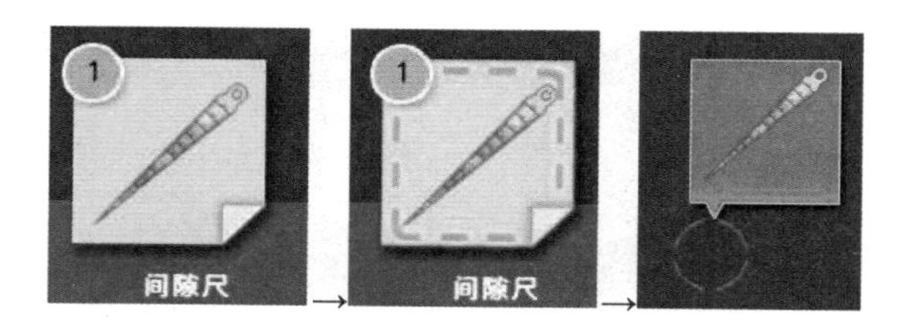

消息提示框：“测量厅门各部位间隙”操作已完成。

11. 调节厅门门锁

消息提示框：调整层门门锁和门安全开关，使其锁钩动作灵活，在证实锁紧的电气安全装置动作前，锁紧元件的最小啮合长度为7mm。

调整厅门门锁：单击下方【拨动】图标，单击引导图标下的红圈闪烁位置。

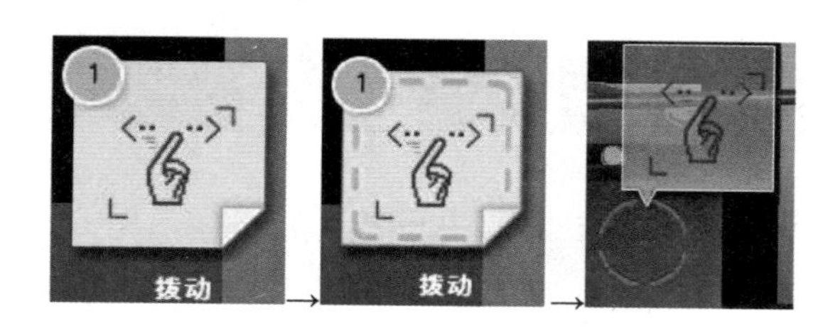

消息提示框：“调节厅门门锁”操作已完成。

12. 安装强迫关门装置

消息提示框：安装强迫关门装置。

安装强迫关门装置：单击下方【强迫关门装置】图标，单击引导图标下的红圈闪烁位置。

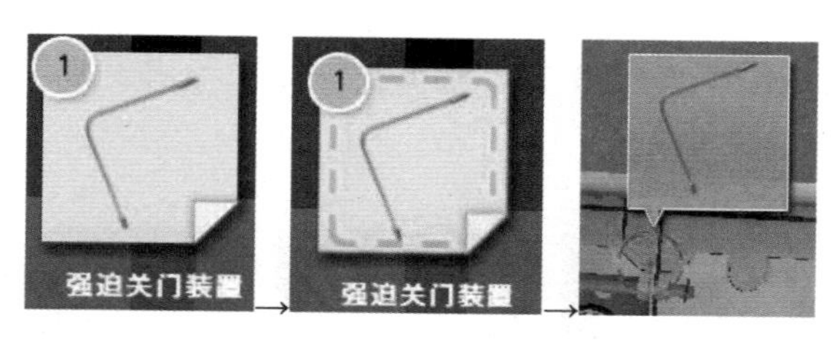

消息提示框：“安装强迫关门装置”操作已完成。

13. 测试强迫关门装置

消息提示框：当层门全开时，在无外力作用的情况下，层门能自动、平稳地关闭。

测试强迫关门装置：根据系统引导，单击引导图标下的红圈闪烁位置。

消息提示框：“测试强迫关门装置”操作已完成。

14. 安装厅门护脚板

消息提示框：安装厅门护脚板。

① 安装厅门护脚板：单击下方【厅门护脚板】图标，单击引导图标下的红圈闪烁位置。

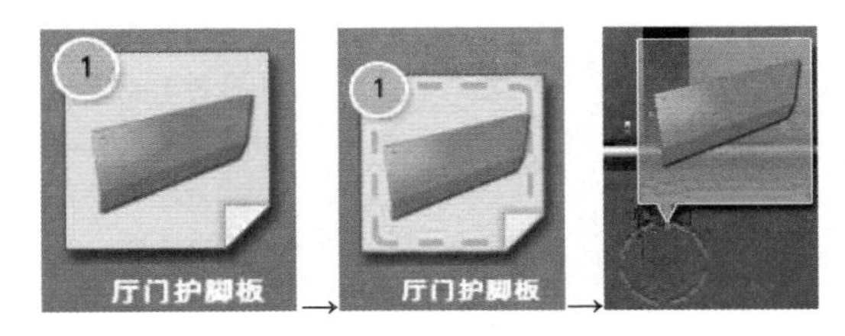

② 安装护脚板固定件：单击下方【护脚板固定件】图标，单击引导图标下的红圈闪烁位置。

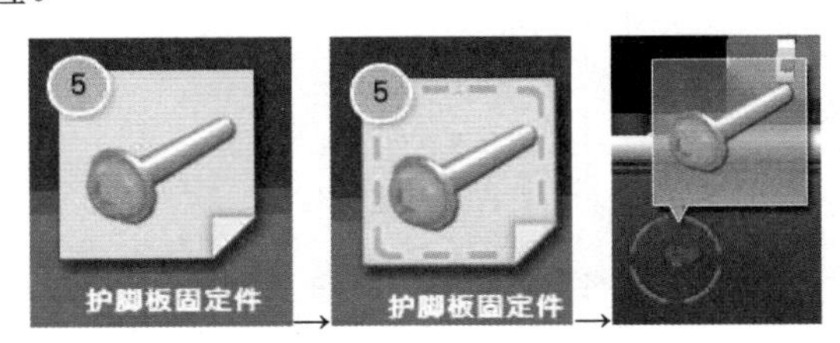

消息提示框：“安装厅门护脚板”操作已完成。

15. 门机防尘罩的安装

消息提示框：安装门机防尘罩。

安装门机防尘罩：单击下方【层门装置防尘罩】图标，单击引导图标下的红圈闪烁位置。

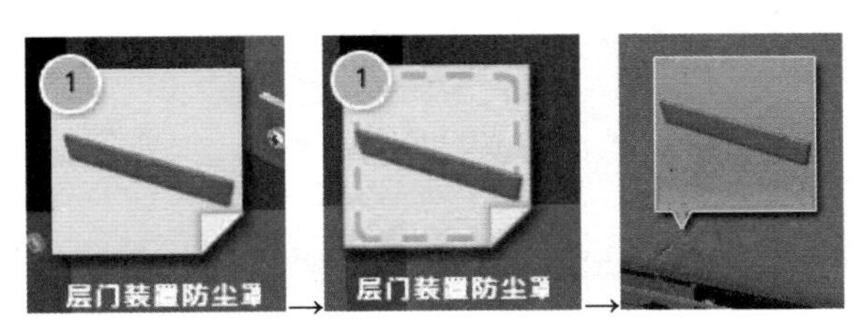

消息提示框：“安装门机防尘罩”操作已完成。

模块梳理

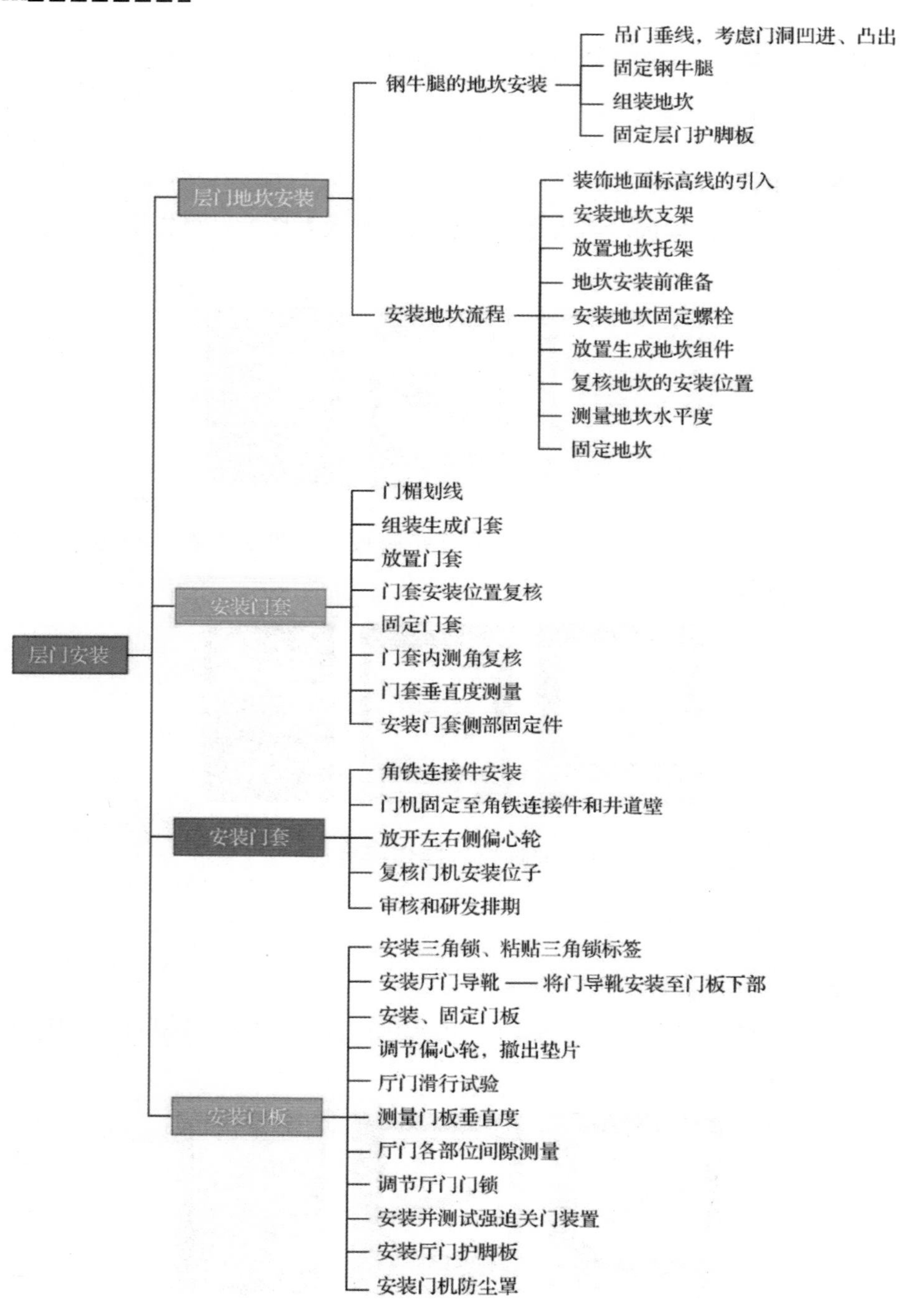

模块测评

1. 判断题

（1）电梯额定载重量在 1000kg 以上的各类电梯（不包括 1000kg）可采用 10mm 厚的钢板及槽钢制作牛腿支架，进行焊接，牛腿支架不少于 4 个。（　　）

（2）层门地坎应具有足够的强度，地坎上表面宜高出装修后的地平面 2～5mm。（　　）

（3）在开门宽度方向上，地坎表面相对水平面的倾斜应不大于 2/1000。（　　）

（4）门套由侧板和门楣组成，它的作用是保护门口侧壁，装饰门厅。（　　）

（5）导轨固定前应用门扇试挂实测导轨和地坎的距离是否合适，不合适应调整。（　　）

（6）导轨截面的不垂直度不应超过 0.3mm（　　）

（7）用螺栓连接门板与门挂板，在门板下端安装门导靴，将门导靴放入地坎槽，在门扇与地坎间垫上 6mm 厚的支撑物。（　　）

（8）在门扇装完后，应将强迫关门装置装上，使层门处于关闭状态。厅门应具有自闭能力，被打开的层门在无外力作用时，层门应能自动关闭，以确保层门口的安全。（　　）

2. 选择题

（1）层门地坎至轿厢地坎之间的水平距离偏差为 0～3mm（企业标准：0～2mm），且最大距离严禁超过（　　）mm。

A. 34　　B. 35　　C. 36　　D. 37

（2）与层门联动的轿门部件与层门地坎之间、层门门锁装置与轿厢地坎之间的间隙应为（　　）mm。

A. 3～10　　B. 4～10　　C. 5～10　　D. 5～8

（3）门套垂直度和横梁水平度不大于（　　）。

A. 2/1000　　B. 3/1000　　C. 4/1000　　D. 1/1000

（4）层门导轨与地坎槽相对应，在导轨两端和中间 3 处的间距偏差不大于±1mm，层门导轨上表面对地坎上表面的不平行度应不超过（　　）mm。

A. 1mm　　B.2mm　　C. 3mm　　D. 4mm

模块测评答案

模块评价

（一）自我评价

由学生根据学习任务完成情况进行自我评价，将评分值记录于表中。

自我评价

评价内容	配分	评分标准	扣分	得分
1. 安全意识	10	1. 不遵守安全规范操作要求，酌情扣 2～5 分； 2. 有其他违反安全操作规范的行为，扣 2 分		
2. 知识掌握	40	1. 课前对知识的预习程度及参与度，酌情扣分； 2. 课后对知识的掌握程度，酌情扣分； 3. 课下对知识的巩固程度，酌情扣分		
3. 施工流程	40	1. 是否遵循合理的安装工艺流程，不符合要求，酌情扣分； 2. 在安装过程中是对接标准，不合要求，酌情扣分		
4. 职业规范和环境保护	10	1. 工作过程中工具和器材摆放凌乱，扣 3 分； 2. 不爱护设备、工具、不节省材料，扣 3 分； 3. 工作完成后不清理现场，在工作中产生的废弃物不按规定处置，各扣 2 分；若将废弃物遗弃在井道内，扣 3 分		
总评分=（1～4 项总分）×40%				

签名：__________　　　　　　　　　　_____年_____月_____日

（二）小组评价

由同一实训小组的同学结合自评情况进行互评，将评分制记录于表中。

小组评价

评价内容	配分	评分
1. 实训记录自我评价情况	30	
2. 门套、门机安装是否遵循标准	30	
3. 互助与协作能力	20	
4. 安全、质量意识与责任心	20	
总评分=（1～4 项总分）×30%		

参加评价人员签名：________________　　　　______年______月______日

（三）教师评价

由指导教师结合自评与互评的结果进行综合评价，并将评价意见与评价值记录于表中。

教师评价

教师总体评价意见：	
教师评分：	
总评分（自我评分+小组评分+教师评分）	

教师签名：____________　　　　______年______月______日

模块四　机房机械设备安装

学习目标

【知识目标】

1. 能够根据实际机房的大小，参照图样确定曳引机的安装位置。

2. 能够根据实际工字钢的位置，参照图样确定曳引机底座的安装位置。

3. 能够根据实际曳引机底座的位置，参照图样确定曳引机的位置。

4. 能够根据实际曳引机底座的位置，参照图样确定导向轮的安装位置。

5. 能够完全掌握机房设备的安装流程及对接标准。并为岗位培养人才需求、1+X 考证做好准备。

【能力目标】

学生熟悉机械设备的安装流程，并能够熟练地进行实际操作。

【素养目标】

养成学生独立思考、乐于探索、主动学习的良好习惯。

模块导入

电梯曳引机是电梯运行的核心部件之一，它的作用是将电梯的轿厢和配重通过钢丝绳连接起来，实现电梯的上下运行。电梯曳引机的性能和质量直接影响电梯的安全性和运行效率。

施工工艺

机房设备安装工艺流程表

工艺流程		作业计划
1	吊装承重梁，测量其水平度	
2	实施混凝土的浇筑	
3	安装曳引机底座和加高台	
4	安装曳引机减振垫	
5	吊装曳引机，定位曳引轮	
6	安装并定位导向轮	

施工安全

（1）现场作业必须使用、穿戴相关的劳防用品：安全头盔、安全鞋、手套、工作目镜、防护工作服等。

（2）吊装作业时，应注意对起重吊具进行安全检查，确保其处于完好状态（如吊钩保险扣是否有效、钢丝绳是否有断丝断股现象、U 形环是否有滑丝脱扣现象）。

（3）焊接（切割）作业人员必须是经过电、气焊专业培训并考试合格，取得特种作业操作证的电气焊工，持证上岗（在有效期内）。

（4）避免机房井道同时作业。

（5）机房预留孔要做好防坠物保护。

施工质量

施工质量评价表

序号	验收要点
1	承重梁插入墙孔部分的深度应大于 $0.5D$+20mm（D 为墙体厚度），且不得小于 75mm
2	样板应牢固、准确，制作样板时，样板架托架木质、强度必须符合规定要求，保证样板架不会发生变形或塌落事故承重梁的平面水平度小于等于 0.5/1000，互相间的高度差小于等于 0.5mm
3	实施混凝土的浇筑，混凝土混合比例应符合厂家标准
4	曳引机的水平度小于等于 2/1000
5	曳引轮与绳孔中心位置：前后方向小于等于正负 2mm，左右方向小于等于 1mm
6	导向轮与曳引轮平行度误差≤1mm
7	导向轮垂直度偏差≤2mm
8	导向轮的径向偏差≤3mm，轴向偏差≤2mm

工具、材料

防护用品

安全头盔	全身保险带	安全鞋	手套	工作目镜

安装工具

卷尺	水平尺	磁力线锤	手拉葫芦

任务一　吊装承重梁

一、知识架构

曳引机承重梁是整台设备承重重量最大的部分，承载曳引机、轿厢、对重、曳引绳、随行电缆、补偿装置等的全部重量。其一般由槽钢、工字钢制成。曳引机承重梁的安装如图 4-1-1 所示。

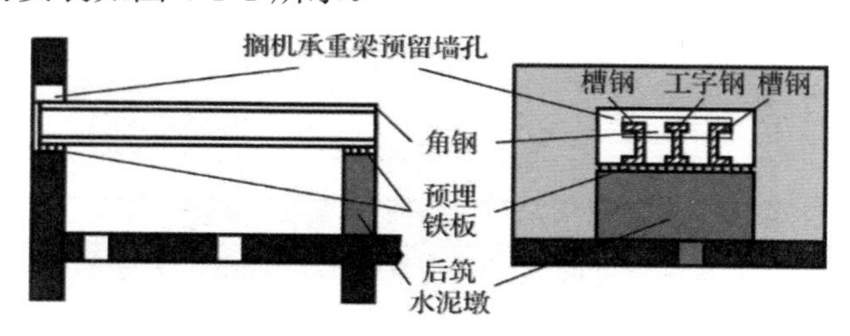

图 4-1-1　曳引机承重梁的安装

（1）承重梁的受力点一定要在结构承重梁或连续（承重）墙上。从样板架将轿厢中心点和对重中心点引至机房地面后，画出曳引机承重梁的位置。

（2）承重梁一端伸入预留墙孔，另一端需砌筑一个与预留孔台阶等高的水泥墩（长、宽、高根据曳引材机的安装方式确定），面上已预埋铁板，待水泥墩干后将承重梁画线。

（3）根据画线的位置吊装、放置承重梁，定位后为防止本承重梁移动，可用点焊、段焊在预埋铁板上，端头可焊一根角铁相连。

（4）承重梁插入墙孔部分的深度应＞0.5*D*+20mm（*D* 为墙体厚度），且不得小于 75mm。

（5）承重梁的平面水平度不大于 0.5/1000，互相间的高度差不大于 0.5mm。

二、对接标准

（1）曳引机承重梁如需埋入承重墙内，则其支撑长度应超过墙厚中心 20mm，且不小于 75mm。

（2）承重梁的平面水平度不大于 0.5/1000，互相间的高度差不大于 0.5mm，互相间的不平行度不大于 6mm。

三、任务实施流程

1. 吊装承重梁

消息提示框：在曳引机承重梁与承重墙之间垫一块面积大于钢梁接触面厚度不小于 16mm 的钢板，并找平垫实。逐根吊装承重梁。

（1）放置钢板：单击下方【钢板】图标，单击引导图标下的红圈闪烁位置。

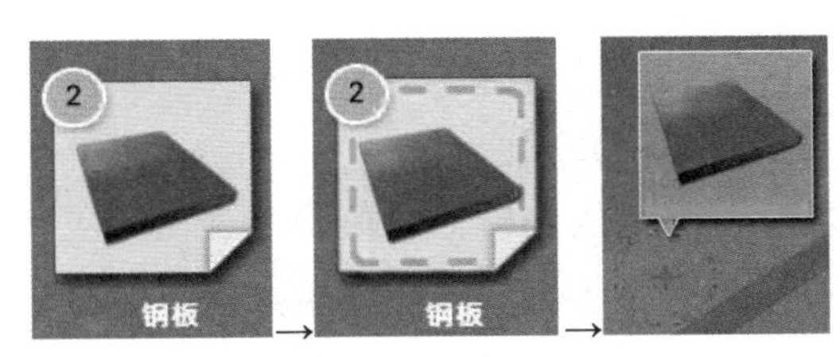

（2）放置钢板：单击下方【钢板】图标，单击引导图标下的红圈闪烁位置。

（3）放置承重梁：单击下方【承重梁】图标，单击引导图标下的红圈闪烁位置。

消息提示框：“吊装承重梁”操作已完成。

2. 测量承重梁水平

消息提示框：用水平尺测量承重梁的水平度，要求单根承重梁的水平度偏差≤0.5/1000，3 根梁要求同一平面，平行度误差≤2mm。

水平尺测量水平度：单击下方【水平尺】图标，单击引导图标下的红圈闪烁位置，使用完后并单击【收回】。使用同样的方法测量 5 次。

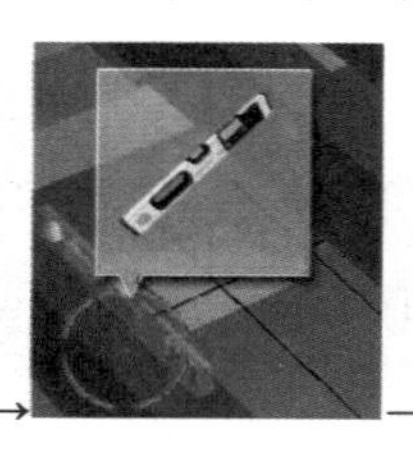

消息提示框：“测量承重梁水平”操作已完成。

3. 实施混凝土的浇筑

（1）浇筑承重梁墙面端部完成。

消息提示框：实施混凝土的浇筑，混凝土混合比例应符合厂家标准。

浇筑混凝土：单击下方【水泥】图标，单击引导图标下的红圈闪烁位置。

（2）浇筑承重梁袒露端部完成。

浇筑混凝土：单击下方【水泥】图标，单击引导图标下的红圈闪烁位置。

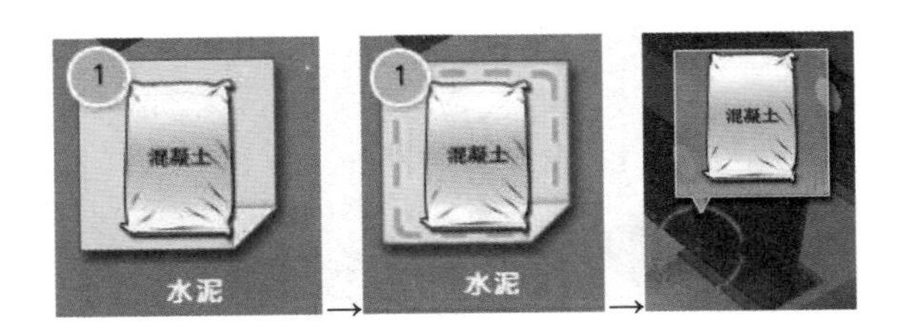

消息提示框：“实施混凝土的浇筑”操作已完成。

任务二　安装曳引机底座

一、知识架构

曳引机底座是承重梁与曳引机的过渡部件，一般使用型钢，由厂家或曳引机供应商根据曳引机的尺寸制成。

（1）曳引机底座上部与曳引机加高台都用螺栓与曳引机连接。

（2）曳引机底座底部与防振橡胶组件用压导板或螺栓与承重梁连接，将曳引机工作时产生的噪声和振动隔开。初装时，所有的螺钉暂不拧紧（此仅为一种工艺方式）。

二、任务实施流程

1. 曳引机底座吊装

消息提示框：将曳引机底座吊至承重梁上，先不固定。

安装曳引机底座：单击下方【曳引机机座】图标，单击引导图标下的红圈闪烁位置。

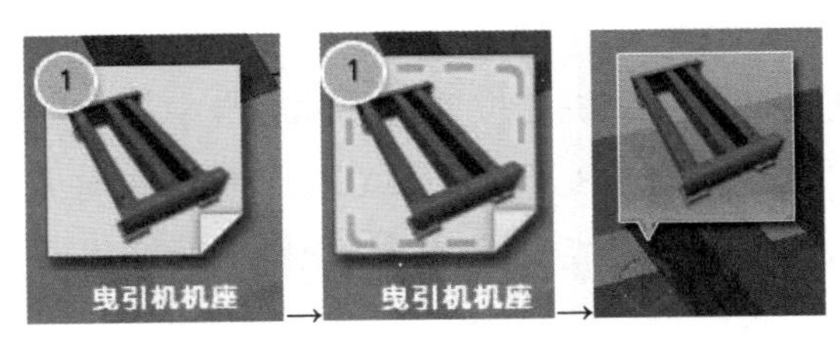

消息提示框：“安装曳引机底座”操作已完成。

2. 曳引机加高台

消息提示框：将加高台吊装至曳引机底座上，并用螺栓紧固。

（1）安装加高台：单击下方【加高台】图标，单击引导图标下的红圈闪烁位置。

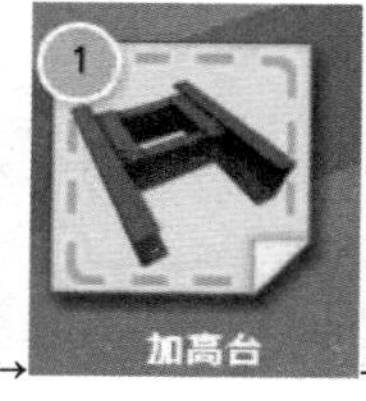

（2）安装固定件：单击下方【固定件】图标，单击引导图标下的红圈闪烁位置。

消息提示框：“安装曳引机加高台”操作已完成。

任务三　吊装曳引机

一、知识架构

（1）用手拉葫芦把曳引机吊装到曳引机加高台上，用螺栓将其与加高台连接起来，但不要紧固，先调水平，水平度应在 2/1000 内。

（2）使用倒链葫芦将曳引机吊起，在曳引机底座的 4 个角位置安装曳引机减振橡胶。

（3）曳引轮中心与轿厢中心点的调整。在曳引轮轮槽边放下一只线锤，其离样板架越近越好，但不能碰到样板架，便于观察，看线锤端是否对准样板上轿厢中心点，通过调整曳引机的位置使线锤对准中心点。防振橡胶组件是用橡胶制成的，在重压下会产生变形，所以在安装曳引机时要留有一定的余量。如果垂直度相差太大，就会造成曳引绳在进出绳槽时产生摩擦，使曳引绳产生振动。这样不仅会影响运行舒适感，还会加快曳引绳的磨损，缩短曳引绳的使用寿命。所以，应在曳引机还没受力的情况下，将曳引轮侧稍微垫高一点，使曳引轮稍稍向上倾斜，当曳引绳挂上，减振橡胶受力变形后，曳引轮正好消除倾斜达到垂直。调整后的曳引轮垂直度偏差≤0.5/1000，如图 4-3-1 所示。调试完毕，可以将各连接点的螺栓、螺母拧紧锁紧。

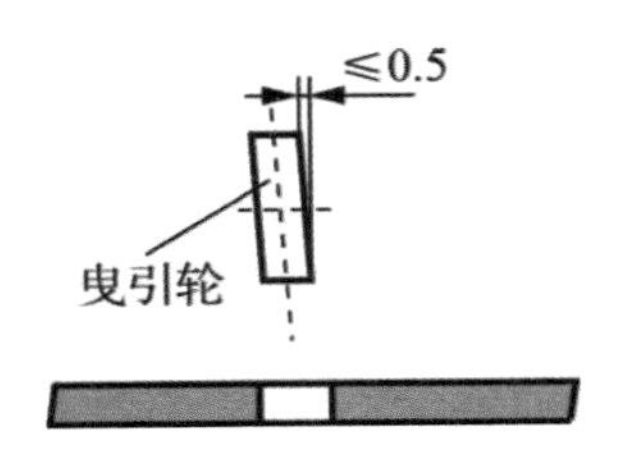

图 4-3-1　曳引轮垂直度调整

二、对接标准

（1）吊装时不准超载使用，额定载荷不小于所吊的 2 倍。

（2）吊装用的所有钢丝绳均不少于 ϕ10mm。

（3）钢丝绳不能有断股现象。

（4）钢丝绳长期使用后，如果直径小于钢丝绳原来公称直径 93%，必须更换。

三、任务实施流程

1. 曳引机吊装

消息提示框：吊装曳引机。

安装曳引机：单击下方【曳引机】图标，单击引导图标下的红圈闪烁位置

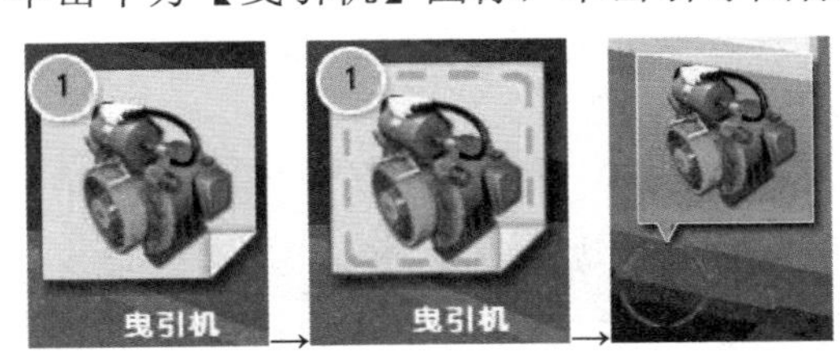

2. 曳引机固定

安装 M22×65 螺栓：单击下方【M22*65 螺栓】图标，单击引导图标下的红圈闪烁位置。

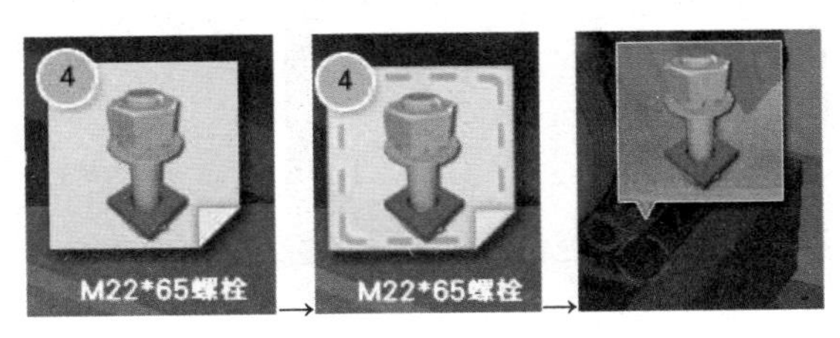

消息提示框：“吊装曳引机”操作已完成。

3. 安装曳引机减振完成

消息提示框：使用倒链葫芦将曳引机吊起，在曳引机底座的4个角位置安装曳引机减振橡胶。

（1）使用手拉葫芦拉起加高台：单击下方【手拉葫芦】图标，单击引导图标下的红圈闪烁位置。

→

→

（2）安装曳引机减振：单击下方【曳引机减震】图标，单击引导图标下的红圈闪烁位置。

→

→

消息提示框：“安装曳引机减振”操作已完成。

4. 定位曳引轮一侧

消息提示框：根据对重导轨、轿厢导轨及井道中心线，参照土建图，在地面上画出曳引轮、导向轮垂直投影，分别在曳引轮、导向轮两个侧面吊两根垂线以确定导向轮、曳引轮位置。

使用磁力线锤校准：单击下方【磁力线锤】图标，单击引导图标下的红圈闪烁位置。

→

→

5. 定位曳引轮另一侧

使用磁力线锤校准：单击下方【磁力线锤】图标，单击引导图标下的红圈闪烁位置。

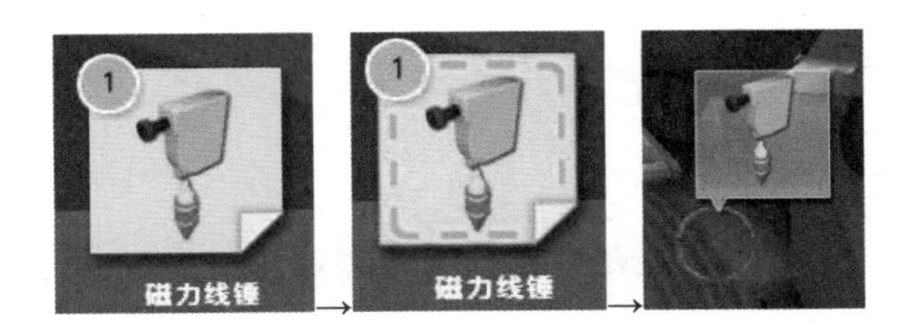

消息提示框：“定位曳引轮”操作已完成。

任务四　安装导向轮

一、知识架构

（1）把 U 形螺栓套在导向轮轴上，连同导向轮，搁在承重梁上。

（2）将 U 形螺栓套进曳引机座上的孔，用螺母等紧固件，将导向轮轴紧固于曳引机座部。参见图 4-4-1 和图 4-4-2。

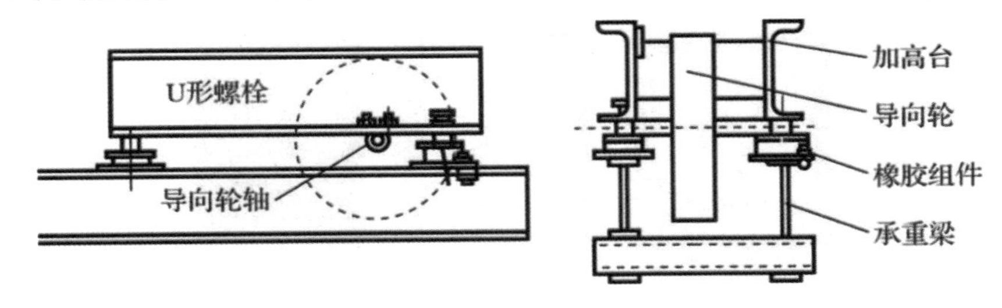

图 4-4-1　导向轮固定（一）　　图 4-4-2　导向轮固定（二）

（3）在导向轮中间槽靠对重一侧放下线锤，要求轮槽面与对重轨距中点一致，导向轮垂直度偏差≤2mm，导向轮的径向偏差≤3mm，轴向偏差≤2mm。

（4）曳引轮与导向轮绳槽重合度调整。曳引轮与导向轮绳槽一定要重合，否则会造成曳引绳侧向摩擦绳槽，引起轿厢抖动和曳引绳度磨损。一般在曳引机定位后，通过调整导向轮的挂架位置，调整其与曳引轮的错位度，允许偏差≤1mm，如图 4-4-3 所示。因外轮毂曳引轮与导向轮不一定一致，所以在槽距等同时，以轮槽测试较为准确。

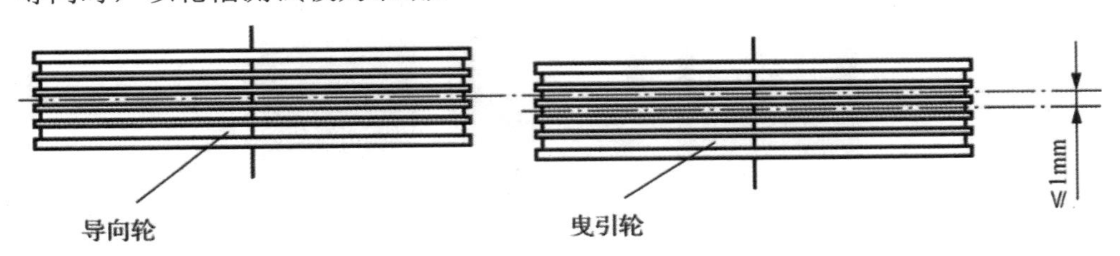

图 4-4-3　曳引轮与导向轮错位度调整

二、任务实施流程

1. 导向轮固定

消息提示框：导向轮安装在曳引机底座上，导向轮与曳引轮平行度误差≤1mm，导向轮垂直度偏差≤2mm，径向偏差≤3mm，轴向偏差≤2mm。

（1）放置导向轮：单击下方【导向轮】图标，单击引导图标下的红圈闪烁位置。

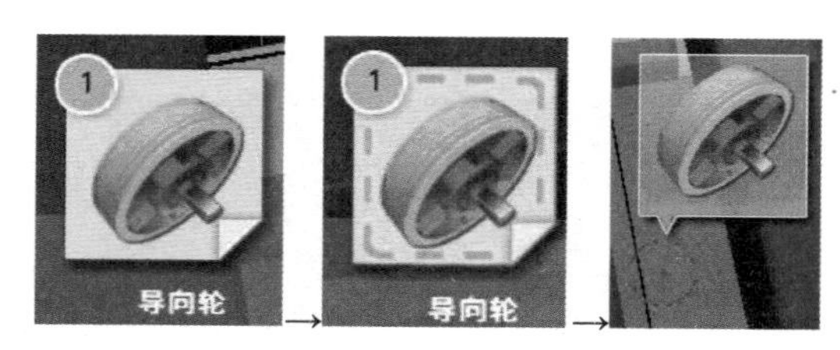

（2）安装导向轮固定组件：单击下方【导向轮固定组件】图标，单击引导图标下的红圈闪烁位置。

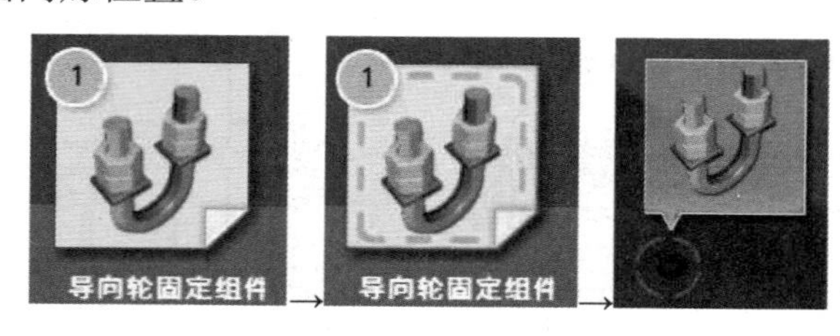

消息提示框：“安装导向轮”操作已完成。

2. 定位导向轮

消息提示框：根据对重导轨、轿厢导轨及井道中心线，参照土建图，在地面上画出曳引轮、导向轮垂直投影，分别在曳引轮、导向轮两个侧面吊两根垂线以确定导向轮、曳引轮位置。

使用磁力线锤校准：单击下方【磁力线锤】图标，单击引导图标下的红圈闪烁位置。使用同样的方法测量 2 次。

消息提示框：“定位导向轮”操作已完成任务测评。

模块梳理

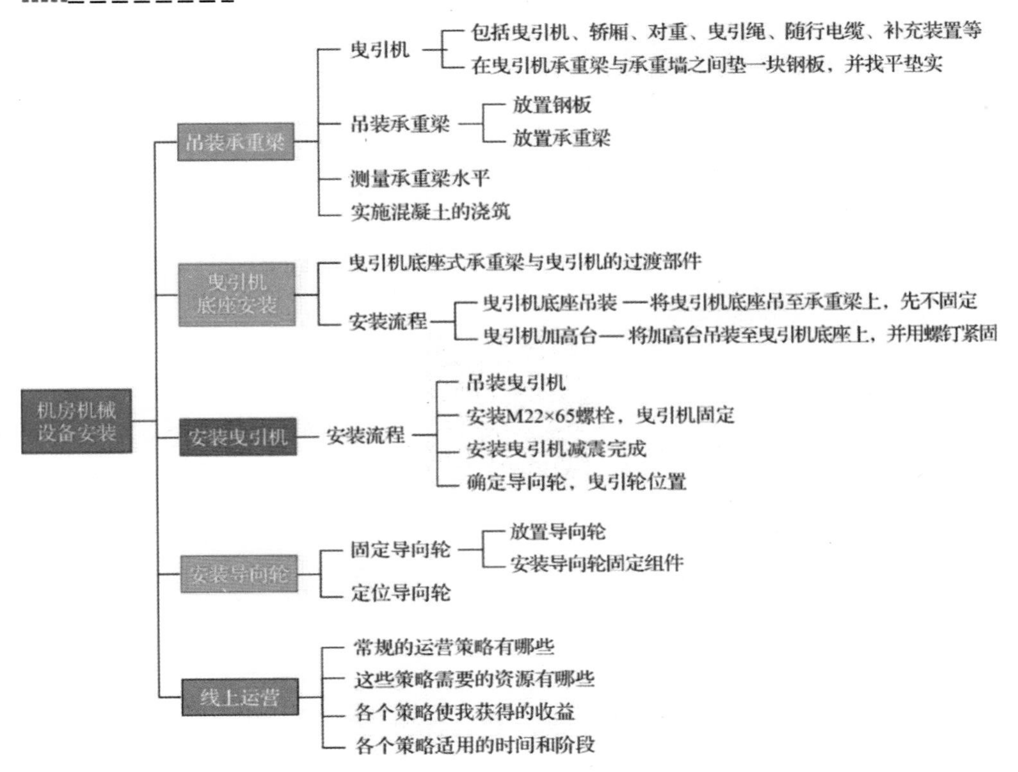

模块测评

1. 选择题

（1）曳引机承重梁如需埋入承重墙内，则其支撑长度应超过墙厚中心（　　）mm，且大于等于（　　）mm。

A. 20；50　　B. 20；60　　C. 20；75　　D. 20；70

（2）在曳引机承重梁与承重墙之间垫一块面积大于钢梁接触面厚度不小于（　　）的钢板。

A. 14mm　　B.15mm　　C. 16mm　　D. 17mm

2. 判断题

（1）曳引机底座上部与曳引机加高台都用螺栓与曳引机连接。（　　）

（2）曳引机底座初装时，所有的螺钉必须拧紧。（　　）

（3）曳引机安装时，曳引机组应该通过吊索、索具和吊装辅助件与手拉葫芦连接，吊索不能直接连接在曳引机的机件上。（ ）

（4）用手拉葫芦把曳引机吊装到曳引机加高台上，用螺栓与加高台链接起来，需要紧固。（ ）

3. 填空题

（1）导向轮安装在曳引机底座上，导向轮与曳引轮平行度误差为≤（ ）mm，导向轮垂直度偏差≤（ ）mm。

（2）在地面上画出曳引轮、导向轮垂直投影，分别在（ ）（ ）以确定导向轮、曳引轮位置。

模块测评答案

模块评价

（一）自我评价

由学生根据学习任务完成情况进行自我评价，将评分值记录于表中。

自我评价

评价内容	配分	评分标准	扣分	得分
1. 安全意识	10	1. 不遵守安全规范操作要求，酌情扣2～5分； 2. 有其他违反安全操作规范的行为，扣2分		
2. 知识掌握	40	1. 课前对知识的预习程度及参与度，酌情扣10分； 2. 课后对知识的掌握程度，酌情扣分； 3. 课下对知识的巩固程度，酌情扣分		
3. 施工流程	40	1. 是否遵循合理的安装工艺流程，不符合要求，酌情扣分； 2. 在安装过程中是对接标准，不合要求，酌情扣分		

评价内容	配分	评分标准	扣分	得分
4. 职业规范和环境保护	10	1. 工作过程中工具和器材摆放凌乱，扣 3 分； 2. 不爱护设备、工具、不节省材料，扣 3 分； 3. 工作完成后不清理现场，在工作中产生的废弃物不按规定处置，各扣 2 分；若将废弃物遗弃在井道内，扣 3 分		
总评分=（1～4 项总分）×40%				

签名：________ ____年____月____日

（二）小组评价

由同一实训小组的同学结合自评情况进行互评，将评分制记录于表中。

小组评价

评价内容	配分	评分
1. 实训记录自我评价情况	30	
2. 口述电梯的基本结构与各主要部件的作用	30	
3. 互助与协作能力	20	
4. 安全、质量意识与责任心	20	
总评分=（1～4 项总分）×30%		

参加评价人员签名：________ ____年____月____日

（三）教师评价

由指导教师结合自评与互评的结果进行综合评价，并将评价意见与评价值记录于表中。

教师评价

教师总体评价意见：	
教师评分：	
总评分（自我评分+小组评分+教师评分）	

教师签名：________ ____年____月____日

模块五　轿厢安装

学习目标

【知识目标】

1. 学生能够熟练掌握轿厢体安装的整个流程。
2. 学生熟练掌握轿壁、轿门安装的理论知识及实践操作中的注意事项。
3. 熟悉轿门安装、调整的全过程及过程中的注意事项。

【能力目标】

通过虚拟仿真让学生能全面掌握轿厢安装的操作要求，学生能够熟练地进行安装实践。

【素养目标】

培养学生勤于思考，勤于总结，依法约束，精益求精的工匠精神。

模块导入

轿厢是电梯的主要部件之一，主要由轿厢架、轿底、轿壁等组成。轿厢架是承重架构，由底梁、立柱、上梁和拉条组成，在轿厢架上还装有安全钳、导靴、反绳轮等。轿厢体由轿底、轿顶、轿门、轿壁等组成，在轿厢上安装有自动门机构、轿门安全机构等，在轿厢架和轿底之间还装有称重超载装置。

轿厢的安装一般在上端站进行。上端站最靠近机房，便于组装过程中起吊部件、核对尺寸与机房联系等。轿厢组装位于井道的最上端，因此在组装通过曳引绳和轿厢连接在一起的对重装置时，可以在井道底坑进行。这对于轿厢和对重装置组装后在悬挂曳引绳通电试运行前对电气部分做检查和预调试、检查和调试后的试

轿厢安装教学动画

运行等都是比较方便和安全的。

施工工艺

轿厢安装工艺流程表

工艺流程		作业计划
1	轿厢材料运至顶层	
2	脚架拼装	
3	安装导靴	
4	轿底安装	
5	斜拉杆安装	
6	撞弓安装	
7	轿壁拼装	

施工安全

（1）现场作业必须使用、穿戴相关的劳防用品：安全头盔、安全鞋、手套、工作目镜、防护工作服等。

（2）吊装作业时，应注意对起重吊具进行安全检查，确保处于完好状态（如吊钩保险扣是否有效、钢丝绳是否有断丝断股现象、U 形环是否有滑丝脱扣现象）。

（3）焊接（切割）作业人员必须是经过电、气焊专业培训并考试合格，取得特种作业操作证的电气焊工，持证上岗（在有效期内）。

（4）避免机房井道同时作业。

（5）机房预留孔要做好防坠物保护。

施工质量

施工质量评价表

序号	安装要点
1	底梁的横、纵向水平度均不大于 1‰
2	安全钳楔块，楔齿距导轨侧工作面的距离调整到 3～4mm
3	上梁的横、纵向水平度≤0.5%
4	立侧梁垂直度不大于 1.5mm
5	轿厢底水平度不大于 2‰
6	导靴与导轨端面间隙偏差要控制在 0.3mm 以内

工具、材料

安装工具

电锤	倒链	撬棍	钢丝绳扣	钢丝钳
梅花扳手	活扳手	锤子	手电钻	水平尺
线锤	钢直尺	盒尺	圆锉	钢锯
螺钉旋具	木槌	塞尺		

任务一　轿厢体安装

一、知识架构

（1）拆除上端站的脚手架。在上端站门口地面对面的井道壁上平行地凿两个洞，两洞之间的宽度与层门口宽度相同。

（2）在层门口与该对面井道壁孔洞之间，水平地架起两根不小于 200mm×200mm 的方木或钢梁，作为组装轿厢的支撑架。校正其水平度后用木料塞紧固定。

（3）在机房楼板承重梁位置横向固定一根不小于 50mm 的钢管，由轿厢中心对应的楼板预留孔洞中放下钢丝绳扣，悬挂一只 2～3t 的环链手动葫芦，以便组装轿厢时起吊桥底梁、上梁等较大的零件。

（4）在顶层厅门口对面的混凝土井道壁相应位置上安装两个角钢托架（用 100mm×100mm 角钢），每个托架用 3 个 16mm 膨胀螺栓固定。

（5）在厅门口牛腿处横放一根方木，在角钢托架和横木上架设两根 200mm×200mm 方木（或两根 20＃工字钢）。两横梁的水平度偏差不大于 2‰，然后把方木端部固定，如图 5-1-1 所示。

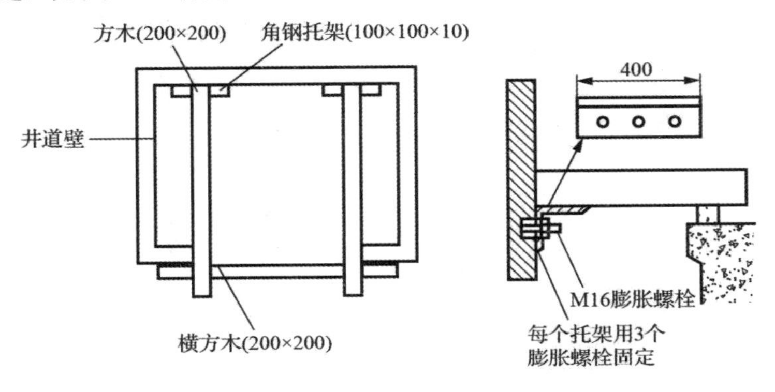

图 5-1-1　方木、型钢尺寸及安装

（6）大型客梯及货梯应根据梯井尺寸计算来确定方木及型钢尺寸、型号。

① 若井道壁为砖结构，则在厅门口对面的井道壁相应的位置上剔两个与方木大小相适应、深度超过墙体中心 20mm 且不小于 75mm 的洞，用以支撑方木一端，如图 5-1-2 所示。

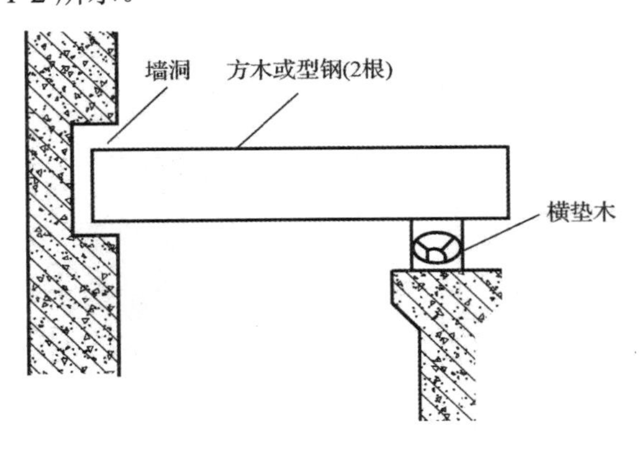

图 5-1-2　砖结构井道壁上方木设置

② 在机房承重梁上相应位置（若承重梁在楼板下，则轿厢绳孔旁）横向固定一根直径不小于 450mm 的圆钢或规格 75mm×4mm 的钢管，由轿厢中心绳孔处放下钢丝绳扣（不短于 13mm）；并挂一个 3t 倒链葫芦，以备安装轿厢

使用，如图 5-1-3 所示。

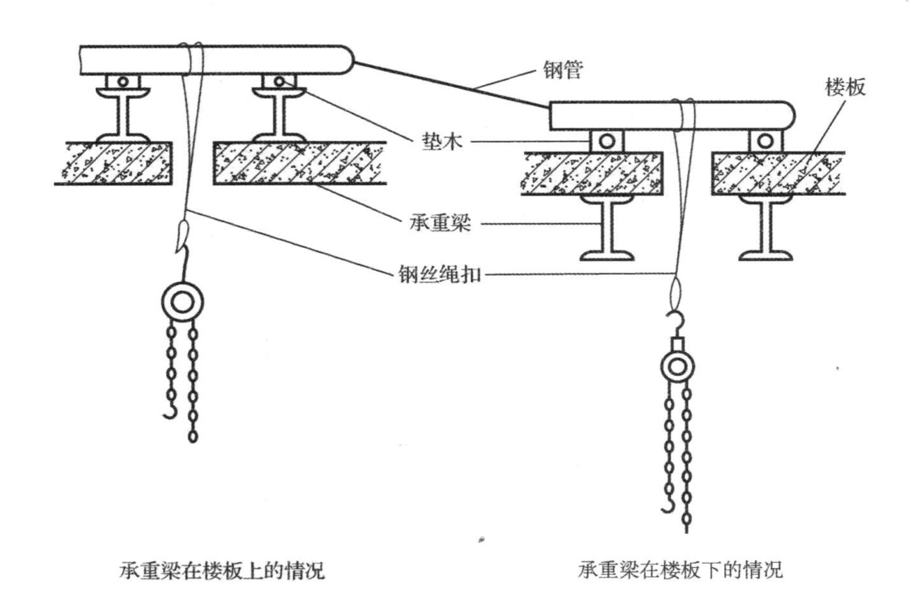

图 5-1-3　承重梁与楼板相对位置的情况

二、任务实施流程

1. 顶部脚手架拆除正确

消息提示框： 在安装前，应先拆除井道内顶层楼面以上的脚手架，然后安装底梁支撑。

卸除脚手架：单击下方【卸除】图标，单击引导图标下的红圈闪烁位置。

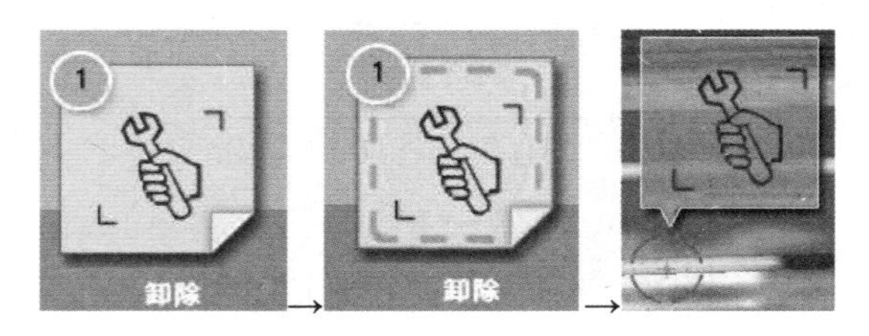

2. 放置膨胀螺栓

安装 M12 膨胀螺栓：单击下方【M12 膨胀螺栓】图标，单击引导图标下的红圈闪烁位置。

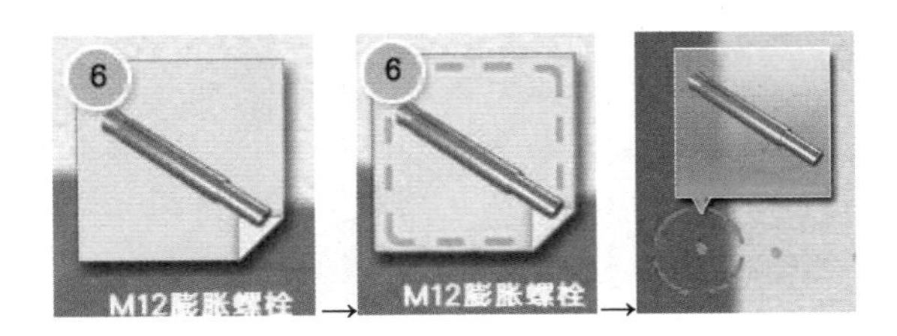

3. 放置角钢托架

安装底梁支撑托架：单击下方【底梁支撑托架】图标，单击引导图标下的红圈闪烁位置。

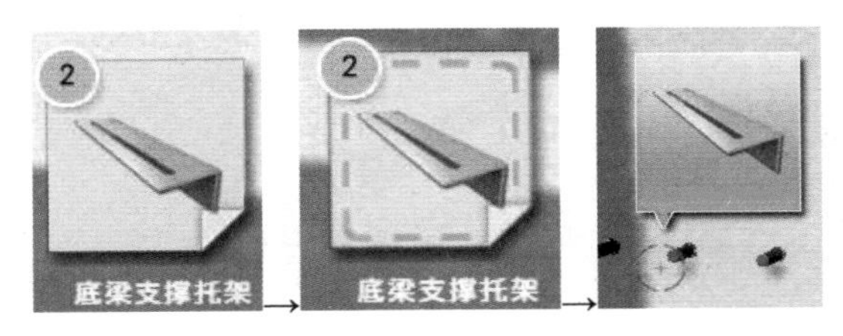

4. 膨胀螺栓螺母安装

安装M12螺母：单击下方【M12螺母】图标，单击引导图标下的红圈闪烁位置。

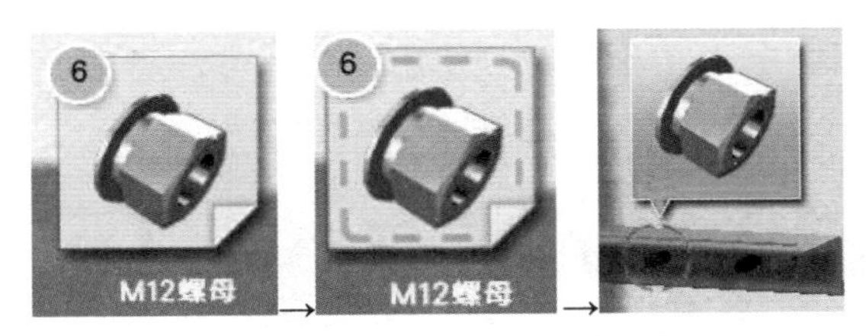

5. 两组托架水平度测量

水平尺测量水平度：单击下方【水平尺】图标，单击引导图标下的红圈闪烁位置，使用完后并单击【收回】。使用同样的方法测量2次。

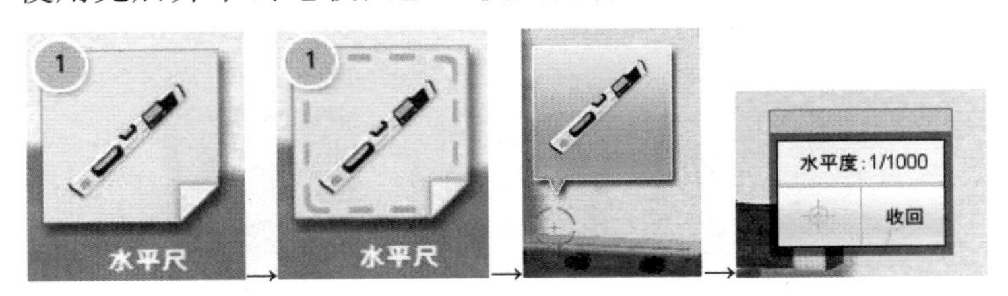

6. 底梁支撑固定方木放置

放置下梁支撑固定方木：单击下方【下梁支撑固定方木】图标，单击引导图标下的红圈闪烁位置。

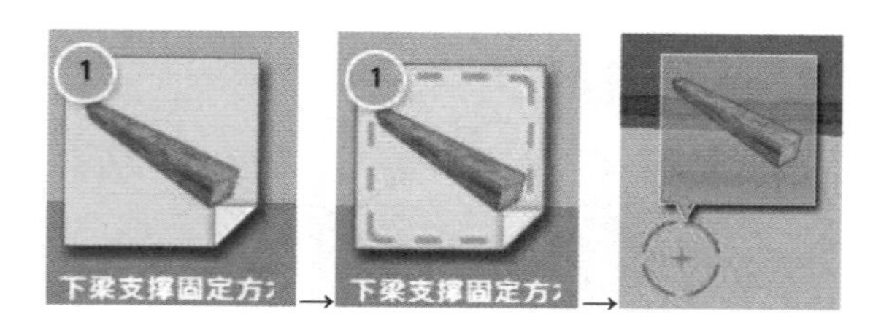

7. 底梁支撑放置

放置下梁支撑方木：单击下方【下梁支撑方木】图标，单击引导图标下的红圈闪烁位置。

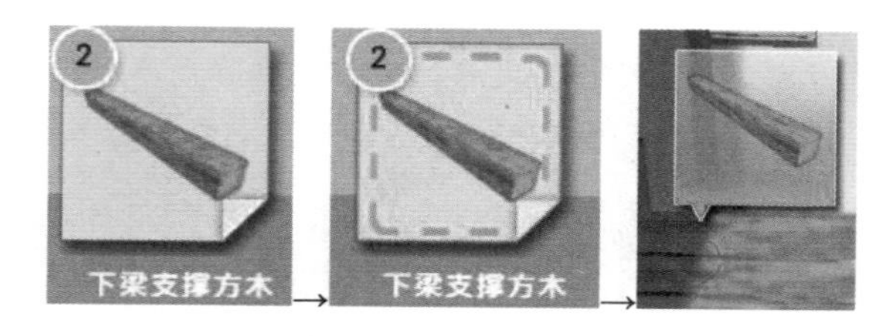

8. 底梁支撑水平度测量

水平尺测量水平度：单击下方【水平尺】图标，单击引导图标下的红圈闪烁位置，使用完后并单击【收回】。使用同样的方法测量 3 次。

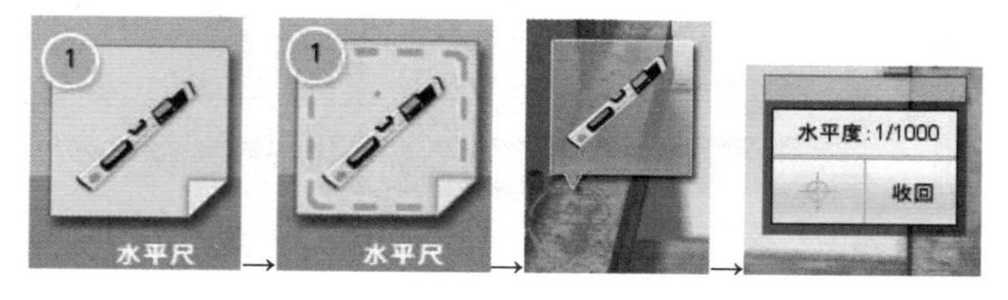

9. 底梁支撑固定

安装下梁支撑固定件：单击下方【下梁支撑固定件】图标，单击引导图标下的红圈闪烁位置。

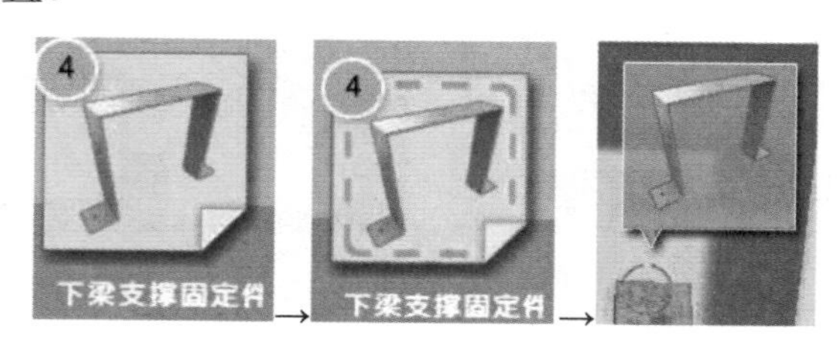

消息提示框：“轿厢安装前准备”操作已完成。

任务二　安装轿架

一、知识构架

（1）安装角铁架：在门洞对面墙壁合适位置用螺栓固定两个角铁架。

（2）放置横方木和方木：层门地面横放一根方木，在角铁架和层门地面方木之间架起两根方木。

（3）安装底梁和安全钳楔块：将底梁放在架设好的方木或工字钢上。调整安全钳口（老虎嘴）与导轨面间隙，如电梯厂图样由具体规定尺寸，要按图样要求，同时调整底梁的水平度，使其横、纵向不水平度均≤1‰。调整安全钳口与导轨面间隙至 $a=a'$ ，$b=b'$ 。

二、任务实施流程

1. 安装轿厢底梁

消息提示框：将底梁放置在底梁支撑上。

安装轿厢底梁：单击下方【轿厢底梁】图标，单击引导图标下的红圈闪烁位置。

→

→
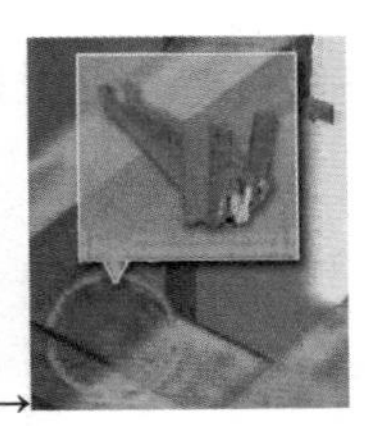

2. 测量安全钳钳口距导轨面间隙

消息提示框：调整安全钳两楔块到导轨侧面的间隙，要求两楔块距导轨侧面的间隙符合标准（$a=a'=4$mm，$b=b'=3$mm）。测量底梁水平度，误差应≤1/1000。在安全钳固定楔块与导轨间隙处放置垫铁，提拉安全钳拉杆上的临时提拉绳，使安全钳楔块锁紧导轨。

测量安全钳钳口距导轨面间隙：单击下方【测量】图标，单击引导图标下的红圈闪烁位置。

→

→

3. 测量轿厢底梁水平误差

水平尺测量水平度：单击下方【水平尺】图标，单击引导图标下的红圈闪烁位置，使用完后并单击【收回】。使用同样的方法测量 3 次。

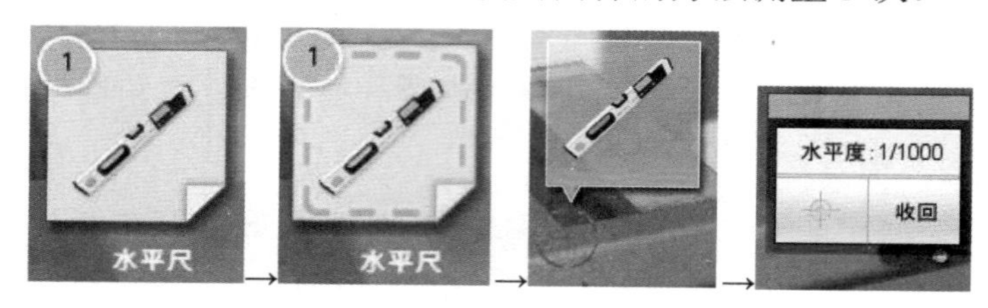

4. 插入安全钳垫铁并使安全钳锁紧导轨

（1）安装安全钳垫铁：单击下方【安全钳垫铁】图标，单击引导图标下的红圈闪烁位置。

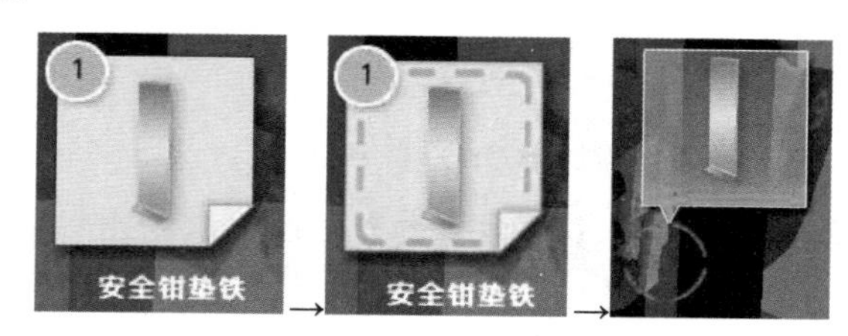

（2）使安全钳锁紧导轨：单击下方【提拉】图标，单击引导图标下的红圈闪烁位置。

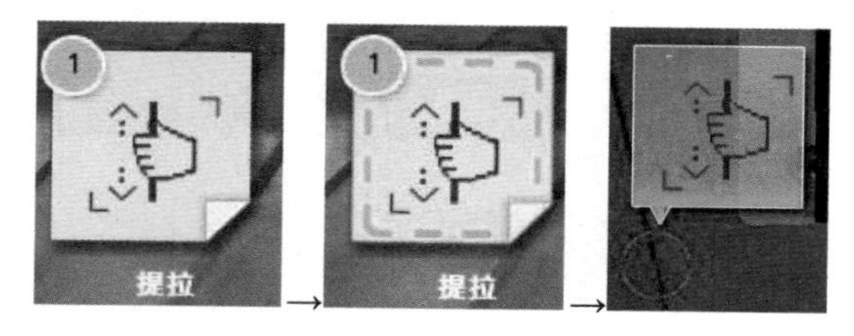

5. 吊装立柱

消息提示框：安装轿厢立柱，在轿厢立柱上方安装轿厢上梁。上梁水平度横、纵误差均≤1/2000。

（1）安装轿厢立柱-左侧：单击下方【轿厢立柱-左侧】图标，单击引导图标下的红圈闪烁位置。

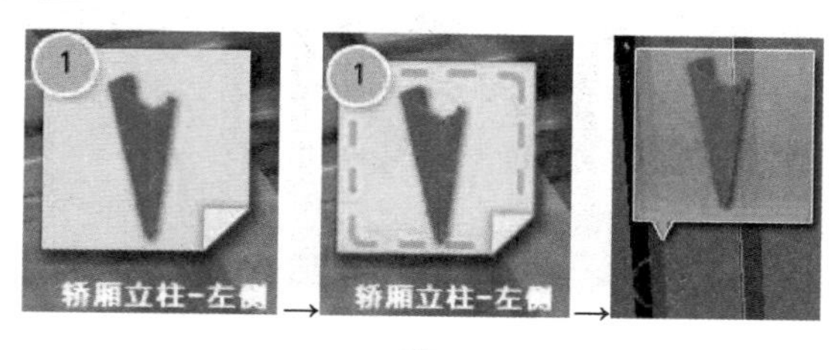

（2）安装轿厢立柱-右侧：单击下方【轿厢立柱-右侧】图标，单击引导图标下的红圈闪烁位置。

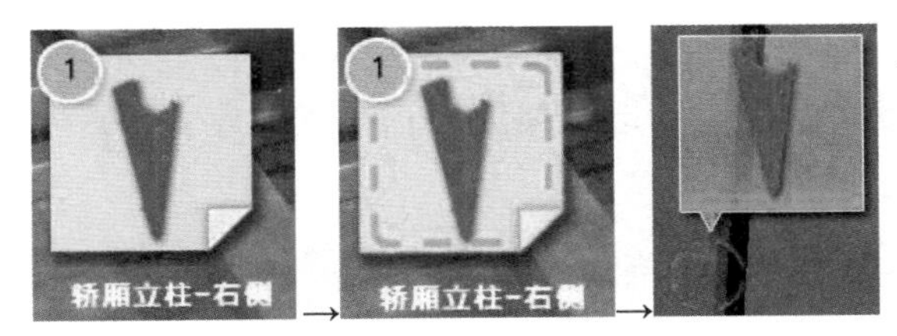

6. 吊装上梁

安装轿厢上梁：单击下方【轿厢上梁】图标，单击引导图标下的红圈闪烁位置。

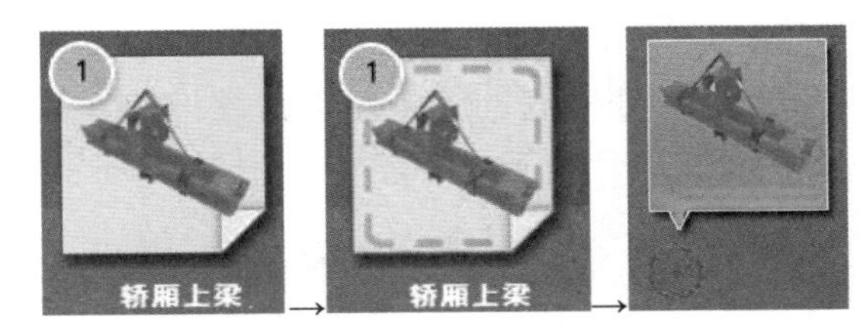

7. 轿厢左下导靴安装

安装轿厢导靴：单击下方【轿厢导靴】图标，单击引导图标下的红圈闪烁位置。

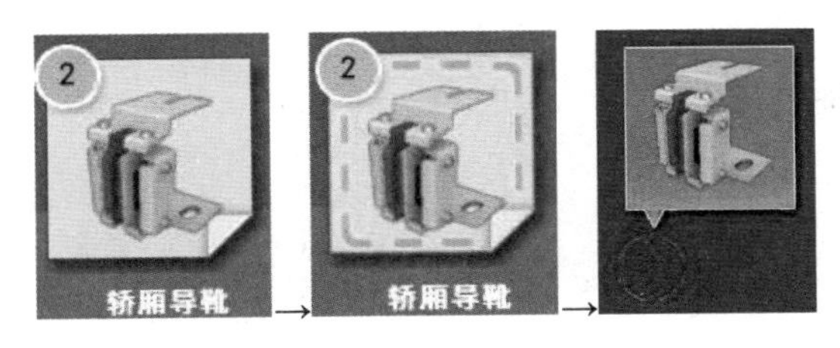

8. 轿厢右下导靴安装

安装轿厢导靴：单击下方【轿厢导靴】图标，单击引导图标下的红圈闪烁位置。

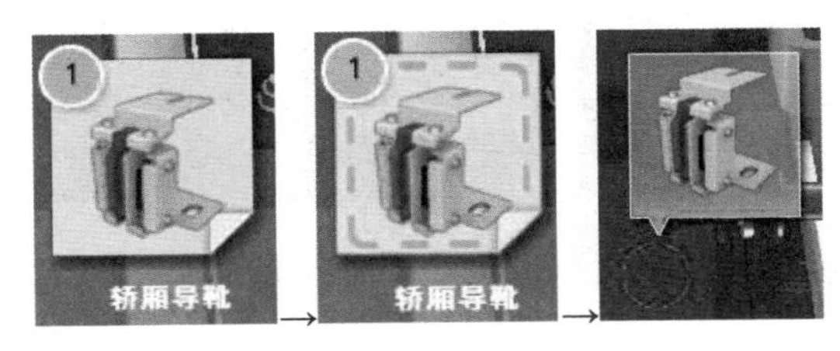

消息提示框：“拼装轿厢架”操作已完成。

任务三　安装轿底

一、知识构架

（1）安装轿底盘托架：把托架放置在轿底梁上，并用螺栓把托架和轿厢架的立柱紧固好。

（2）安装轿厢斜拉杆：斜拉杆上端与轿厢架立柱固定，下端与同侧的轿底托架角钢固定。

（3）固定斜拉杆下端：固定要用双螺母，以保证牢固程度。

（4）固定 4 根斜拉杆，把轿厢架两侧的 4 根斜拉杆固定好。

（5）安装托架的 6 个缓冲垫螺栓。

（6）缓冲垫就位：把缓冲垫放进托架中。

（7）在轿底安装螺栓：在轿底的 4 个角对用缓冲垫托架的地方安装螺栓。

（8）对接：把轿底和托架对接。

（9）轿底落下：把轿底与托架对接牢固，不要错位。

（10）安装轿厢地坎：把轿厢地坎安装在轿底上。

（11）组装称重装置：把轻载、满载和超载开关组装在角铁架上。

（12）安装承重装置并接线：把组装好的称重开关固定在轿底。

（13）确认开关功能：确认 3 个开关的功能，分别是轻载、满载和超载。

（14）调整：根据 3 个开关的作用，调整它们与轿底间的间隙。

二、任务实施流程

1. 轿底吊装

消息提示框：将轿底放置在两立柱间的底梁上方，安装两侧斜拉杆，将撞弓安装到轿厢左侧的轿厢架立柱上。

安装轿底：单击下方【轿底】图标，单击引导图标下的红圈闪烁位置。

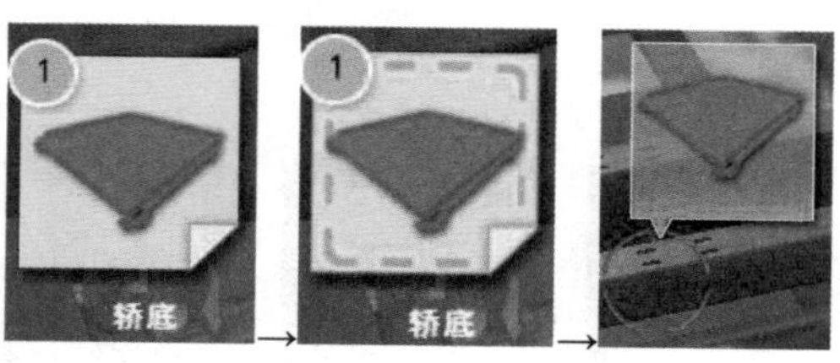

2. 右侧斜拉杆安装

安装斜拉杆：单击下方【斜拉杆】图标，单击引导图标下的红圈闪烁位置。

使用同样的方法安装2次。

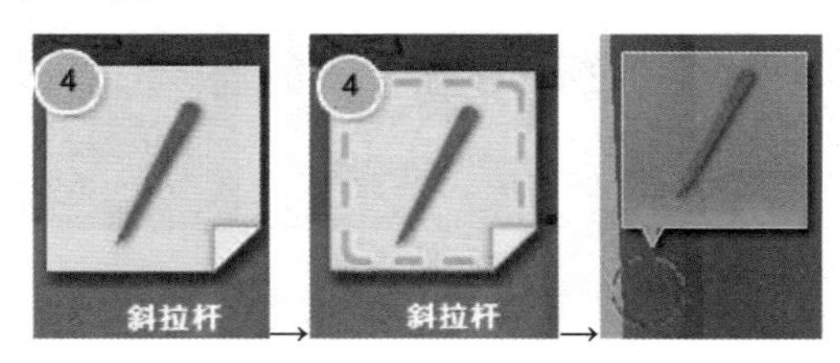

3. 左侧斜拉杆安装

安装斜拉杆：单击下方【斜拉杆】图标，单击引导图标下的红圈闪烁位置。使用同样的方法安装2次。

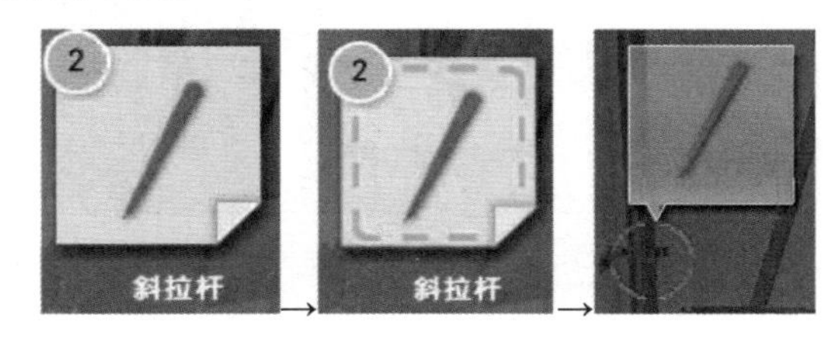

4. 撞弓安装

安装撞弓：单击下方【撞弓】图标，单击引导图标下的红圈闪烁位置。

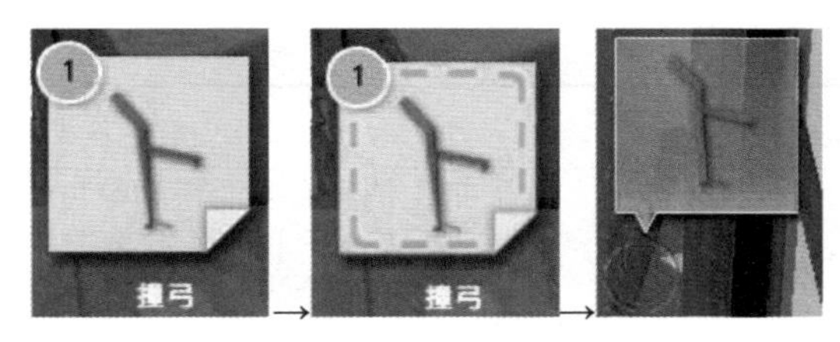

5. 轿厢左上导靴安装

（1）水平尺测量水平度：单击下方【水平尺】图标，单击引导图标下的红圈闪烁位置，使用完后并单击【收回】。使用同样的方法测量2次。

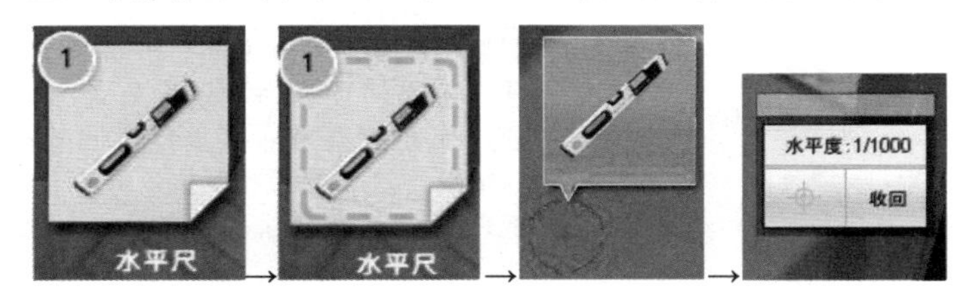

（2）安装轿厢导靴：单击下方【轿厢导靴】图标，单击引导图标下的红圈闪烁位置。

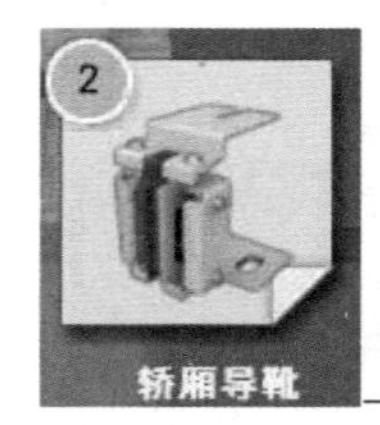

6. 轿厢右上导靴安装

安装轿厢导靴：单击下方【轿厢导靴】图标，单击引导图标下的红圈闪烁位置。

消息提示框：“轿底安装”操作已完成。

任务四　安装轿壁、轿门

一、知识架构

序号	步骤	说明
1	安装左、右轿厢壁	把左侧和右侧的轿厢壁与轿底固定好。轿厢壁可逐扇安装，也可根据情况将几扇先拼装在一起后再安装
2	轿厢壁之间连接	轿厢壁和轿厢壁之间用螺栓固定连接
3	拐角处连接	轿厢壁拐角处用螺栓连接固定
4	装完轿厢壁	先装侧壁，再装后壁，最后装前壁。如果轿厢底部局部不平而使轿厢壁底座下有缝隙，要在缝隙处加调整垫片垫实
5	装轿顶	把轿顶放在轿厢壁上面。轿厢壁安装后再安装轿顶，但是轿顶和轿厢壁穿好连接螺栓后不要紧固，要在调整轿厢壁垂直度偏差不大于 1/1000 的情况下逐个将螺栓紧固
6	固定轿顶	把轿顶的下沿和轿厢壁的上沿用螺栓固定在一起，安装完后要求接缝紧实，间隙一致，嵌条整齐，轿厢内壁应平整一致，各部位螺栓垫圈必须齐全，紧固牢靠
7	安装防振轮	在轿顶侧面安装防振轮
8	安装轿顶护栏	在轿顶安装防护栏，保护施工和维保人员的安全

二、任务实施流程

1. 安装左侧轿壁

消息提示框：安装轿壁，可逐扇安装，亦可以根据情况将几扇先拼在一起再安装（注意：轿厢壁板表面在出厂时贴有保护膜，在装配前应用裁纸刀清除其折弯部分的保护膜）。

安装左侧轿壁：单击下方【左侧轿壁】图标，单击引导图标下的红圈闪烁位置。

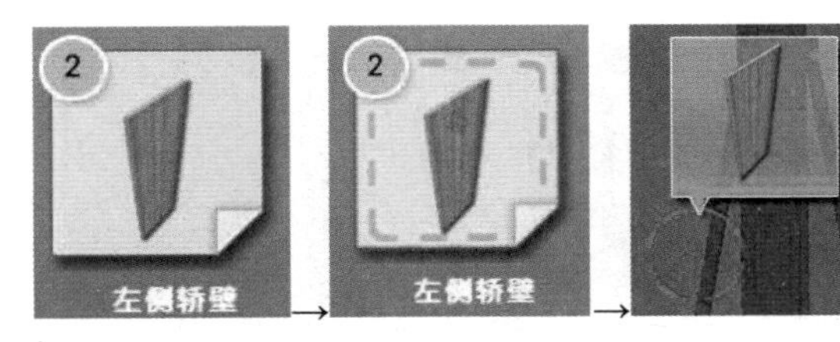

2. 安装左前轿壁

安装左前轿壁：单击下方【左前轿壁】图标，单击引导图标下的红圈闪烁位置。

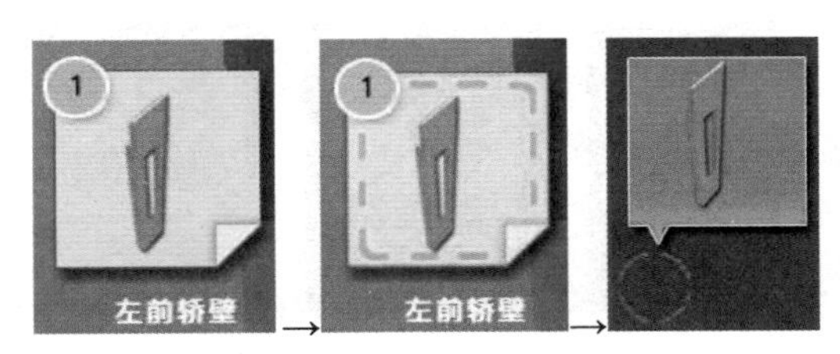

3. 安装后侧轿壁

安装后侧轿壁：单击下方【后侧轿壁】图标，单击引导图标下的红圈闪烁位置。

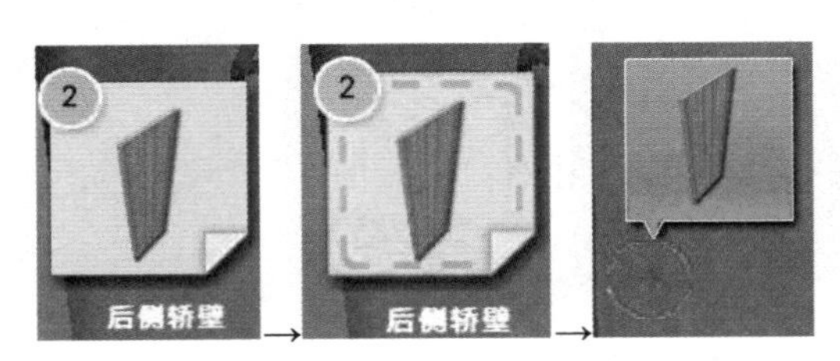

4. 安装右侧轿壁

安装右侧轿壁：单击下方【右侧轿壁】图标，单击引导图标下的红圈闪烁位置。

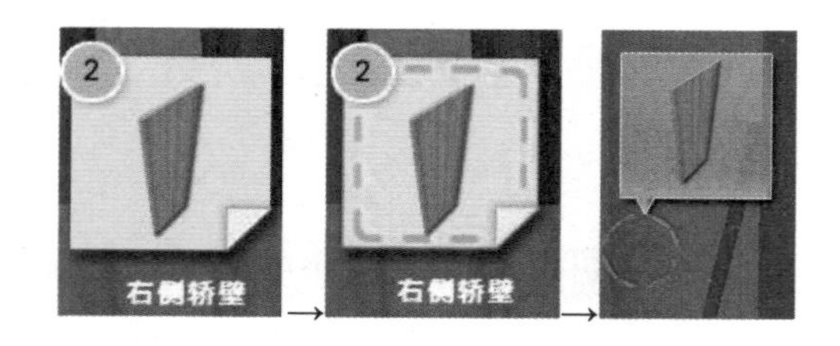

5. 安装右前轿壁

安装右前轿壁：单击下方【右前轿壁】图标，单击引导图标下的红圈闪烁位置。

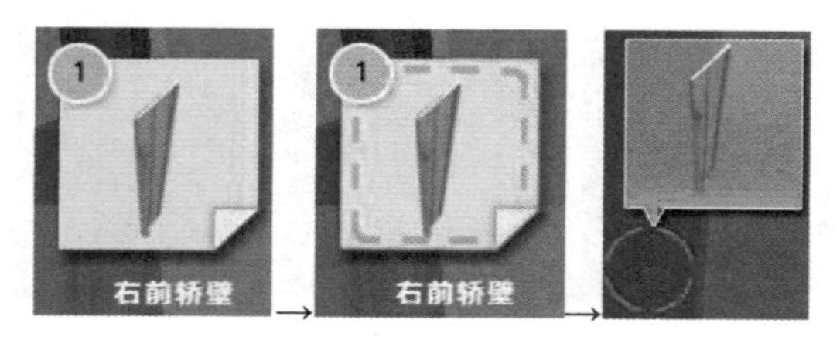

6. 安装轿顶

安装轿顶：单击下方【放下】图标，单击引导图标下的红圈闪烁位置。

7. 安装门楣

安装门楣：单击下方【门楣】图标，单击引导图标下的红圈闪烁位置。

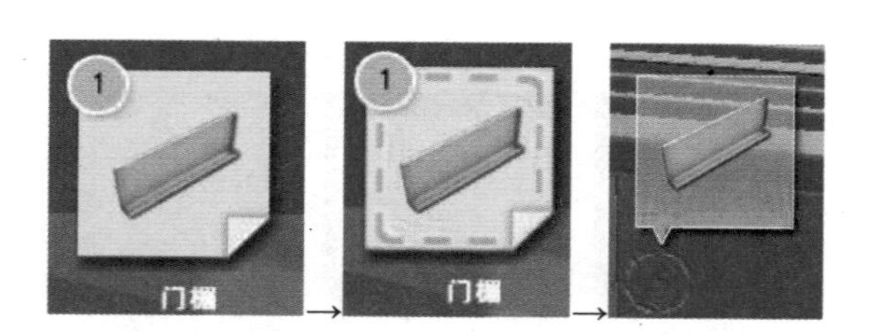

消息提示框：“安装轿壁”操作已完成。

任务五　安装、调整轿门

一、知识架构

序号	步骤名称	安装说明
1	组装完成	安装完成的自动门机构
2	固定自动门机构	把组装好的自动门机构固定在轿顶前沿
3	安装门机斜拉杆	安装门机构的斜拉杆，防止门机板倾倒
4	安装轿门滑块	把轿门滑块固定在轿门底部
5	固定轿门	把轿门底部的滑块插入轿门地坎的槽中，轿门上沿与门挂板对接
6	调整轿门	通过在轿门与门挂板的螺栓处加减垫片来调整轿门滑块与地坎槽之间的缝隙，直到达到要求

二、任务安装流程

1. 轿门门机安装

消息提示框：将门机固定在轿顶相应位置，测量轿门导轨水平，其水平误差≤2/1000，使用连接螺栓安装轿厢地坎支架，安装轿厢地坎，轿门门板用连接螺栓与导轨上的挂板连接。

安装轿门门机：单击下方【门机】图标，单击引导图标下的红圈闪烁位置。

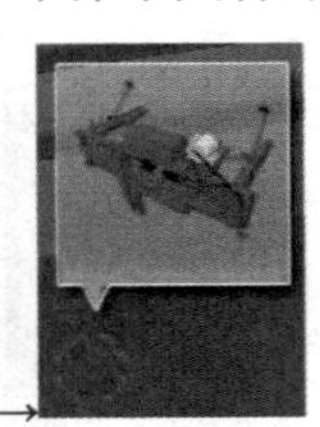

2. 轿门门机导轨水平度测量

水平尺测量水平度：单击下方【水平尺】图标，单击引导图标下的红圈闪烁位置，使用完后并单击收回。

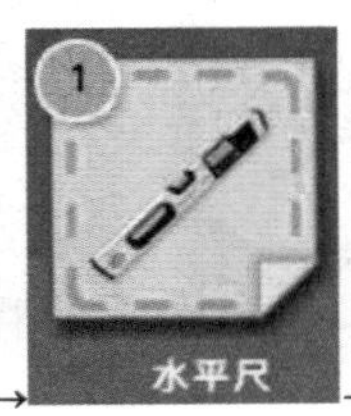

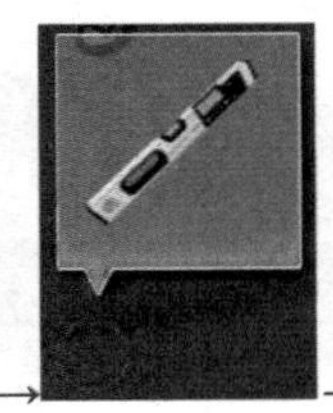

3. 安装轿门

（1）门板：单击下方【左侧门板】图标，单击引导图标下的红圈闪烁位置。

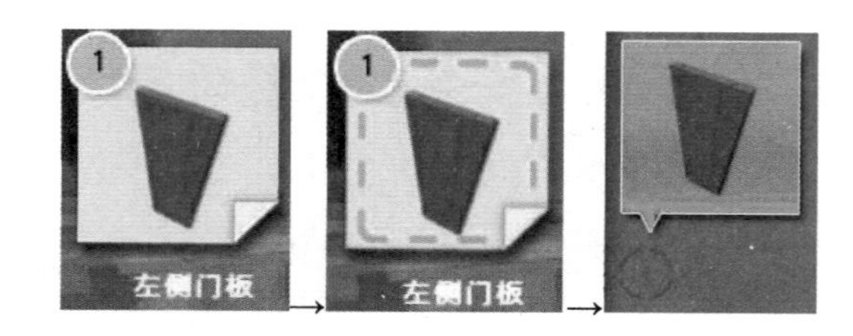

（2）右侧门板：单击下方【右侧门板】图标，单击引导图标下的红圈闪烁位置。

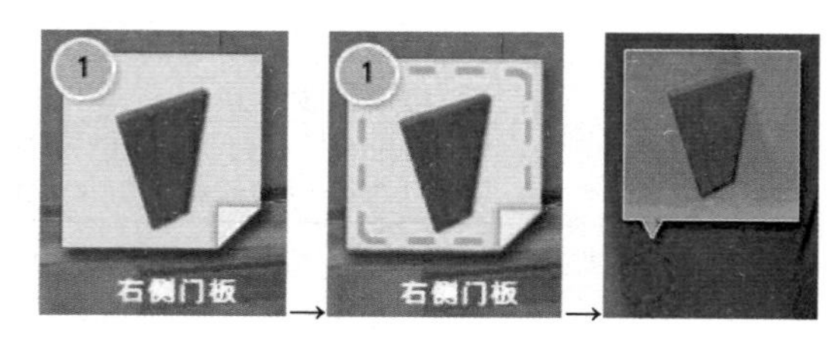

消息提示框：“安装、调整轿门”操作已完成。

4. 轿顶护栏安装

消息提示框：使用连接螺栓将轿顶护栏固定在轿厢架的上梁上。

（1）安装左轿顶护栏：单击下方【左轿顶护栏】图标，单击引导图标下的红圈闪烁位置。

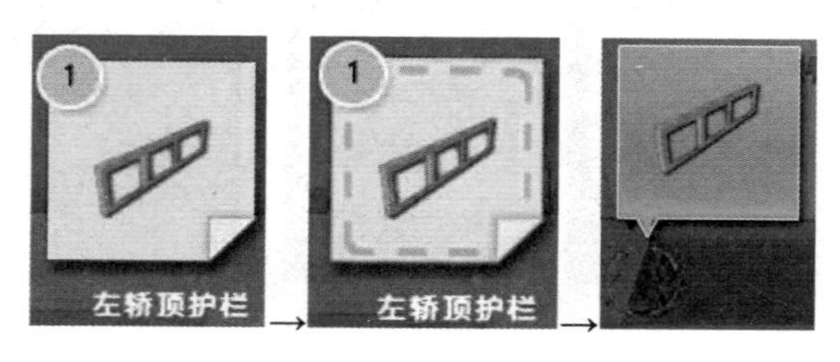

（2）安装右轿顶护栏：单击下方【右轿顶护栏】图标，单击引导图标下的红圈闪烁位置。

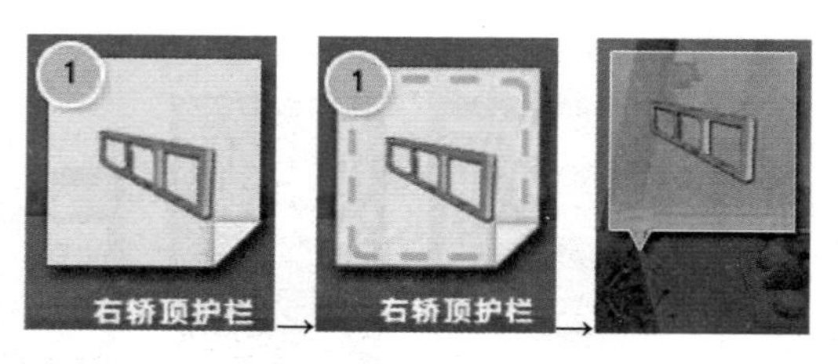

（3）安装后轿顶护栏：单击下方【后轿顶护栏】图标，单击引导图标下的红圈闪烁位置。

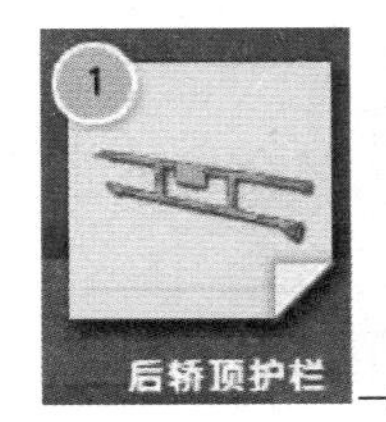

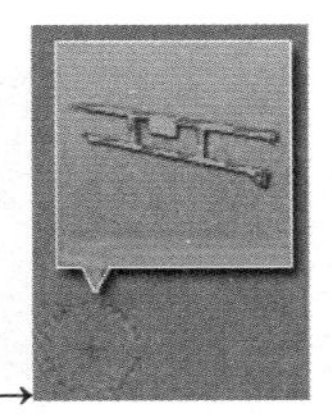

5. 检修箱及接线箱放置到位

消息提示框：使用螺栓将轿顶检修箱及接线箱安装至轿厢上梁。

安装轿顶检修箱：单击下方【轿顶检修箱】图标，单击引导图标下的红圈闪烁位置。

6. 固定轿顶检修箱支架

固定轿顶检修箱支架：单击下方【检修箱固定件】图标，单击引导图标下的红圈闪烁位置。

7. 轿顶风扇安装完成

消息提示框：使用螺栓将轿顶风扇安装至轿顶。

安装轿顶风扇：单击下方【轿顶风扇】图标，单击引导图标下的红圈闪烁位置。

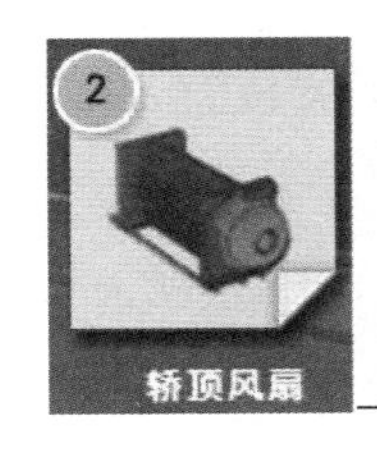

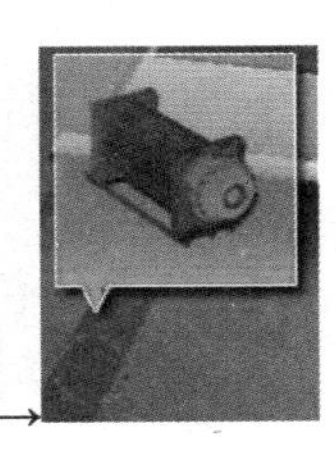

根据上述步骤左右各安装 1 个轿顶风扇。

消息提示框：“安装轿顶部件”操作已完成。

模块梳理

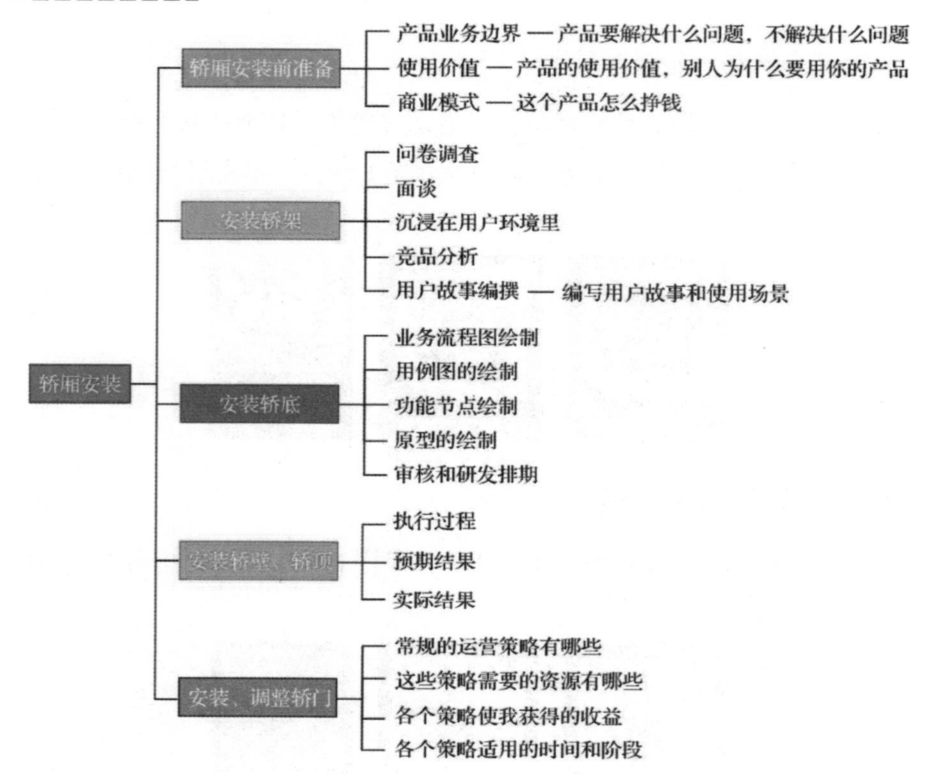

模块测评

1. 判断题

（1）安装立柱时应使其自然垂直，达不到要求时，要在上、下梁和立柱间加垫片。进行调整，不可强行安装。（　　）

（2）轿厢的组装一般都在上端站进行。（　　）

（3）若轿门是自动门且当轿厢停在层站平层位置，轿门保持在开启位置，则轿门可不设视窗。（　　）

（4）当轿厢停在层站平层位置时，层门和轿门的视窗位置应对齐。（　　）

2. 选择题

（1）轿底梁的横向、纵向的水平度均不大于（　　）。

A. 1/1000　　B. 2/1000　　C. 3/1000　　D. 4/1000

（2）轿厢立柱的不铅垂度在整个高度上不大于（　　）mm，不得有扭曲。

A. 1　　B. 1.5　　C. 2　　D. 2.5

（3）轿顶上需能承受两个人同时上去工作，其构造必须达到在任何位置能承受（　　）kN 的垂直力而无永久变形的要求。

A. 1　　B. 2　　C. 3　　D. 4

（4）轿厢上梁的横向、纵向不水平度不大于（　　）。

A. 0.3/1000　　B. 0.5/1000　　C. 0.6/1000　　D. 0.8/1000

模块测评答案

模块评价

（一）自我评价

由学生根据学习任务完成情况进行自我评价，将评分值记录于表中。

自我评价

评价内容	配分	评分标准	扣分	得分
1.安全意识	10	1. 不遵守安全规范操作要求，酌情扣 2～5 分； 2. 有其他违反安全操作规范的行为，扣 2 分		
2.熟悉电梯主要部件和作用	40	1. 没有找到指定的部件，每个扣 5 分； 2. 不能说明部件的作用，每个扣 5 分		
3.参观（观察）记录	40	根据任务实施流程观察学生掌握情况，酌情扣分		
4.职业规范和环境保护	10	1. 工作过程中工具和器材摆放凌乱，扣 3 分； 2. 不爱护设备、工具、不节省材料，扣 3 分； 3. 工作完成后不清理现场，在工作中产生的废弃物不按规定处置，各扣 2 分；若将废弃物遗弃在井道内，扣 3 分		
总评分=（1～4 项总分）×40%				

签名：________________　　______年______月______日

（二）小组评价

由同一实训小组的同学结合自评情况进行互评，将评分制记录于表中。

小组评价

评价内容	配分	评分
1. 实训记录自我评价情况	30	
2. 口述电梯基本结构与各主要部件的作用	30	
3. 互助与协作能力	20	
4. 安全、质量意识与责任心	20	
总评分=（1～4 项总分）×30%		

参加评价人员签名：________________ ______年______月______日

（三）教师评价

由指导师结合自评与互评的结果进行综合评价，并将评价意见与评价值记录于表中。

教师评价

教师总体评价意见：	
教师评分：	
总评分（自我评分+小组评分+教师评分）	

教师签名：________ ______年______月______日

模块六　对重安装

学习目标

【知识目标】

1. 能够根据实际对重导轨距的大小，用导靴调整对重框架与对重导轨之间的间隙。

2. 能够根据相关数据，计算出需要放置对重块的数量。

3. 掌握对重架安装流程及对接标准相关知识。并为岗位培养人才需求、1+X 考证做好准备。

【能力目标】

学生能够将对重安装的理论知识用于实训中。

【素养目标】

养成学生求真务实、踏实严谨的工作作风。

模块导入

对重相对于轿厢悬挂在曳引绳的另一侧，以其自身的重量去平衡轿厢侧所悬挂的重量，以减小曳引机功率和改善曳引性能，并使轿厢与对重的重量通过曳引绳作用于曳引轮，保重足够的驱动力。

对重安装教学动画

施工工艺

对重架安装工艺流程表

工艺流程		作业计划
1	对重导轨间放置两根支撑木，方木高度=缓冲器座高度+缓冲器高度+越程距离	
2	拆除对重框架一侧上下导靴，若导靴为滚轮式，要将 4 个导靴都拆下	
3	吊装对重框架	
4	安装之前拆除的导靴	
5	安装对重块，装入的对重块数=[轿厢自重+额定荷重 X（0.4～0.5）－对重架重]/单块重量	
6	安装对重块压紧装置	
7	安装对重补偿墩	

施工安全

（1）现场作业必须使用、穿戴相关的劳防用品：安全头盔、安全鞋、手套、工作目镜、防护工作服等。

（2）吊装作业时应注意：对起重吊具进行安全检查确认，确保其处于完好状态（如吊钩保险扣是否有效、钢丝绳是否有断丝断股现象、U 形环是否有滑丝脱扣现象）。

（3）放置两根支撑木要稳固牢靠。

（4）避免井道与地坑同时作业。

施工质量

施工质量验收表

序号	验收要点
1	方木高度=缓冲器座高度＋缓冲器高度＋越程距离
2	对重架应安装 4 个导靴
3	对重块数=[轿厢自重+额定荷重 X（0.4～0.5）－对重架重]/单块重量
4	两侧导靴与导轨之间间隙和为 3～5mm
5	放置两根支撑木要稳固牢靠

工具、材料

防护用品

安全头盔	全身保险带	安全鞋	手套	工作目镜

安装工具

方木	手拉葫芦	吊装钢丝绳	卷尺	扳手	塞尺

任务一 安装对重框架及导靴

一、知识架构

（1）在地坑放置方木（方木高度=缓冲器座高度＋缓冲器高度＋越程距离）。

（2）拆除对重框架一侧上下导靴，若导靴为滚轮式，则要将 4 个导靴都拆下。

（3）用手拉葫芦吊钩钩住短吊带，起吊对重框移至并竖直于两列对重导轨之间。

（4）安装拆下的两个导靴，调整对重框架的位置，使对重导靴端面距导轨端面的间隙左、右相等（两侧导靴与导轨之间间隙和为 3～5mm）。用螺栓将导靴固定在对重框上。

二、任务实施流程

1. 对重框架支撑安装

消息提示框： 对重导轨间放置两根支撑木，方木截面为100mm×100mm、方木高度=缓冲器座高度＋缓冲器高度＋越程距离。

放置对重框架支撑：单击下方【对重框架支撑】图标，单击引导图标下的红圈闪烁位置。

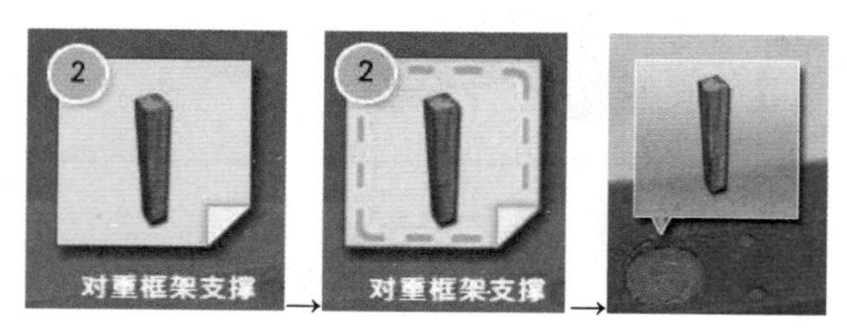

消息提示框： “安装对重框架支撑”操作已完成。

2. 拆除对重框架一侧导靴

消息提示框： 拆除对重框架一侧上下导靴，若导靴为滚轮式的，要将4个导靴都拆下。

卸除导靴：单击下方【卸除】图标，单击引导图标下的红圈闪烁位置。

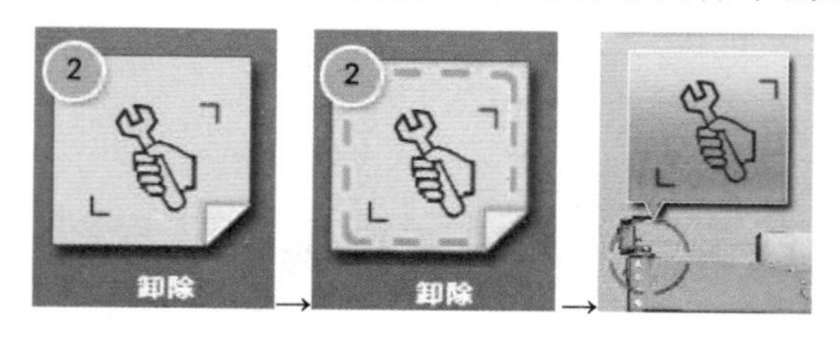

消息提示框： “拆除对重框架一侧导靴”操作已完成。

3. 安装吊装钢丝绳

消息提示框： 在对重框架上方安装两组吊装钢丝绳，准备吊装对重框架。

安装吊装钢丝绳：单击下方【吊装钢丝绳】图标，单击引导图标下的红圈闪烁位置。

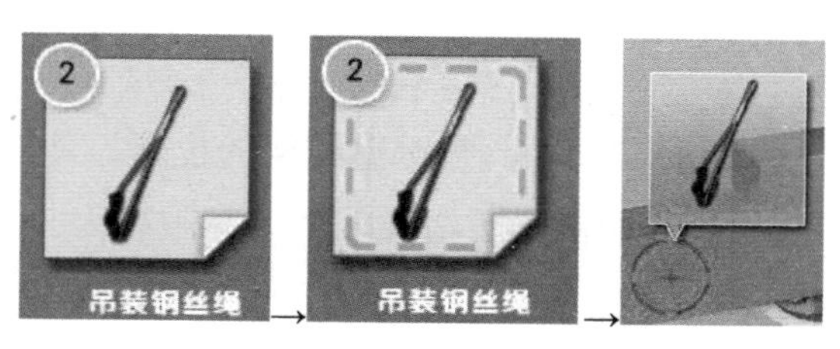

消息提示框：“安装吊装钢丝绳”操作已完成。

4. 吊装对重框架

消息提示框：用手拉葫芦将对重框架吊至适当高度，移动对重框架，使对重框架上保留的导靴与该侧导靴吻合并保持接触。随后安装之前拆除的导靴。

安装对重框架：单击下方【对重框架】图标，单击引导图标下的红圈闪烁位置。

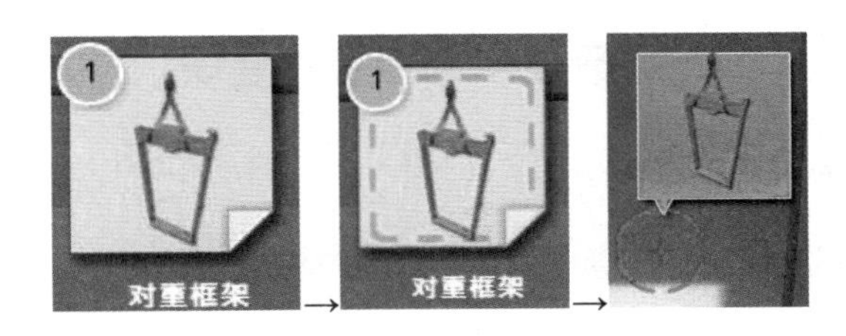

消息提示框：“吊装对重框架”操作已完成。

5. 安装拆下的上部导靴

消息提示框：安装拆下的两个导靴，调整对重框架的位置，使对重导靴端面距导轨端面的间隙左、右相等。

安装对重上导靴：单击下方【对重上导靴】图标，单击引导图标下的红圈闪烁位置。

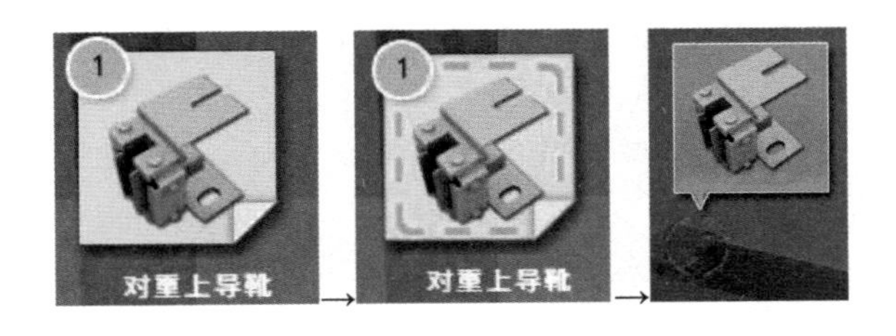

消息提示框：“安装拆下的上部导靴”操作已完成。

6. 安装拆下的下部导靴

消息提示框：安装拆下的两个导靴，调整对重框架的位置，使对重导靴端面距导轨端面的间隙左、右相等。

安装对重下导靴：单击下方【对重下导靴】图标，单击引导图标下的红圈闪烁位置。

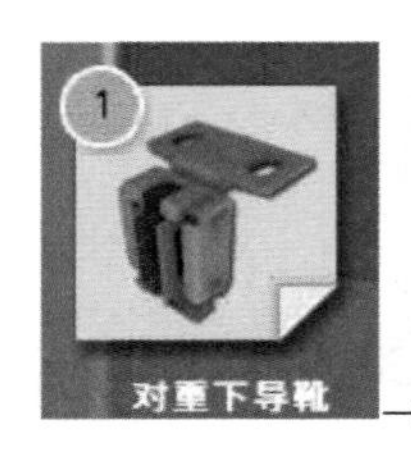

消息提示框：对重导靴安装后与导轨间的间隙应为3～5mm。“安装拆下的下部导靴”操作已完成。

任务二　安装对重块

一、知识架构

（1）从对重框上部缺口加入对重块，每块之间可以垫薄的发泡纸（可利用装箱材料），电梯运行时可减轻对重架运动时的噪声。

（2）装填进去的块数：轿厢自重+额定荷重 *X*（0.4～0.5）－对重架重/单块重量。

（3）轿厢分别装载额定载重量的30%、40%、45%、50%、60%做上、下全程运行，当轿厢和对重运行到同一水平位置时，记录电动机的电流值，绘制电流-负荷曲线以上、下行运行曲线的交点确定平衡系数。

（4）按要求装上对重块防跳装置，防止对重块在运行过程中晃动和产生噪声。

（5）根据缓冲距的距离安装合适的对重补偿墩并用螺栓固定在对重框架上。

二、任务实施流程

1. 安装对重块

消息提示框：安装对重块，轿厢自重+额定荷重 *X*（0.4～0.5）－对重架重/单块重量。

放置对重块：单击下方【对重块】图标，单击引导图标下的红圈闪烁位置。

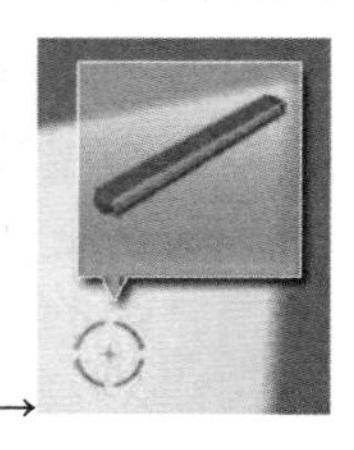

消息提示框：“安装对重块”操作已完成。

2. 安装对重块压紧装置

消息提示框：安装对重块压紧装置。

安装对重块压紧装置：单击下方【对重块压紧装置】图标，单击引导图标下的红圈闪烁位置。

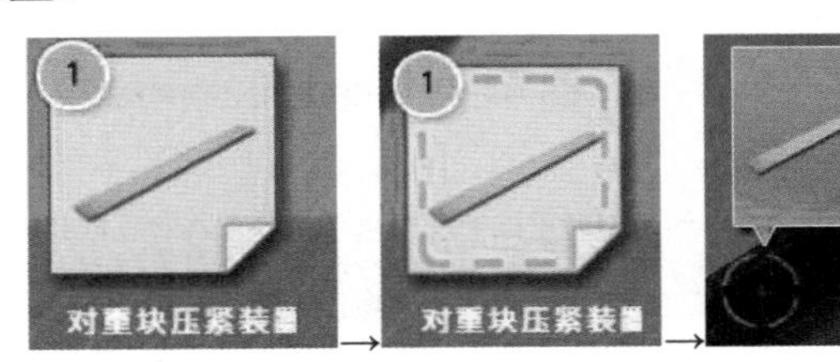

消息提示框：“安装对重块压紧装置”操作已完成。

3. 安装对重补偿墩

（1）补偿墩放置。

消息提示框：将对重补偿墩安装在对重框架底部撞板上。

安装对重补偿墩：单击下方【对重补偿墩】图标，单击引导图标下的红圈闪烁位置。

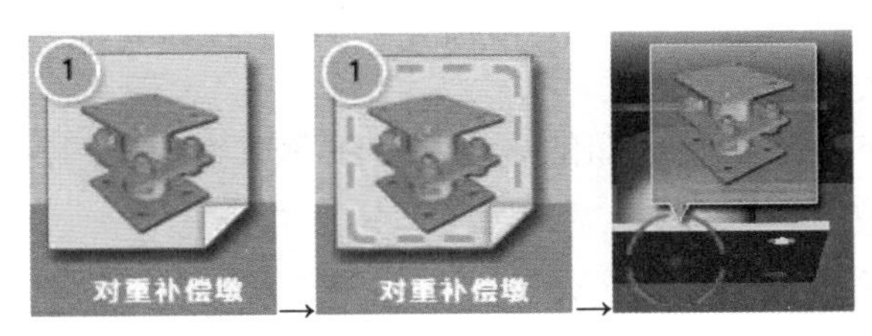

（2）补偿墩固定。

安装补偿墩固定件：单击下方【补偿墩固定件】图标，单击引导图标下的红圈闪烁位置。

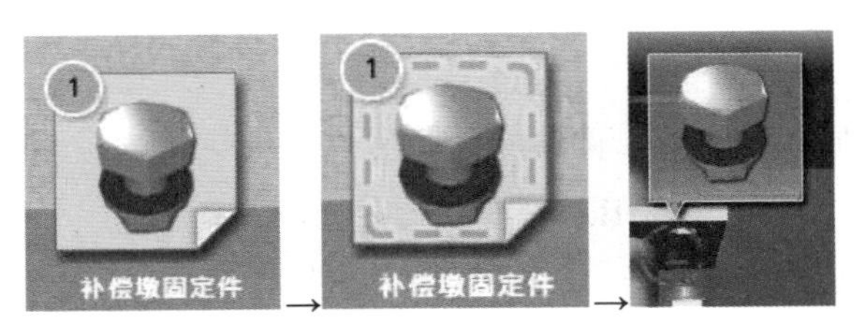

消息提示框：“安装对重补偿墩”操作已完成。

模块梳理

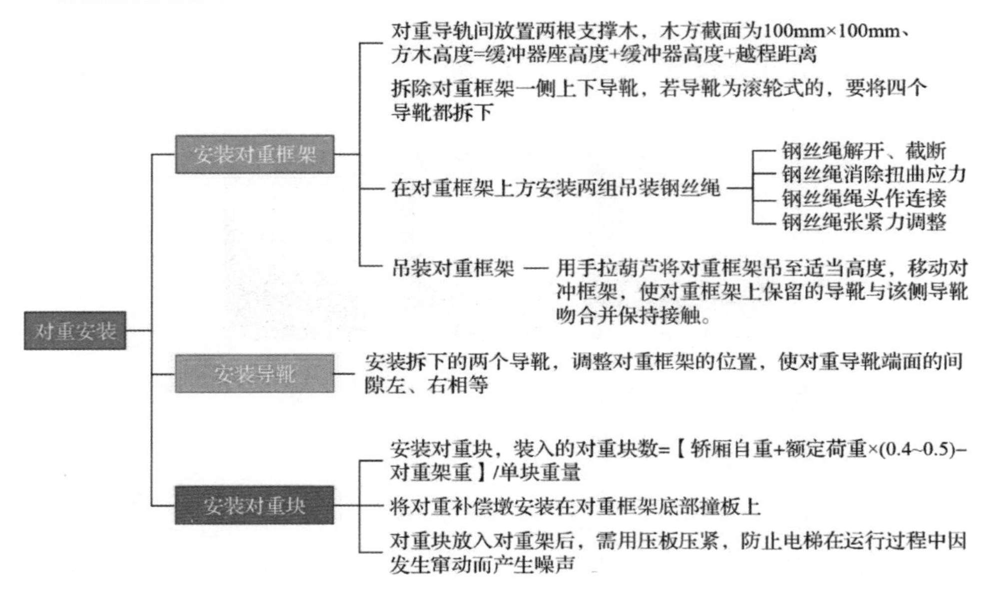

模块测评

1. 判断题

（1）对重的用途是使轿厢的重量与有效荷载部分之间保持平衡，以减少能量的消耗及电动机功率的耗损。（　　）

（2）对重装置位于井道内，通过曳引绳经曳引轮与轿厢连接，并使轿厢与对重的重量通过曳引钢丝绳作用于曳引轮，保证足够的驱动。（　　）

（3）曳引钢丝绳是连接轿厢和对重装置的机件，并靠与曳引轮槽的摩擦力驱动轿厢升降，承载着轿厢、对重装置、额定载重量等重量的总和。（　　）

2. 选择题

（1）检查固定导靴与导靴顶面间隙应保持在（　　）mm。

A. 1～2　　B. 1～3　　C. 1～4　　D. 1～5

（2）对重架应安装（　　）个导靴。

A. 3　　B. 4　　C. 5　　D. 6

模块测评答案

模块评价

（一）自我评价

由学生根据学习任务完成情况进行自我评价，将评分值记录于表中。

自我评价

评价内容	配分	评分标准	扣分	得分
1. 安全意识	10	1. 不遵守安全规范操作要求，酌情扣 2～5 分； 2. 有其他违反安全操作规范的行为，扣 2 分		
2. 知识掌握	40	1. 课前对知识的预习程度及参与度，酌情扣分； 2. 课后对知识的掌握程度，酌情扣分； 3. 课下对知识的巩固程度，酌情扣分		
3. 施工流程	40	1. 是否遵循合理的安装工艺流程，酌情扣分； 2. 在安装过程中是对接标准，酌情扣分		
4. 职业规范和环境保护	10	1. 工作过程中工具和器材摆放凌乱，扣 3 分； 2. 不爱护设备、工具、不节省材料，扣 3 分； 3. 工作完成后不清理现场，在工作中产生的废弃物不按规定处置，各扣 2 分；若将废弃物遗弃在井道内，扣 3 分		
总评分=（1～4 项总分）×40%				

签名：______________　　　　______年______月______日

（二）小组评价

由同一实训小组的同学结合自评情况进行互评，将评分制记录于表中。

小组评价

评价内容	配分	评分
1. 实训记录与自我评价情况	30	
2. 安装对重块是否遵循标准	30	
3. 互助与协作能力	20	
4. 安全、质量意识与责任心	20	
总评分=（1～4 项总分）×30%		

参加评价人员签名：________________　　　　______年______月______日

（三）教师评价

由指导师结合自评与互评的结果进行综合评价，并将评价意见与评价值记录于表中。

教师评价

教师总体评价意见：	
教师评分：	
总评分（自我评分+小组评分+教师评分）	

教师签名：__________　　　　______年______月______日

模块七　井道内机械设备安装

学习目标

【知识目标】

1. 能够根据实际井道吊线位置确定缓冲器的安装位置。

2. 能够根据限速器的位置按照要求安装张紧装置。

3. 掌握井道内机械设备安装流程及对接标准相关知识，并为岗位培养人才需求、1+X考证做好准备。

【能力目标】

学生能够做到熟练操作井道内机械设备安装的整个流程。

【素养目标】

培养学生的质疑意识，提高分析、解决问题能力，提高交流、合作能力。

模块导入

本模块的安装工艺基本包括了井道内的主要部件，静态的是导轨及导轨支架、缓冲器等，动态的是轿厢及门机、对重架等。

施工工艺

井道内机械设备安装工艺流程表

工艺流程		作业计划
1	确定缓冲器位置	
2	安装缓冲器	
3	调整缓冲器	
4	液压缓冲器注油	
5	确定张紧装置位置	
6	安装张紧装置	
7	安装限速器钢丝绳	

施工安全

（1）现场作业必须使用、穿戴相关的劳防用品：安全头盔、安全鞋、手套、工作目镜、防护工作服等。

（2）使用角磨机切割钢丝绳时，应使火星向下，或做好防止伤害其他工作职员的措施。

（3）操作者操作时要戴好防护眼镜，以免飞溅物伤害眼睛。

（4）使用电锤作业时应使用侧手柄，双手操作，以免反作用力扭伤胳膊。

施工质量

施工质量检验表

序号	安装要点
1	缓冲器的垂直度在不大于 2mm
2	缓冲器水平误差小于 2‰
3	缓冲器与撞板中心的偏移不得超过 20mm
4	液压缓冲器在使用前一定要按要求加油
5	张紧配重与地面的距离
6	张紧轮的垂直度不大于 2‰
7	张紧轮横臂有些上翘
8	张紧轮横臂下摆可以碰触断绳开关

工具、材料

防护用品

安全头盔	全身保险带	安全鞋	手套	工作目镜

安装工具

电锤	水平尺	磁力线锤	卷尺	扳手	方木	角磨机

任务一 安装缓冲器

一、知识架构

缓冲器是电梯设备重要的安全部件，用于在电梯轿厢发生坠落或冲顶的危险时起保护作用。缓冲器分为两种类型，即弹簧式缓冲器和液压式缓冲器，如表 7-1-1 所示。

表 7-1-1 缓冲器类型

缓冲器形式	蓄能型	耗能型
缓冲距（mm）	200～350	150～400
缓冲器样式		

弹簧式缓冲器属于蓄能型部件。在当受到轿厢或对重的高速撞击时会产生很大的冲击反弹，故仅适用于额定速度小于或等于 1m/s 的低速电梯。

液压式缓冲器属于耗能型部件。在受到轿厢或对重的高速撞击时通过液压油将大部分动能转化成热能，从而大大减小了撞击冲击力，故适用于任何速度规格的电梯。

电梯缓冲器的安装：

（1）安装时，要同时考虑缓冲器的中心位置、垂直偏差、水平度偏差等指标。确定缓冲器中心位置，方法为在轿厢（或对重）撞板中心放一线锤，移动缓冲器，使其中心对准线锤来确定缓冲器的位置，两者在任何方向上的偏移不得超过 20mm。

（2）用水平尺测量缓冲器顶面，要求其水平误差＜2‰。

（3）当作用于轿厢（或对重）的缓冲器由两个组成一套时，两个缓冲器顶面应在一个水平面上，相差应不大于 2mm。

（4）液压缓冲器的活塞柱垂直度在全长内不得大于 1mm，测量时应在相差 90° 的两个方向进行。

（5）缓冲器底座必须按要求安装在混凝土或型钢基础上，接触面必须平整严实，如采用金属垫片找平，其面积不小于底座的 1/2。地脚螺栓应紧固，丝扣要露出 3～5 扣，螺母加弹簧垫或用双螺母紧固。

（6）轿厢在下端站平层位置时，轿厢撞板至缓冲器上平面的距离上限（缓冲距）S 按表 7-1-1 规定。

（7）对重撞板至缓冲器上平面距离（缓冲距）的允许值须根据在满足井道顶部空间要求的前提下以小为好的原则确定。缓冲距的下限须保证在接触缓冲器前极限开关先动作的要求。

（8）液压缓冲器在使用前一定要按要求加油，油路应畅通，并检查有无渗油情况，油号应符合产品要求，以保证其功能可靠。此外，还应设置在缓冲器被压缩而未复位时使电梯不能运行的电气安全开关。

（9）缓冲器布线：线槽（管）应横平竖直，做好接地处理。

二、任务实施流程

1. 安装对重缓冲器

（1）对重缓冲器安装。

消息提示框：安装对重缓冲器，对重缓冲器撞板的中心与对重撞板的中心在任何方向的偏差≤20mm，对重缓冲器顶部水平偏差≤2/1000。

安装缓冲器：单击下方【缓冲器】图标，单击引导图标下的红圈闪烁位置

（2）对重缓冲器固定。

安装缓冲器固定螺栓：单击下方【缓冲器固定螺栓】图标，单击引导图标下的红圈闪烁位置。

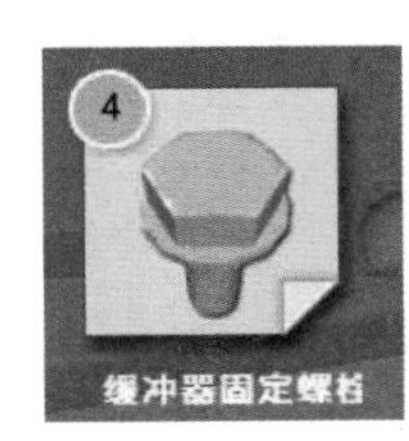

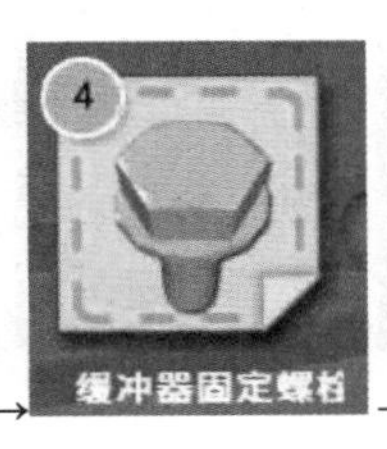

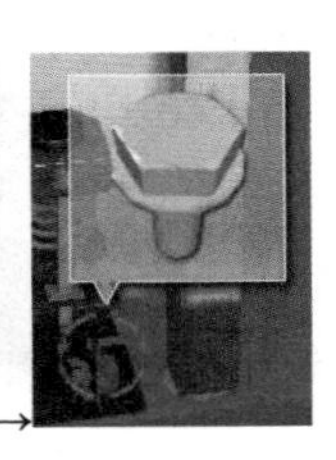

消息提示框：“安装对重缓冲器”操作已完成。

2. 对重缓冲器中心偏差测量

使用磁力线锤校准：单击下方【磁力线锤】图标，单击引导图标下的红圈闪烁位置。

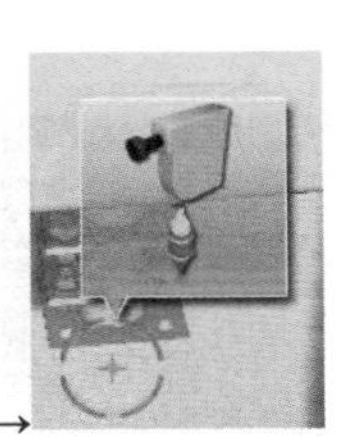

消息提示框：“测量对重缓冲器中心偏差”操作已完成。

3. 测量对重缓冲器垂直度与水平度

（1）对重缓冲器水平度测量。

消息提示框：对重缓冲器顶部水平度偏差应≤2/1000，对重缓冲器柱塞的垂直度误差应≤5/1000。

水平尺测量水平度：单击下方【水平尺】图标，单击引导图标下的红圈闪烁位置，使用完后并单击【收回】。

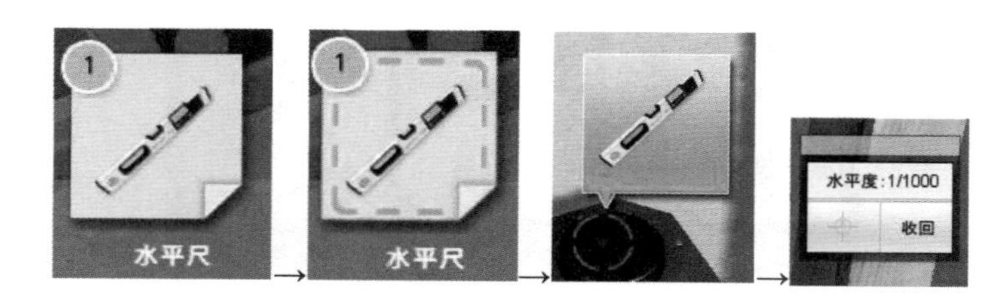

（2）对重缓冲器垂直度测量。

使用磁力线锤校准：单击下方【磁力线锤】图标，单击引导图标下的红圈闪烁位置。

消息提示框：“测量对重缓冲器垂直度与水平度”操作已完成。

4. 安装轿厢缓冲器

消息提示框：安装轿厢缓冲器，轿厢缓冲器撞板的中心与对重撞板的中心在任何方向的偏差≤20mm，对重缓冲器顶部水平偏差≤2/1000。

（1）安装轿厢缓冲器：单击下方【轿厢缓冲器】图标，单击引导图标下的红圈闪烁位置。

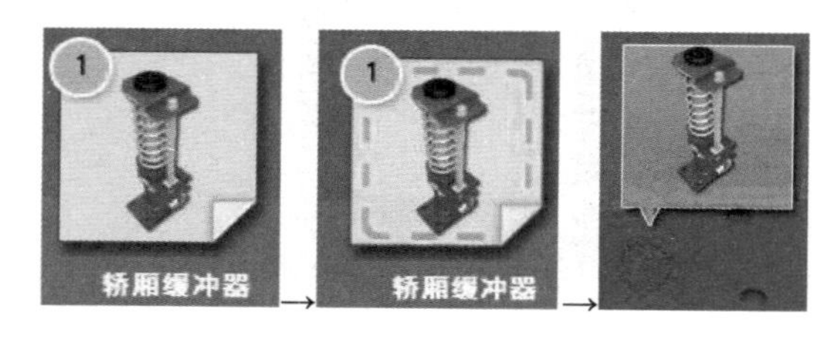

（2）安装缓冲器固定螺栓：单击下方【缓冲器固定螺栓】图标，单击引导图标下的红圈闪烁位置。

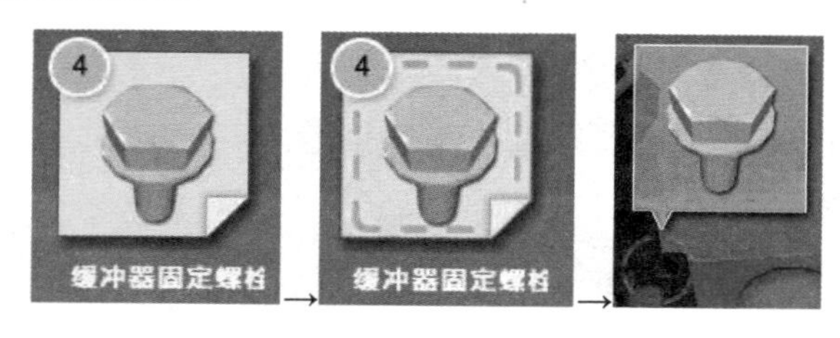

消息提示框：“安装轿厢缓冲器”操作已完成。

5. 测量轿厢缓冲器中心偏差

消息提示框：在轿厢下梁撞板中心放一线锤，移动缓冲器，使其中心对准线锤来确定缓冲器的位置，两者在任何方向的偏移≤20mm。

使用磁力线锤校准：单击下方【磁力线锤】图标，单击引导图标下的红圈闪烁位置。

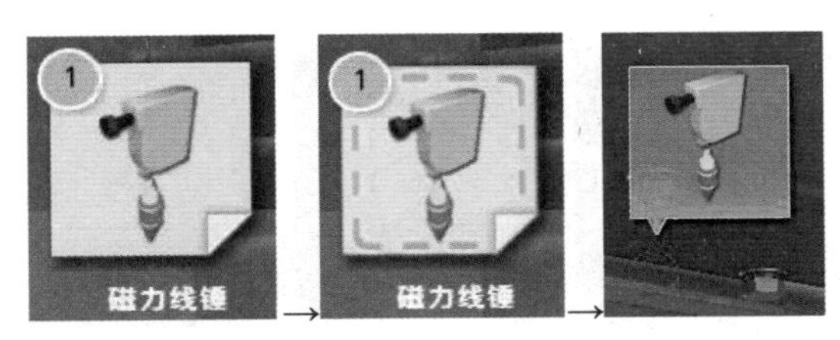

消息提示框：“测量轿厢缓冲器中心偏差”操作已完成。

6. 测量轿厢缓冲器垂直度与水平度

（1）轿厢缓冲器水平度测量。

消息提示框：轿厢缓冲器顶部水平度偏差应≤2/1000，轿厢缓冲器柱塞的垂直度误差应≤5/1000。

水平尺测量水平度：单击下方【水平尺】图标，单击引导图标下的红圈闪烁位置，使用完后并单击【收回】。

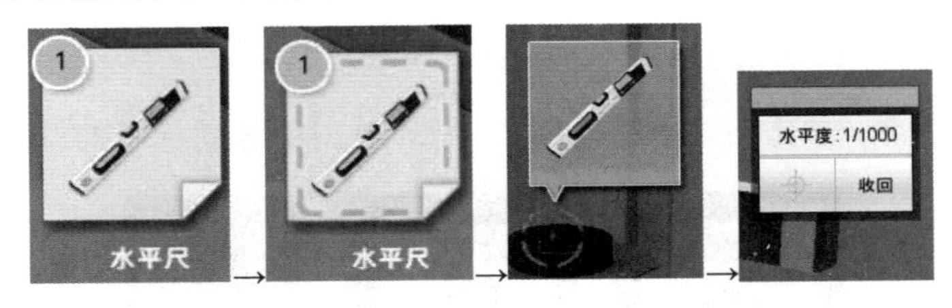

（2）轿厢缓冲器垂直度测量。

使用磁力线锤校准：单击下方【磁力线锤】图标，单击引导图标下的红圈闪烁位置。

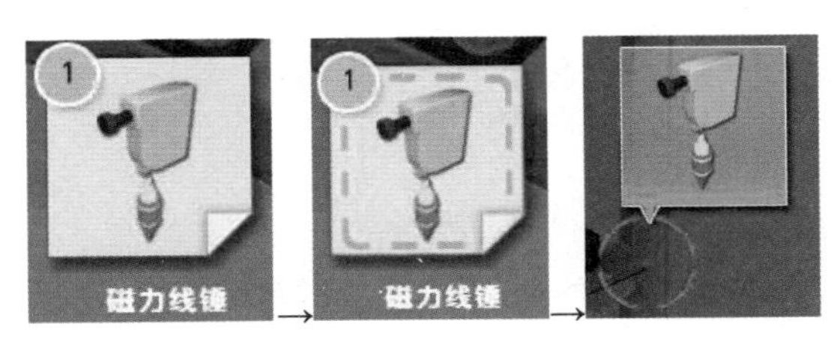

消息提示框：“测量轿厢缓冲器垂直度与水平度”操作已完成。

7. 加注缓冲器液压油

（1）拆卸油嘴盖完成。

消息提示框：缓冲器油量添加应适宜，在注油口位置可以明显地看到油位即可。

卸除油嘴盖：单击下方【卸除】图标，单击引导图标下的红圈闪烁位置。

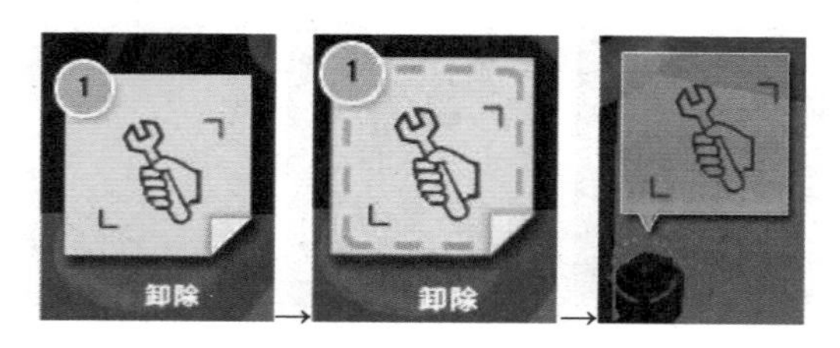

（2）注入液压油完成。

注入液压油：单击下方【缓冲器液压油】图标，单击引导图标下的红圈闪烁位置。

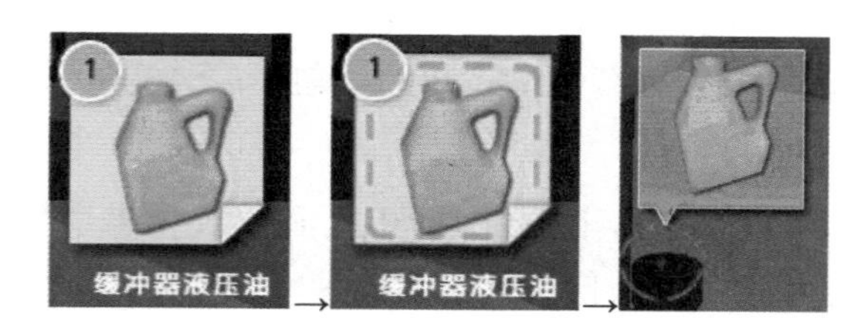

（3）确认加注油量完成。

盖上油嘴塞：单击下方【油嘴塞】图标，单击引导图标下的红圈闪烁位置。

消息提示框：“加注缓冲器液压油”操作已完成。

8. 缓冲器开关布线

（1）安装轿厢缓冲器侧线管完成。

消息提示框：安装缓冲器电气开关线管，缓冲器电气开关布线。

安装底坑线管：单击下方【底坑线管】图标，单击引导图标下的红圈闪烁位置。

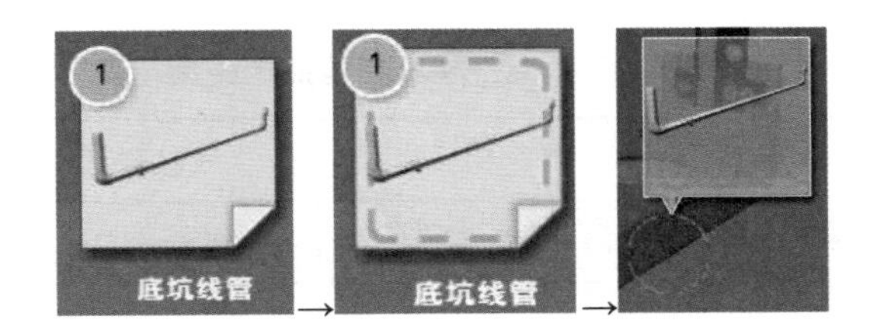

（2）安装对重缓冲器侧线管完成。

安装底坑线管：单击下方【底坑线管】图标，单击引导图标下的红圈闪烁位置。

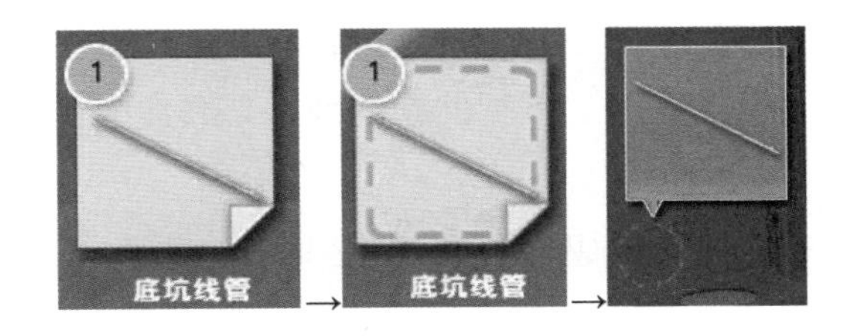

（3）缓冲器电气开关布线完成。

缓冲器电气开关布线：单击下方【缓冲器电气开关布线】图标，单击引导图标下的红圈闪烁位置。

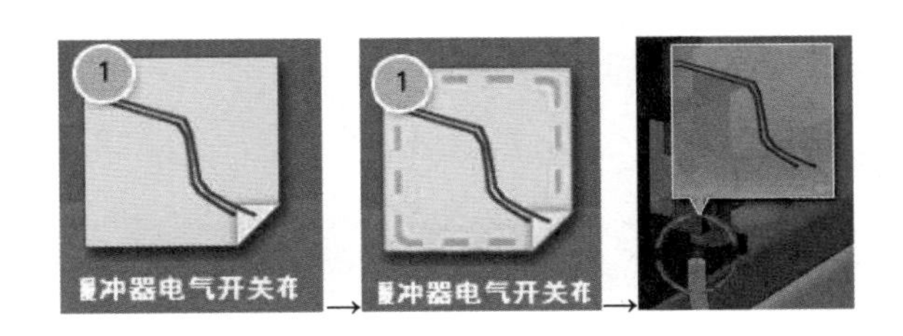

消息提示框：“缓冲器开关布线”操作已完成。

任务二　安装张紧装置

一、知识架构

（1）在限速器侧轿厢导轨上安装限速器张紧装置，并在其下垫入临时固定支撑。

（2）安装限速器张紧装置由张紧轮、配重、电气开关等组成，调整配重与地面的距离，如表 7-2-1 所示。

表 7-2-1　调整配重与地面的距离

电梯额定速度/（m•s^{-1}）	高速梯	快速梯	低速梯
电梯额定速度/（m•s^{-1}）	≥2	1.5～1.75	0.25～1
距地坑地面尺寸/mm	750	550	400

（3）从限速器绳轮动作端孔向井道放下钢丝绳，与轿厢的安全钳拉杆上端连接，钢丝绳穿过上端的楔铁绳头，裹住绳头内的“鸡心块”汇出，用绳夹夹固。

（4）从限速器绳轮另一端孔向井道放下钢丝绳，钢丝绳围绕张紧轮后汇向安全钳拉杆下端，钢丝绳穿过下端的楔铁绳头，裹住绳头内的“鸡心块”汇出，用绳夹夹固。

（5）切断不需要的末端钢丝绳，并按要求对钢丝绳进行包扎、缠绕、固定。

（6）拆去张紧轮下的临时固定支撑，确认张紧轮安装悬臂的水平度。

（7）限速钢丝绳紧松控制。新装电梯可适当紧一些，使张紧轮横臂稍微上翘，随着钢丝绳自然伸长，最终会使张紧轮横臂趋向水平。如果太松，钢丝绳会由于自然伸长而使张紧轮横臂下摆碰触断绳开关，引起电梯错误动作——急停。

二、任务实施流程

1. 张紧装置定位

消息提示框：将张紧装置安装在限速器对应侧的轿厢导轨上，当运行速度为 1～1.75m/s 的电梯，张紧装置安装在距离底坑地面 550mm 的高度。

测量检测：单击下方【测量检测】图标，单击引导图标下的红圈闪烁位置。

消息提示框：“完成张紧装置定位”操作已完成。

2. 安装限速器张紧装置

消息提示框：安装限速器张紧装置。

（1）放置支撑木：单击下方【支撑木】图标，单击引导图标下的红圈闪烁位置。

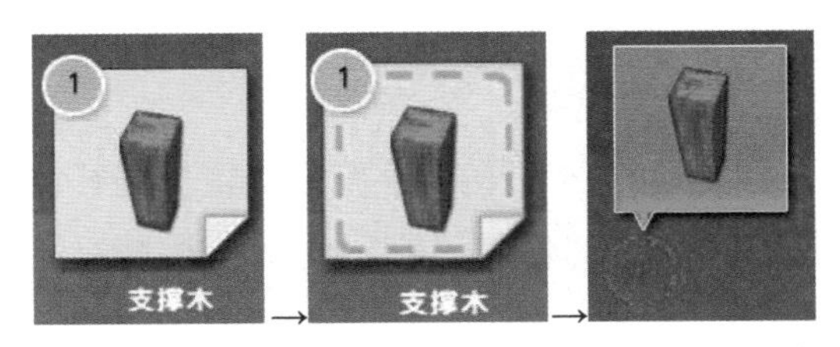

（2）安装限速器张紧装置：单击下方【限速器张紧装置】图标，单击引导图标下的红圈闪烁位置。

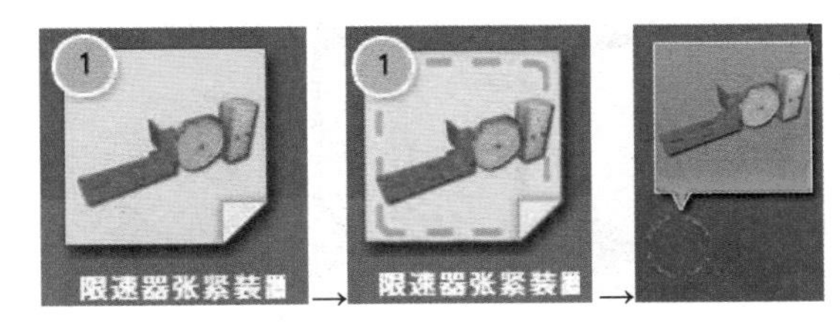

（3）安装张紧装置固定件：单击下方【张紧装置固定件】图标，单击引导图标下的红圈闪烁位置。

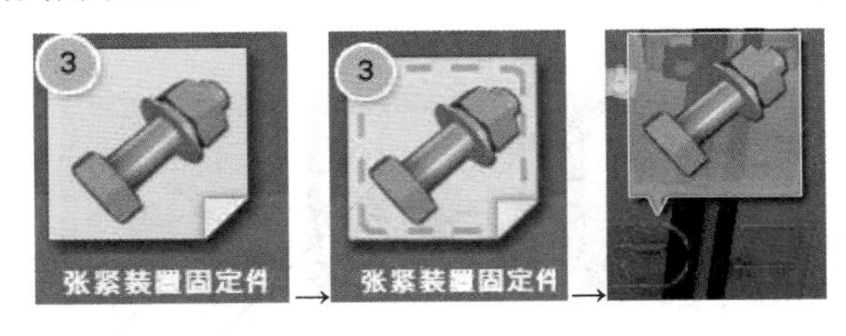

消息提示框：“安装限速器张紧装置”操作已完成。

3. 安装限速器钢丝绳

消息提示框：先将限速绳挂在限速轮和张紧轮上进行测量，根据所需长度断绳、做绳头，做绳头的方法与做曳引钢丝绳绳头相同；然后将绳头与轿厢安全钳拉杆板固定。

安装限速器钢丝绳：单击下方【限速器钢丝绳】图标，单击引导图标下的红圈闪烁位置。

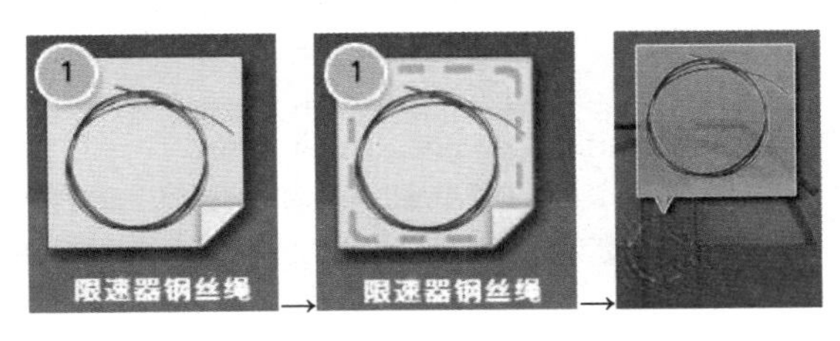

消息提示框：“安装限速器钢丝绳”操作已完成。

4. 安装限速器绳头连接安全钳

（1）安装限速器钢丝绳绳头。

消息提示框：先将限速绳挂在限速轮和张紧轮上进行测量，根据所需长度断绳、做绳头，做绳头的方法与做曳引钢丝绳绳头相同；然后将绳头与轿厢安全钳拉杆板固定。

安装钢丝绳绳头：单击下方【钢丝绳绳头】图标，单击引导图标下的红圈闪烁位置。

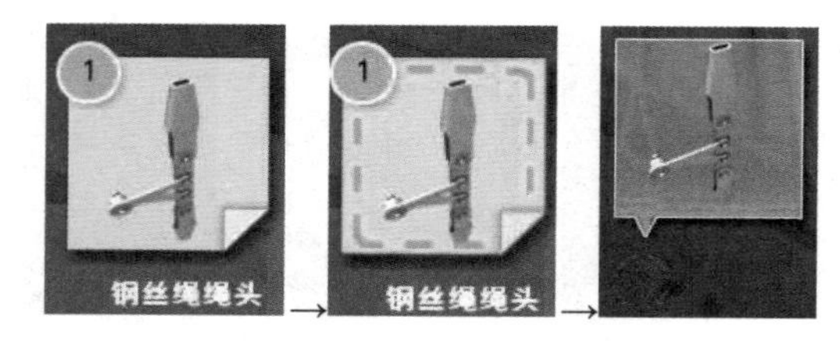

（2）连接安全钳。

安装绳头连接件：单击下方【绳头连接件】图标，单击引导图标下的红圈闪烁位置。

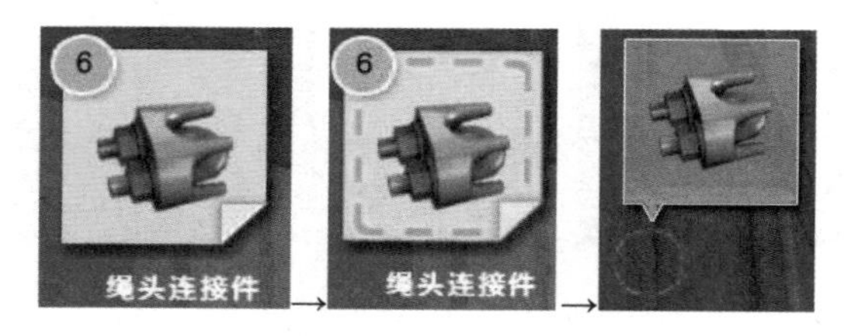

消息提示框：“安装限速器绳头连接安全钳”操作已完成。

模块梳理

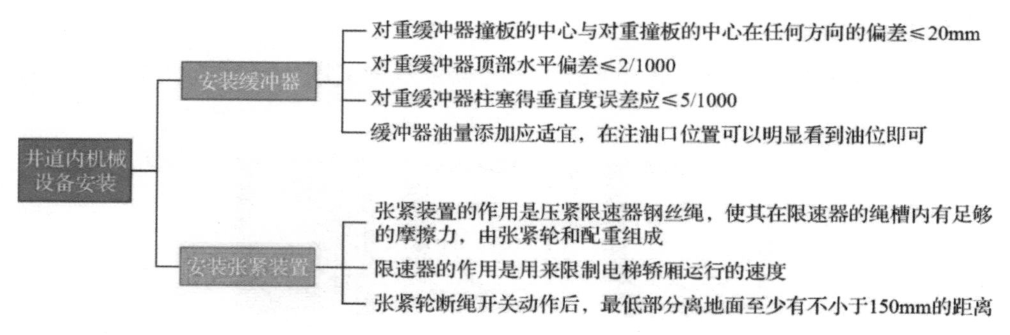

模块测评

1. 判断题

（1）液压缓冲器在使用前一定要按要求加油，油路应畅通，并检查有无渗油情况，油号应符合产品要求，以保证其功能可靠。（　　）

（2）安装限速器张紧装置由张紧轮、配重、电气开关等组成，调整配重与地面的距离。（　　）

2. 选择题

（1）水平尺测量缓冲器顶面，要求其水平误差（　　）。

A. ＜1‰　　B. ＜2‰　　C. ＜3‰　　D. ＜4‰

（2）高速梯电梯额定速度应（　　）。

A. ≥2%　　B. ≥3%　　C. ≥4%　　D. ≥5%

模块测评答案

模块评价

（一）自我评价

由学生根据学习任务完成情况进行自我评价，将评分值记录于表中。

自我评价

评价内容	配分	评分标准	扣分	得分
1. 安全意识	10	1. 不遵守安全规范操作要求，酌情扣分； 2. 有其他违反安全操作规范的行为，扣2分		
2. 知识掌握	40	1. 没有找到指定的部件，每个扣5分； 2. 不能说明部件的作用，每个扣5分		
3. 施工流程	40	1. 是否遵循合理的安装工艺流程，酌情扣分； 2. 在安装过程中是对接标准，不合要求，酌情扣分		

续表

评价内容	配分	评分标准	扣分	得分
4. 职业规范和环境保护	10	1. 工作过程中工具和器材摆放凌乱，扣3分； 2. 不爱护设备、工具、不节省材料，扣3分； 3. 工作完成后不清理现场，在工作中产生的废弃物不按规定处置，各扣2分；若将废弃物遗弃在井道内，扣3分		
总评分=（1～4项总分）×40%				

签名：__________　　　　　　　　　　____年____月____日

（二）小组评价

由同一实训小组同学结合自评情况进行互评，将评分制记录于表中。

小组评价

评价内容	配分	评分
1. 实训记录自我评价情况	30	
2. 口述井道内机械设备的基本结构与安装流程	30	
3. 互助与协作能力	20	
4. 安全、质量意识与责任心	20	
总评分=（1～4项总分）×30%		

参加评价人员签名：______________　　　　____年____月____日

（三）教师评价

由指导教师结合自评与互评的结果进行综合评价，并将评价意见与评价值记录于表中。

教师评价

教师总体评价意见：	
教师评分：	
总评分（自我评分+小组评分+教师评分）	

教师签名：__________　　　　　　　　　　____年____月____日

模块八　曳引钢丝绳安装

学习目标

【知识目标】

1. 能够根据相关要求，对钢丝绳进行裁剪及安装钢丝绳锥套。
2. 能够根据相关要求，正确绕挂钢丝绳。
3. 能够根据相关要求，对钢丝绳及绳孔做好防护。
4. 能够根据相关数据，调整钢丝绳的张力。
5. 掌握曳引钢丝绳的安装流程并熟悉过程中的注意事项。

【能力目标】

能够熟练操作曳引机钢丝绳安装的整个流程。

【素养目标】

养成独立思考、主动学习的习惯，乐于探索生产活动与日常生活中的机械工程问题。

模块导入

钢丝绳的安装就是连接对重和轿厢的，起拖动牵引功能，主体就是钢丝绳曳引钢丝绳是带动轿厢做升降运动的重要电梯部件之一，对电梯的正常运行起着至关重要的作用。它承载轿厢，对重装置和额定载荷等大型电梯部件的重量，其强度与稳固性能对电梯的安全有极大的影响。

施工工艺

曳引钢丝绳安装工艺流程表

工艺流程		作业计划
1	确定钢丝绳长度后，裁剪钢丝绳	
2	制作绳头及安装绳头夹	
3	绕挂钢丝绳及安装绳头组件	
4	制作钢丝绳防护	
5	调整钢丝绳张力	

施工安全

（1）现场作业必须使用、穿戴相关的劳防用品：安全头盔、安全鞋、手套、工作目镜、防护工作服等。

（2）角磨机在操作时的磨切方向严禁对着周围的工作人员及一切易燃易爆危险物品，以免造成不必要的伤害。保持工作场地干净、整洁。正确使用，确保人身及财产安全。

（3）事前夹紧工件，磨片与工件的倾斜角度在30°～40°为宜。切割时勿重压、勿倾斜、勿摇晃，根据材料的材质适度控制切割力度。保持切割片与板料切口的平行，不可侧压方式歪斜下切。

（4）操作打磨机前必须佩戴防护眼镜及防尘口罩，防护设施不到位不准作业。

（5）测量钢丝绳张力时应先站立稳定重心后再使用拉力计。

（6）填充式绳头灌注巴氏合金需要动用明火，因此无论采用气焊加热，还是喷灯加热，都应遵守安全操作要求，远离易燃易爆物品，并在施工现场配备灭火装置。

（7）重要部位和有防火特殊规定的场所进行明火作业前，应通知消防安全部门现场检查或监护，取得批准文件或用火证后才能进行施工。

（8）钢丝绳未最终安装完成或调整钢丝绳时，严禁撤去轿厢底部托梁和保护垫木，防止轿厢坠落。

施工质量

施工质量检验表

序号	安装要点
1	每根钢丝绳两端绳头处至少安装 3 组钢丝绳夹头
2	第一组夹头安装在距楔块底部约 25mm 处，每两组夹头之间间距为 6～7 倍钢丝绳直径
3	绳夹压板应装在钢丝绳受力一边
4	开口销尾部打开 60° 以上
5	用直径≥6mm 的钢丝绳分别将轿厢侧和对重侧各钢丝绳锥套相互之间扎结起来，防止绳头回旋松弛
6	为防止从绳孔中坠落物件，做一保护台，保护台应高于机房楼板表面 50mm，钢丝绳和保护台内壁之间的间隙均为 20～40mm
7	钢丝绳之间的张力差在 5%内
8	绳头组合必须安全可靠，且每个绳头组合必须安装防螺母松动和脱落的装置
9	钢丝绳应擦拭干净，严禁有死弯、松股、断丝、锈蚀现象
10	绳头巴氏合金浇灌应一次完成，密实饱满，平整一致

工具、材料

防护用品

安全头盔	全身保险带	安全鞋	手套	工作目镜

安装工具

角磨机	卷尺	老虎钳	扳手	钢直尺	拉力计	记号笔

任务一　制作钢丝绳头

一、知识架构

（1）确定钢丝绳长度。

将轿厢置于顶层位置，对重架置于底层缓冲器以上缓冲距离之处，采用无弹性收缩的铅丝或铜制电线由轿架上梁穿至机房内，绕过曳引轮和导向轮至对重上部的钢丝绳锥套组合处进行实际测量。测量时，应考虑钢丝绳在锥套内的长度及加工制作绳头所需要的长度，并加上安装轿厢时垫起的超过顶层平层位置的距离。

（2）截断钢丝绳。

在宽敞清洁的场地放开钢丝绳束盘，检查钢丝绳有无锈蚀、打结、断丝、松股现象。按照已测量好的钢丝绳长度，在距截绳处两端 5mm 处用铅丝进行绑扎，绑扎长度最少 20mm。用钢凿、切割机、压力钳等工具截断钢丝绳，不得使用电气焊截断，以免破坏钢丝绳机械强度。

（3）做绳头、挂钢丝绳。

（4）绳头依电梯产品有各种形式，常用的有灌注巴氏合金的锥套、自锁紧楔形绳套、绳夹环套等（图 8-1-1）。

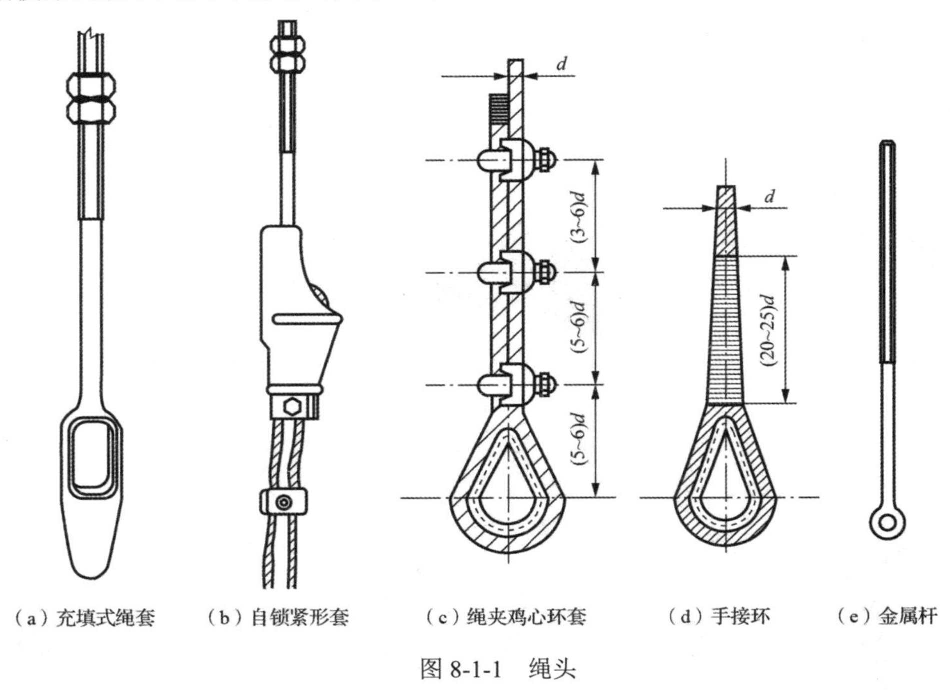

图 8-1-1　绳头

（5）制作绳头前，应将钢丝绳擦拭干净，并悬挂于井道内消除内应力。

计算好钢丝绳在锥套内的回弯长度，用铅丝绑扎牢固。将钢丝绳穿入锥套，拆去绳头截断处的绑扎铅丝，松开绳股、除去麻芯，用汽油将绳股清洗干净，按要求尺寸弯成麻花状回弯，用力拉入锥套，钢丝不得露出锥套。用黑胶布或牛皮纸围扎成上浇口，下口用棉丝系紧扎牢。灌注巴氏合金前，应先将绳头锥套油污杂质清除干净，并加热锥套至一定温度。巴氏合金在锡锅内加热熔化后，用牛皮纸条测试温度，以立即焦黑但不燃烧为宜。向锥套内浇注巴氏合金时，应一次完成，并轻击锥套使内部灌实，未完全冷却前不可晃动（图 8-1-2）。

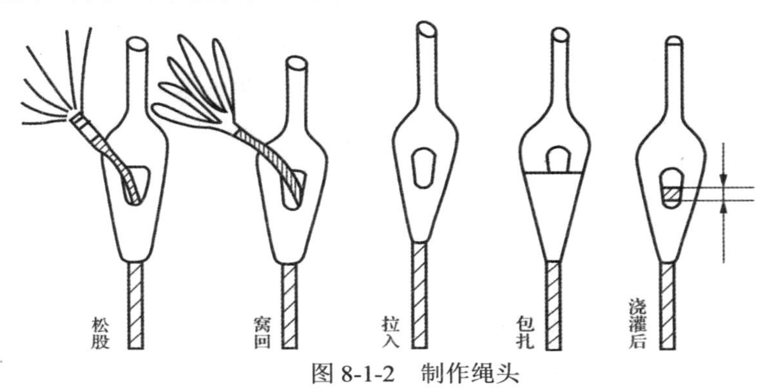

图 8-1-2　制作绳头

（6）自锁紧楔形绳套，因不用巴氏合金而无须加热，更加快捷方便。将钢丝绳比充填绳套法多 300mm 长度断绳，向下穿出绳头拉直、回弯，留出足以装入楔块的弧度后再从绳头套前端穿出。把楔块放入绳弧处，一只手向下拉紧钢丝绳，同时另一只手拉住绳端用力上提使钢丝绳和楔块卡在绳套内（图 8-1-3）。

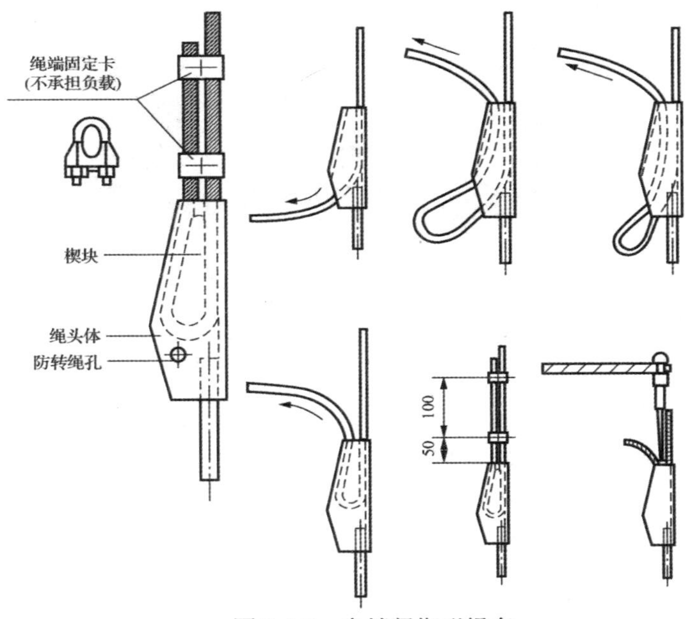

图 8-1-3　自锁紧楔形绳套

（7）当轿厢和对重全部负载加上后，再上紧绳夹环，数量不少于 3 个，间隔不小于钢丝绳直径的 5 倍。

（8）安装钢丝绳。将钢丝绳从轿厢顶起通过机房楼板绕过曳引轮、导向轮至对重上端，两端连接牢靠。挂绳时，注意多根钢丝绳间不要缠绕错位，绳头组合处穿二次保护绳。

二、任务实施流程

1. 钢丝绳截断

消息提示框：确定钢丝绳长度后，从距剁口两端 5mm 处将钢丝绳用铅丝绑扎成 15mm 的宽度，留出钢丝绳在锥体内的长度，按要求进行绑扎。使用工具切断钢丝绳。

（1）绑扎铅丝：单击下方【铅丝】图标，单击引导图标下的红圈闪烁位置。

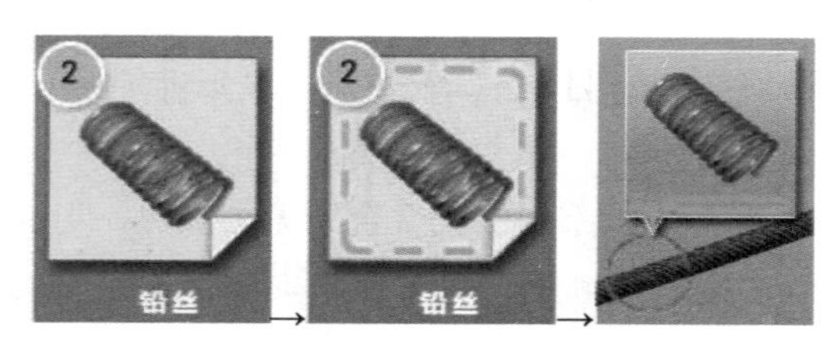

（2）切断钢丝绳：单击下方【角磨机】图标，单击引导图标下的红圈闪烁位置。

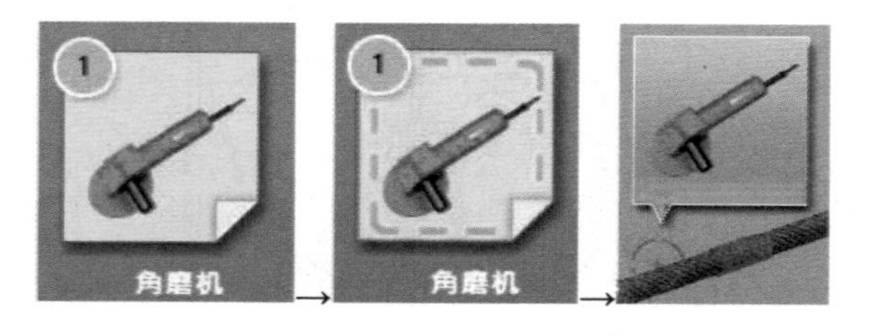

消息提示框：“截断钢丝绳”操作已完成。

2. 安装钢丝绳锥套

（1）钢丝绳穿入锥套。

消息提示框：在距离钢丝绳端部约 300mm 处标记一点 A，钢丝绳端部向下穿出绳头，留下足以装入楔块的弧度后再从绳头套前端穿出。上提使钢丝绳和楔块卡在绳套内直至楔块上的开口销露出锥套，安装开口销，将开口销尾部打开 60° 以上。

穿入钢丝绳：单击下方【钢丝绳】图标，单击引导图标下的红圈闪烁位置。

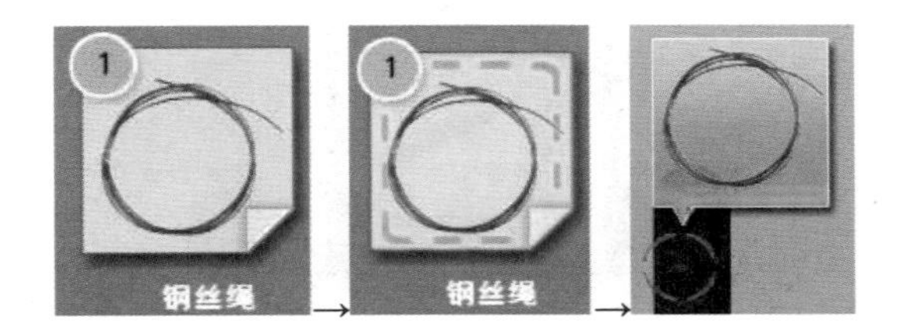

（2）楔块穿入锥套。

安装钢丝绳楔块：单击下方【钢丝绳楔块】图标，单击引导图标下的红圈闪烁位置，放置完成后，将钢丝绳楔块固定，单击引导图标下的红圈闪烁位置。

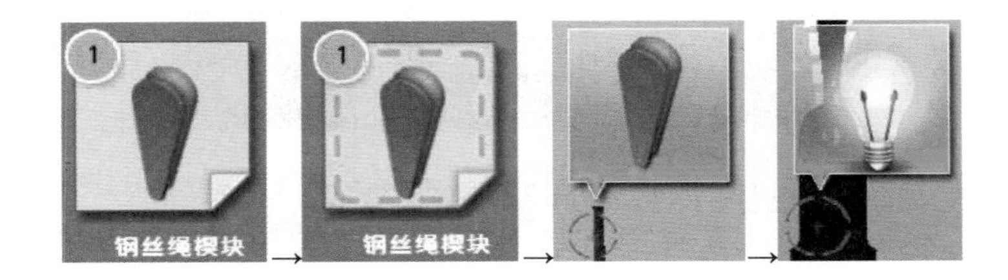

（3）绳头拉杆安装。

① 安装开口销：单击下方【开口销】图标，单击引导图标下的红圈闪烁位置。

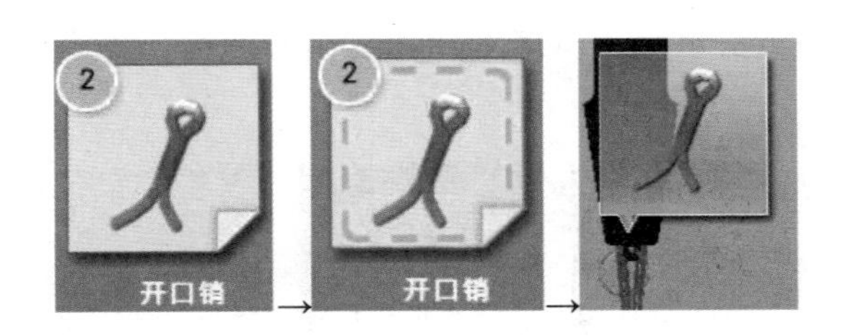

② 安装绳头拉杆：单击下方【绳头拉杆】图标，单击引导图标下的红圈闪烁位置。

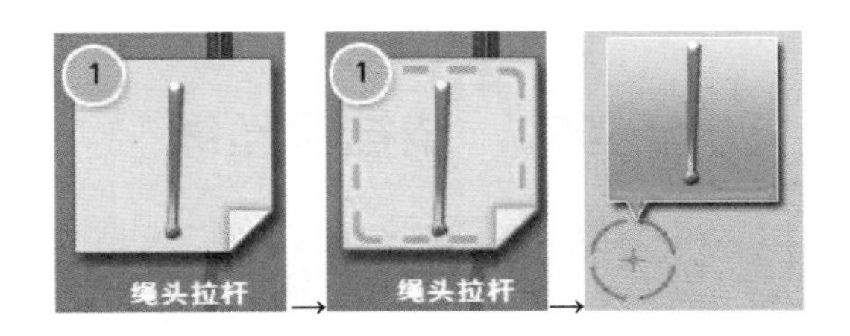

③ 固定绳头拉杆：单击下方【圆柱销】图标，单击引导图标下的红圈闪

烁位置。

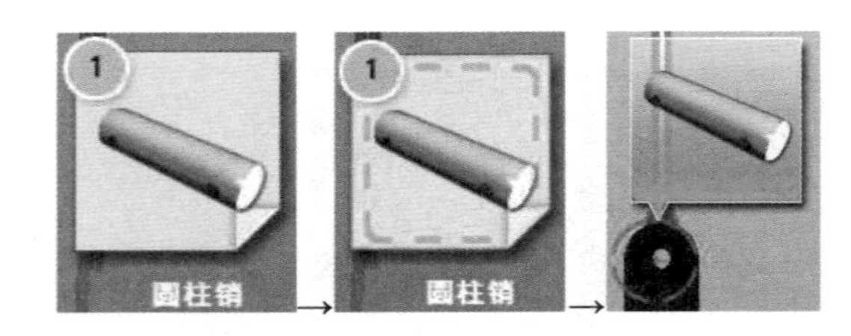

④ 固定圆柱销：单击下方【开口销】图标，单击引导图标下的红圈闪烁位置。

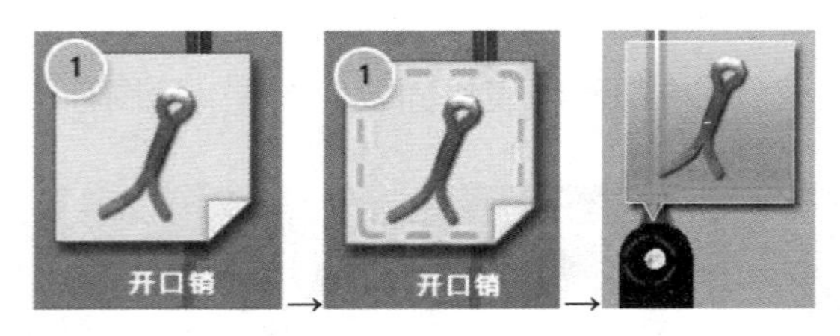

消息提示框：“安装钢丝绳锥套”操作已完成。

3. 安装钢丝绳夹头

消息提示框：在每根钢丝绳两端绳头处安装至少3组钢丝绳夹头。第一组夹头安装在距楔块底部约25mm处，每两组夹头之间间距为6～7倍钢丝绳直径。绳夹压板应装在钢丝绳受力一边。

安装钢丝绳夹头：单击下方【钢丝绳夹头】图标，单击引导图标下的红圈闪烁位置。

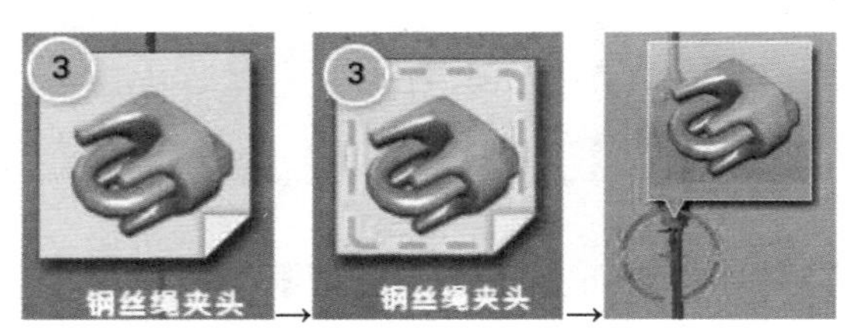

消息提示框：“安装钢丝绳夹头”操作已完成。

任务二 绕挂钢丝绳

一、知识架构

（1）钢丝绳要放置在干燥、清洁并和防止霜冻的地方，另外它们不能沾上灰尘和垃圾。重要的是钢丝绳不能打结和扭曲。

（2）放、解钢丝绳最基本的原则必须遵守（图 8-2-1）。

图 8-2-1　解钢丝绳

图 8-2-2　绳打结

（3）在安装过程中，打结是由于不正确的松绳方法或在生产钢丝绳过程中没注意把一些纺纱留在上面。如果拿到的钢丝绳是这种情况（图 8-2-2），钢丝绳应该从它的末端开始绕并还原成原来的形状。绳子打结靠它自身扭转来松开，如果直接受力会造成永久性损坏，这样的绳必须换掉。

（4）在放绳过程中，应边放绳边检查钢丝绳质量。若发现有质量异常（如股松、断丝、断股等），应及时汇报，防止有问题钢丝绳投入使用。

（5）放绳时应避免钢丝绳旋转：应配置 1 人在查看井道内钢丝绳有无旋转，如有旋转应调整放绳方法（图 8-2-1）。

（6）钢丝绳安装时，应尽量缩短自由悬垂时间，避免钢丝绳由于自身重力作用产生自由旋转；充分消除钢丝绳的内应力后（即充分地“放性”），再固定钢丝绳两端。

（7）安装对重侧钢丝绳：将制作好的绳头一端绕过曳引机、导向轮，从导向轮下方的机房过孔进入井道，下至底坑对重反绳轮处，绕过反绳轮后，用从机房对重侧绳头过孔下来的吊装绳固定绳头。安装轿厢侧钢丝绳另一端制作好的绳头从曳引轮下方的机房过孔进入井道，下至轿顶反绳轮处，绕过反绳轮后，用从机房轿厢侧绳头过孔下来的吊装绳固定绳头。将钢丝绳提拉至机房；绳头拉杆从下方穿入轿厢绳头板。依此类推，将曳引钢丝绳按顺序挂接好，并确保各曳引钢丝绳间没有存在缠绕和死弯现象。在现场处理钢丝绳时，必须防止被水泥、砂子等损坏。

（8）安装绳头组件：将钢丝绳提拉至机房；绳头拉杆从下方穿入绳头板，放入弹簧下护圈、弹簧、弹簧上护圈，平垫、双螺母，进行初步配装。拧紧锥套螺母与锁螺母，确认各锥套的销、开口销钉销尾打开 60° 及锁紧螺母齐备，如图 8-2-3 所示，用同样的方法组装其余的绳头。

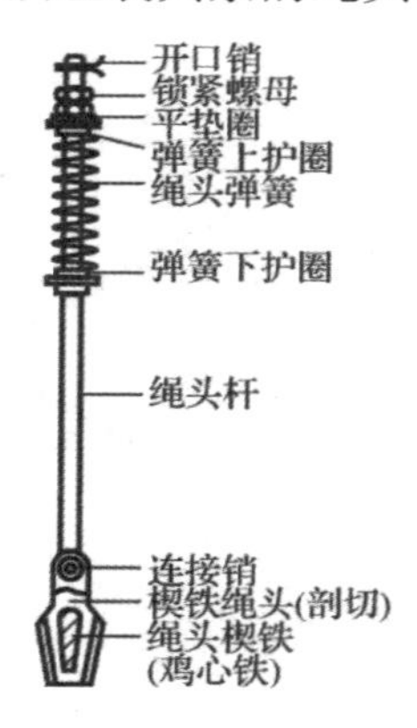

图 8-2-3　组装绳头

二、任务实施流程

1. 对重侧钢丝绳绳头绕挂

消息提示框：将制作好的绳头一端绕过曳引机、导向轮，从导向轮下方的机房过孔进入井道，下至底坑对重反绳轮处，绕过反绳轮后，用从机房对重侧绳头过孔下来的吊装绳固定绳头。

安装钢丝绳：单击下方【钢丝绳】图标，单击引导图标下的红圈闪烁位置。

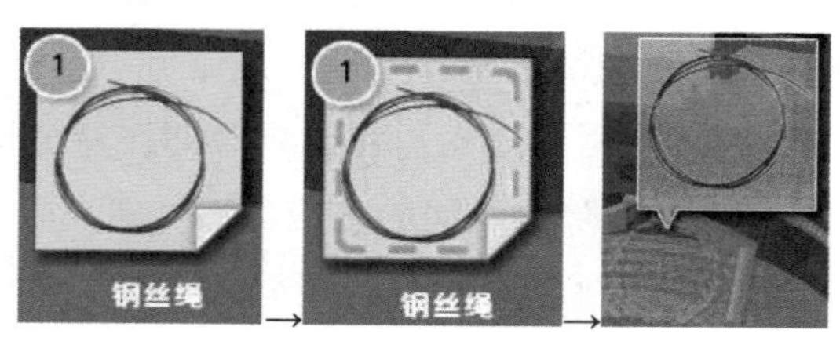

消息提示框：“绕挂钢丝绳”操作已完成。

2. 安装绳头组件

消息提示框：将钢丝绳提拉至机房；绳头拉杆从下方穿入对重绳头板，添加弹簧用双螺母紧固，最后穿入开口销，销尾打开 60°。

安装绳头组件：单击下方【绳头组件】图标，单击引导图标下的红圈闪烁位置。

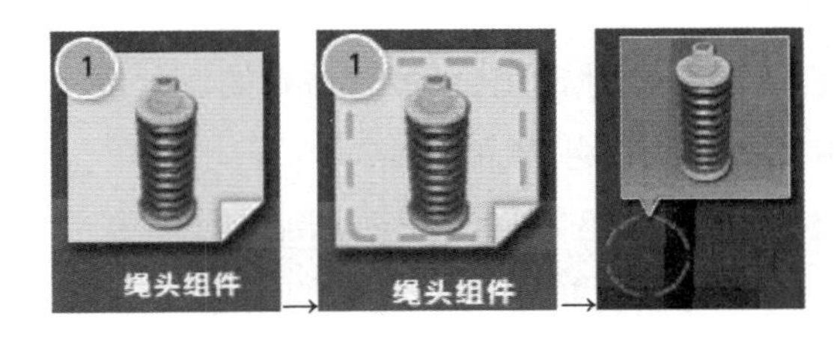

消息提示框：“安装对重侧绳头组件”操作已完成。

3. 绕挂钢丝绳

消息提示框：将另一端制作好的绳头从曳引轮下方的机房过孔进入井道，下至轿顶反绳轮处，绕过反绳轮后，用从机房轿厢侧绳头过孔下来的吊装绳固定绳头。将钢丝绳提拉至机房；绳头拉杆从下方穿入轿厢绳头板。

绕挂钢丝绳：单击引导图标下的红圈闪烁位置。

消息提示框：“绕挂钢丝绳”操作已完成。

4. 安装轿厢侧绳头组件

消息提示框：添加弹簧用双螺母紧固，最后穿入开口销，销尾打开 60°。

安装绳头组件：单击下方【绳头组件】图标，单击引导图标下的红圈闪烁位置。

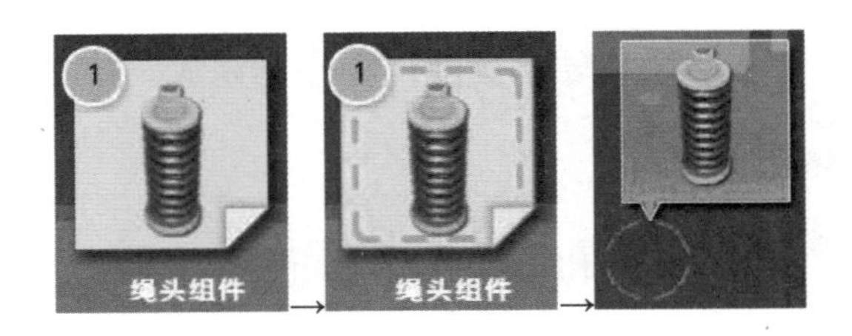

消息提示框：“安装轿厢侧绳头组件”操作已完成。

任务三　钢丝绳防护

一、知识架构

（1）为防止绳头回旋松弛，用直径≥6mm 的钢丝绳分别将轿厢侧和对重侧各钢丝绳锥套相互之间扎结起来（图 8-3-1）。

（2）为防止从绳孔中坠落物件，需用水泥做一保护台，保护台应高于机房楼板表面 50mm，钢丝绳和保护台内壁之间的间隙均为 20～40mm（图 8-3-2）。

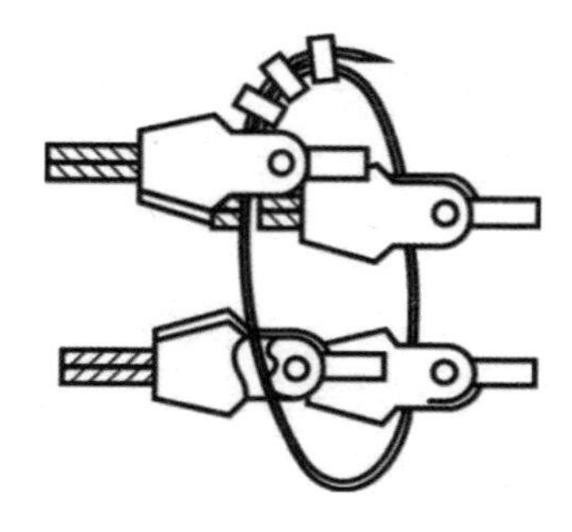

图 8-3-1　钢丝绳扎结效果

图 8-3-2　保护台

二、任务实施流程

1. 安装防扭转钢丝绳安装

消息提示框：使用直径≥6mm 的钢丝绳，将各钢丝绳锥套相互之间扎结起来。

安装防扭转钢丝绳：单击下方【防扭转钢丝绳】图标，单击引导图标下的红圈闪烁位置。

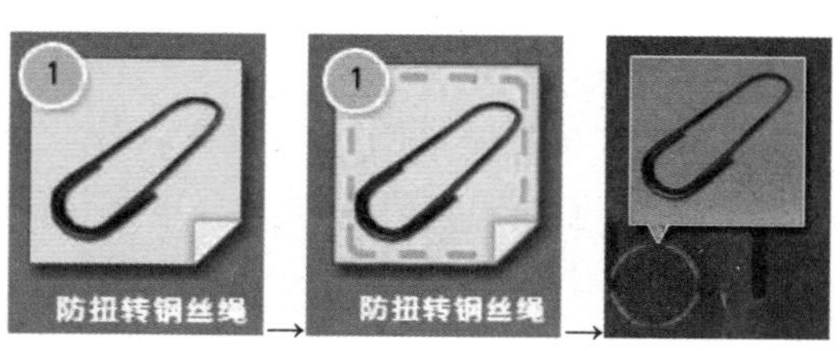

消息提示框：“安装防扭转钢丝绳”操作已完成。

2. 安装机房楼孔保护台

消息提示框：为防止从绳孔中坠落物件，需用水泥做一保护台，保护台应高于机房楼板表面 50mm，钢丝绳和保护台内壁之间的间隙均为 20～40mm。

修筑机房楼孔保护台：单击下方【机房楼孔保护台】图标，单击引导图标下的红圈闪烁位置。

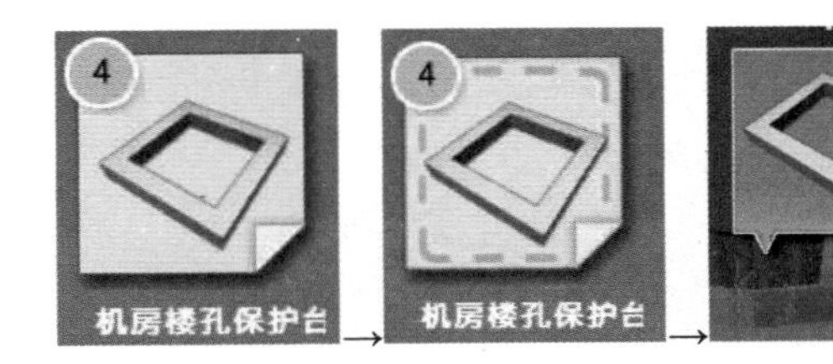

消息提示框：“安装机房楼孔保护台”操作已完成。

任务四　调整钢丝绳张力

一、知识架构

（1）钢丝绳悬挂结束后，电梯试运行几次后需进行张力调整。以改善电梯运行的质量和延长产品的使用寿命。

（2）调整钢丝绳张力有如下两种方法。

方法一：测量调整绳头弹簧高度，使其一致，高度误差不可大于 2mm。采用此法应事先对所有弹簧进行挑选，使同一个绳头板装置上的弹簧高度一致。

方法二：先让电梯停留在合适位置（一般是电梯行程上部即行程的 3/4 处），在轿顶上方 1.5m 的位置做好标记，用拉力计逐个把各钢丝绳横向拉出一样的长度或拉出一样的力度。若各钢丝绳之间的张力差在 5%内，则符合要求，超过则需调整（通过调整绳头组合螺母调整，如过度伸长应重新制作钢丝绳绳头）。

（3）钢绳张力调整后，绳头上双螺母必须拧紧，销钉穿好劈好尾，绳头紧固后，绳头杆上丝扣需留有调整量。

二、任务实施流程

消息提示框：用 100～150N 的弹簧秤在梯井 3/4 高度处将各钢丝绳横向拉出同等距离，其相互的张力差不得超过 5%。

测量钢丝绳张力：单击下方【弹簧测力计】图标，单击引导图标下的红圈闪烁位置，使用完后并单击【收回】。使用同样的方法测量 5 次。

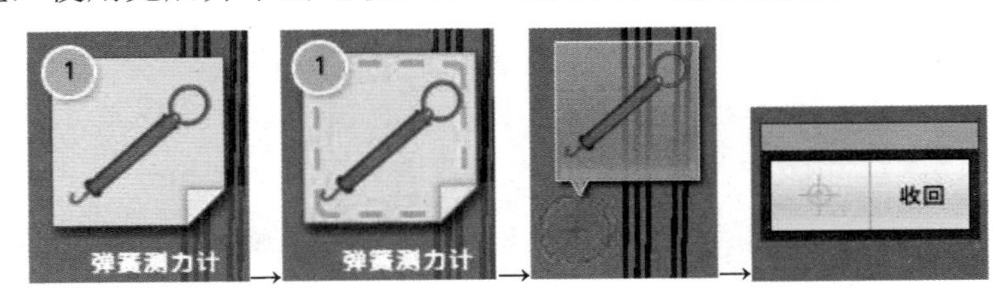

消息提示框：“调整钢丝绳张力”操作已完成。

模块梳理

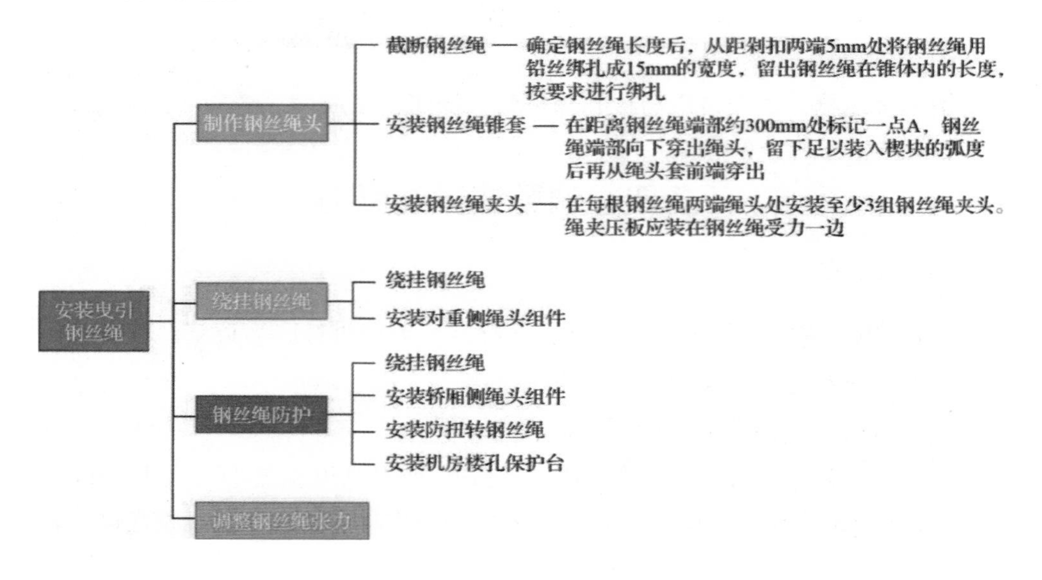

模块测评

1．判断题

（1）对重装置位于井道内，通过曳引绳经曳引轮与轿厢连接，并使轿厢与对重的重量通过曳引钢丝绳作用于曳引轮，保证足够的驱动。（　　）

（2）曳引钢丝绳是连接轿厢和对重装置的机件，并靠与曳引轮槽的摩擦力驱动轿厢升降，承载着轿厢、对重装置、额定载重量等重量的总和。（　　）

2．选择题

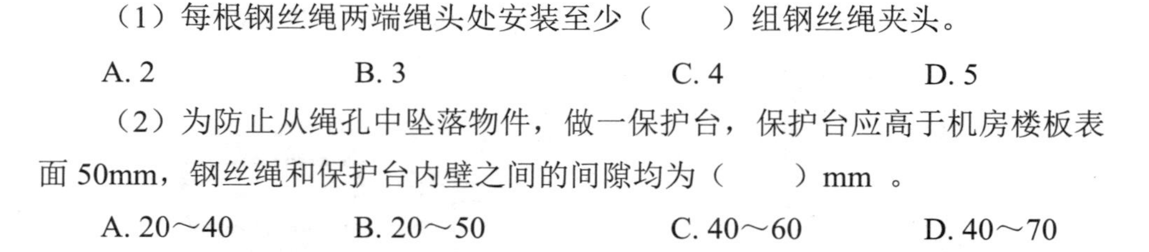

（1）每根钢丝绳两端绳头处安装至少（　　）组钢丝绳夹头。

A. 2　　B. 3　　C. 4　　D. 5

（2）为防止从绳孔中坠落物件，做一保护台，保护台应高于机房楼板表面 50mm，钢丝绳和保护台内壁之间的间隙均为（　　）mm 。

A. 20～40　　B. 20～50　　C. 40～60　　D. 40～70

模块测评答案

模块测评

（一）自我评价

由学生根据学习任务完成情况进行自我评价，将评分值记录于表中。

自我评价

评价内容	配分	评分标准	扣分	得分
1. 安全意识	10	1. 不遵守安全规范操作要求，酌情扣分； 2. 有其他违反安全操作规范的行为，扣 2 分		
2. 知识掌握	40	1. 课前对知识的预习程度及参与度，扣 10 分； 2. 课后对知识的掌握程度不好，扣 20 分； 3. 课下对知识的巩固程度不好，扣 10 分		
3. 施工流程	40	1. 未遵循合理的安装工艺流程，扣 20 分 2. 在安装过程中未对接标准，扣 20 分		
4. 职业规范和环境保护	10	1. 工作过程中工具和器材摆放凌乱，扣 3 分； 2. 不爱护设备、工具、不节省材料，扣 3 分； 3. 工作完成后不清理现场，在工作中产生的废弃物不按规定处置，各扣 2 分；若将废弃物遗弃在井道内，扣 3 分		
总评分=（1～4 项总分）×40%				

签名：__________　　　　　　　　　　_____年_____月_____日

（二）小组评价

由同一实训小组的同学结合自评情况进行互评，将评分制记录于表中。

小组评价

评价内容	配分	评分
1. 实训记录与自我评价情况	30	
2. 曳引钢丝绳安装是否遵循标准	30	
3. 互助与协作能力	20	
4. 安全、质量意识与责任心	20	
总评分=（1～4 项总分）×30%		

参加评价人员签名：________________　　　　______年______月______日

（三）教师评价

由指导师结合自评与互评的结果进行综合评价，并将评价意见与评价值记录于表中。

教师评价

教师总体评价意见：	
教师评分：	
总评分（自我评分+小组评分+教师评分）	

教师签名：____________　　　　______年______月______日

模块九　电气设备安装

学习目标

【知识目标】

1. 掌握机房部分电气安装的详细流程。
2. 掌握轿厢部分电气安装的详细流程。
3. 掌握底坑部分电气安装的详细流程。
4. 掌握层站部分电气安装的详细流程。

【能力目标】

学生能够熟悉并掌握电气设备的安装流程并应用于实践。

【素养目标】

培养良好的安全生产意识、质量意识与环保节能意识。

模块导入

电梯电气装置及部件的安装，是电梯设备整体不可分割的重要组成部分，它是电梯的控制神经，大部分电气装置及部件与电梯机械部件连成一体，其安装质量将直接影响电梯的使用。

施工工艺

施工工艺流程表

工艺流程		作业计划
1	机房电气安装：控制柜安装，电源接入控制柜及机房设备线缆接入控制柜	
2	井道电气安装：井道悬挂随行电缆，分别接入控制柜、轿厢，安装井道控制电缆，汇总安全电路并接入机房控制柜	
3	层站电气安装：层站召唤盒、消防开关安装并接入控制电路	
4	电梯慢车、快车检测、调试	

施工质量

施工质量检验表

序号	安装要点
1	控制柜、屏距机械设备不小于 500mm
2	控制柜、屏正面距门、窗不小于 600mm
3	控制柜、屏的维修侧距墙不小于 600mm
4	在控制柜前有一块净空间面积，其深度不小于 0.70m，宽度为 0.50m，高度不小于 2m
5	根据机房布置图，使用膨胀螺栓将控制柜安装在机房地面上

控制柜

工具、材料

防护用品

安全头盔	全身保险带	安全鞋	手套	工作目镜

安装工具

卷尺	水平尺	磁力线锤	手拉葫芦	万用表	断线钳
螺丝刀	电工胶带	剥线钳	扳手	电锤	

任务一　安装机房部分电气设备

一、知识框架

（一）安装电源开关柜

（1）电梯电源开关柜一般包括电梯主回路断路器、轿箱照明断路器、井道照明开关、2P+PE 型 250V 插座，以及某些电梯特定功能的断路器。

（2）对于有机房电梯，工作人员应能从机房入口处方便地接近电梯电源开关柜。因此，电梯电源开关柜的安装位置应尽量靠近机房入口，或与土建设计图规定的位置一致，高度宜距地面 1.3～1.5m，并应安装牢固，与地面垂直。

（3）对于无机房电梯，电梯电源开关柜应设置在井道外工作人员方便接近的地方，或与土建设计图规定的位置一致，并应具有必要的安全防护措施。

（二）安装控制柜

（1）控制柜一般安装在土建设计图规定的位置，使用膨胀螺栓将控制柜底座固定在机房地坪上。

（2）若无底座，则控制柜应安装在金属型钢底座基础上，基础应高出地面 50～100mm。用镀锌或经过防腐处理的螺栓固定，螺栓应从下往上穿，螺母、垫圈和紧固件应齐全，金属型钢底座使用膨胀螺栓固定在机房地坪上。

（三）机房布线

（1）机房的电线导管安装时应做到布置合理、排列整齐、安装牢固、无破损；安装后应横平竖直，其水平和垂直度误差应不大于 2%。

（2）机房内明敷的金属电线导管安装在墙面上时，应采用与电线导管规格相符合的专用管卡、膨胀管、螺钉进行固定，不允许用塞木楔的方式来固定管卡。每根电线导管的固定点不少于两点，固定点间距均匀、安装牢固；安装在终端、转角、接头，以及距离接线箱、电源开关柜、控制柜等边缘 150～500mm 的范围内时，应设管卡。

（3）机房和井道内暗敷的电线导管在墙体上剔槽埋设时，应采用强度等级不小于 M10 的水泥砂浆抹面保护，保护层厚度大于 15mm。

（4）直线段管卡间的最大距离应符合相应国家标准的要求。

（四）安装线管

1. 金属电线导管连接方法

（1）直线段连接的电线导管连接前，应先将电线导管接头处用专用工具套螺纹，然后用与电线导管规格相符合的专用接头或分线盒等进行螺纹连接并固定。

（2）呈 T 形连接的电线导管连接前，应先将电线导管接头处用专用工具套螺纹，然后用与电线导管规格相符的专用 T 形接头或分线盒等进行螺纹连接并固定。电线导管管口应加管口护圈。

（3）导线、电缆穿管前，应预先穿一根约 1.5mm 的钢丝，以便穿导线或电缆。将钢丝与所要穿入的导线或电缆可靠连接后，一边抽拉钢丝，一边将导线或电缆送入管内。穿管时不能生拉硬拽，以免拉断导线或电缆的线芯。

（4）转弯处连接的电线导管连接前，应先将电线导管接头处用专用工具套螺纹，然后用电线导管规格相符的专用弯头进行螺纹连接并固定；当 90°弯头连续达到 3 个或以上时，应考虑设置接线箱，以方便穿导线。电线导管管口应加防护措施。

（5）电线导管与电线线槽、接线箱等处连接前，应将电线导管接头处用专用工具套螺纹，当电线导管穿入电线线槽、接线箱时用锁紧螺母将其锁紧固定，管口露出的高度以 5～8mm 为宜，管口露出的丝扣以 2～4 扣为宜。电线导管管口应加管口护圈。

（6）金属电线导管需要直接弯曲时，应采用专用工具进行。弯曲后的电线导管外部不应有扁痕、破裂、变形等机械性损伤。弯曲程度不大于管外径的 10%，弯曲半径不小于电线导管外径的 6 倍，垂直弯曲夹角应不小于 90°。

（7）垂直不靠墙和悬空的电线导管安装前，应做一定高度的支架来固定，支架间距不大于 2m。

（8）金属电线导管不允许直接焊接在支架或设备上，当电梯设备表面有明配的金属电线导管时，应随设备外形敷设，还需有防振动和摆动措施，并应安装牢固、平整、美观。

（9）金属电线导管严禁对口熔焊连接，镀锌和壁厚不大于 2mm 的钢导管不得套管熔焊连接。

2. 非金属导线连接方法

非金属电线导管敷设、安装时，应做到布置合理、排列整齐、安装牢固、无破损、管口平整光滑；管与管、管与盒（箱）等采用插入法连接时，连接处结合面应涂专用胶黏剂，接口密封牢固；安装后应横平竖直；固定点间距均匀且不大于 3m。非金属电线导管不宜直接敷设、安装在地面上。

所有电线导管在建筑物变形缝处装设补偿装置。

（五）电线导管布线

（1）三相或单相交流单芯电线、电缆，不得单独穿于钢导管内。

（2）爆炸危险环境中照明线路的电线和电缆额定电压不得低于 750V 且电线必须穿于钢导管内。

（3）导线、电线穿管前，应先清除导管管口的毛刺、管内杂物和积水，并套上管护口，防止穿、拉电线时管口刮破电线绝缘层。检查电线导管连接、管卡安装是否牢固。

（4）穿入导线或电缆后，电线管管口应有保护措施；不进入接线盒（箱）的垂直管口穿入电线、电缆后，管口应密封。

（5）当金属电线导管需要切割或弯曲时，应采用机械方式进行加工处理，严禁采用电焊、氧气熔焊等方式切割或弯曲。

（6）不同回路、不同电压等级和交流与直流的电线，不应穿于同一导管内；同一交流回路的电线应穿于同一金属导管内，且管内电线不得有接头。动力回路和控制回路的导线分开敷设，微信号线路或电子线路应按产品设计要求采用屏蔽线单独布线，并采取防干扰措施。

（7）敷设于电线导管内的导线总截面积（包括绝缘层）应不大于电线导管内净截面积的40%；电线导管配线时宜留有10%左右的备用线，其长度应与盒（箱）内最长的导线相同。

（六）安装电线线槽

（1）机房和井道的电线线槽安装应做到布置合理、排列整齐、槽口平整光滑、接口严密、槽盖齐全、所有电线线槽盖板需固定在线槽上，无翘角、无破损；安装后应横平竖直，其水平和垂直度误差应符合：机房内不大于2%，井道内不大于5%，全长最大偏差不大于20mm。

（2）机房和井道内明敷的电线线槽安装在墙面或地坪面上时，每根电线线槽底面的固定点不少于两点，安装牢固；并列安装的线槽应留有一定宽度的缝隙，以方便线槽盖板的开启。

（3）垂直不靠墙和悬空的电线线槽安装前，应做一定高度的支架来固定，支架间距不大于2m。

（4）直线段连接的金属电线线槽用专用的连接板和固定防松装置进行连接；呈T形连接或转角处连接的电线线槽，应用专用的连接装置和固定防松装置进行连接。金属电线线槽严禁对口熔焊连接。

（5）金属电线线槽连接时，连接螺栓应由内向外穿，所有连接用的紧固件螺母及防松装置应安装在电线线槽的外侧表面。

（6）当金属电线线槽需要切割或开孔时，应采用机械方式进行处理加工，严禁采用电焊、氧气熔焊等方式切割或开孔。

（7）金属电线线槽需直接弯曲时，在转角处应形成45°斜口对接，垂直弯曲夹角应不小于90°接口应严密平整美观；弯曲后的电线线槽外部不应有扁痕、破裂、变形等机械性损伤。

（8）非金属电线线槽敷设、安装时应做到布置合理、排列整齐、槽口平整光滑；槽与槽、槽与盒（箱）等器件采用插入法连接时，连接处结合面应涂专用胶黏剂，接口牢固严密、槽盖齐全、安装牢固、无破损；安装后应横平竖直，每根电线线槽底面固定点不少于两点。非金属电线线槽不宜直接敷设、安装在地面上。

（9）所有电线线槽在建筑物变形缝处应设补偿装置。

（七）线槽敷设电缆线

（1）根据随机图样，在线槽内敷设相应的电缆线。

（2）导线、电缆敷设前应清除电线线槽口和连接转角处的毛刺、线槽内的杂物和积水；穿入导线或电缆的电线线槽出入口、连接转角处应有保护措施；电线线槽出入口两端和中间缺口部位应封闭。

（3）同一配电回路的所有相导体、中性导体和保护导体（PE 线），应敷设在同一金属线槽内。

（4）同一电源的不同回路中，无抗干扰要求的线路可敷设于同一线槽内；敷设于同一线槽内有抗干扰要求的线路用隔板隔离，或采用屏蔽电线，且屏蔽护套一端接地。即动力电线或电缆与控制和信号线路的电线电缆敷设于同一大线槽内时，应将其安装于小线槽内，并做好接地后再置于大线槽内。

（5）导线和电缆在电线线槽内要留有一定余量，不得有接头，导线和电缆按回路编号分段绑扎，绑扎点间距应不大于 0.5m。

（6）敷设于电线线槽内的导线总截面积应不大于电线线槽内净截面积的 60%；电线槽配线时宜留有 10%左右的备用线，其长度应与盒内最长的导线线槽拐角处相同。

（7）电线线槽转角处的保护措施。

（八）安装金属软管

（1）电线导管、电线线槽所引出的不易受机械损伤的分支线路可采用金属软管连接。金属软管的敷设、安装长度应不大于 2m，可用于电梯机房、井道、轿厢（顶、底）、底坑等。安装时，无扁痕、松散、断裂、变形等机械性损伤，其敷设、安装布置合理、排列整齐、安装牢固、固定点均匀，固定点间距应不大于 0.5～1m；转接处两端应有固定点，弯曲半径不小于金属软管外径的 4 倍，不固定端头长度应不大于 0.1m。

（2）金属软管固定在墙面上时，要用和其管外径相符的管卡固定，管卡要用膨胀管、螺钉进行固定，不允许用塞木楔的方式固定管卡。当固定在金属底面上时，需用相匹配的管卡、紧固件或自攻螺钉来固定。

（3）金属软管不允许直接焊接在支架或设备上，当电梯设备表面有明配的金属软管时，其应随设备外形敷设，还需有防振动和摆动措施，并应安装牢固、平整美观。

（4）金属软管与设备、箱、盒、槽连接时，应用专用的管接头进行连接，两端进出口应有防护措施。悬挂部位的金属软管长度不宜大于 0.8m，两端固定、安装牢固、平整美观，与设备和器件之间不得碰撞和摩擦。金属软管不应直接敷设、安装在地面上。

（5）所有电气设备、导管、线槽的外露可导电部分必须可靠接地（PE）。

（6）镀锌的钢导管、可挠性导管和金属线槽不得熔焊跨接接地线，以专用接地卡跨接的两卡间连线应是黄绿相间的双色绝缘铜芯导线。

（7）当非镀锌钢导管采用螺纹连接时，连接处的两端可熔焊跨接接地体（直径 5mm 的金属导体）；当镀锌钢导管采用螺纹连接时，连接处的两端可用专用接地卡固定跨接接地线。金属电线导管不做设备的接地导体。

（8）金属线槽不做设备的接地导体，当设计无要求时，金属线槽全长不少于两处与接地（PE）干线连接。

（9）非镀锌金属线槽间连接板的两端跨接铜芯接地线的接地板，镀锌金属线槽连接板的两端不跨接接地线的连接板两端应有不少于两个的防松螺母或防松垫圈的连接固定螺栓。

（10）金属软管外壳有一定的机械强度，不得作为电气设备的接地导体，金属软管内电压大于 36V 时，用不小于 $1.5mm^2$ 的黄绿相间双色绝缘铜芯导线焊接保护接地线，与接地体连接。

（11）对于金属电线导管、金属电线槽，可将每根导管、每节线槽作为整体，用一个接地支线分别与接地干线的接线端进行连接，每根导管、每节线槽之间应有可靠的机械连接。

（九）连接地线

（1）接地支线应分别直接接至接地干线接线柱上，不得互相连接后再接地。

（2）每台电梯进线时，保护地线（PE）应直接接入接地总汇流排上，不得通过其他设备接入接地汇流排。

（3）供电电源自进入机房或机器设备间起，中性线（N）与保护地线（PE）应当始终分开。

（4）每台电梯保护地线（PE）的每一回路支线都应从电梯控制柜（屏、箱）内的接地汇流排引出，成为一个独立系统，互不干扰。保护地线（PE）严禁通过设备串联连接。

（5）接地干线接线端应有明显的接地标志，每个接线端上不要超过两根接线。

（6）接地线宜采用单股或多股铜芯导线，多股铜芯导线应配有合适的铜接头，搪锡后再压接；接地线连接时应有固定防松装置，连接后应无松动、脱落、断线现象。

（7）每个接地支线应直接接在接地干线接线柱上。

（8）接地支线（设备）之间不得互相串联后再与接地干线连接。

（9）保护地线（PE）的截面积要求：电梯接地线截面积应符合电梯设备的使用要求，接地线应用铜芯线，其截面积应不小于 $4mm^2$。

（十）连接导线

（1）根据随机图样，接电源总开关与控制屏的线，接控制柜与曳引机、制动器线圈、编码器的线，接控制柜与限速器开关的线，接控制柜与上行超速保护装置的线。

（2）用插件连接的，注意代号应一一对应。

（3）电梯电气装置配置的导线，应使用额定电压不小于500V的绝缘铜芯导线。

（4）导线与电源开关柜（箱）、电梯控制柜（屏、箱）等设备连接前，应将导线沿接线端子方向梳理整齐，按顺序绑扎成束，每一根导线的两端应有明确的接线编号或标志，方便查线和维修。

（5）所有多股铜芯导线连接接线端子或设备时，应将多股导线铜芯搪锡，用专用工具将导线与其相匹配的铜接头进行压接，不得将多股导线铜芯剪断而减少其截面积，影响和危害导线、电梯设备及电气部件的使用。所有导线连接时，应有防松装置。

（6）所有单股铜芯导线连接接线端子或设备时，应将单股导线做成圆圈后进行连接。所有导线连接时，应有防松装置。

（7）导线与三相电源、单相电源接线端子连接部位应有明显标志，三相电源线的接线顺序应正确无误，接线端部位应有足够的安全防护装置；导线与中性线连接部位应有明显标志（N）；导线与保护接地线连接部位应有明显标志（PE）。

（8）黄绿相间的双色绝缘铜芯导线是保护接地（PE）专用线，严禁将保护接地。

（9）严禁将保护接地线作为电源线使用。

二、任务实施流程

1. 安装控制柜

消息提示框：根据机房布置图，使用膨胀螺栓将控制柜安装在机房地面上，控制柜与门窗距离≥600mm，控制柜维护侧与墙壁的距离≥600mm，控制柜与设备的距离≥500mm，控制柜柜门的朝向要方便维修。

（1）电锤打孔：单击下方【电锤】图标，单击引导图标下的红圈闪烁位置。

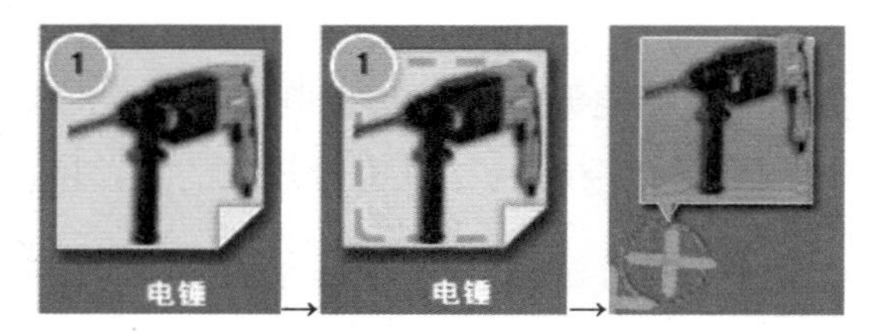

（2）安装 M12 膨胀螺栓：单击下方【M12 膨胀螺栓】图标，单击引导图标下的红圈闪烁位置。

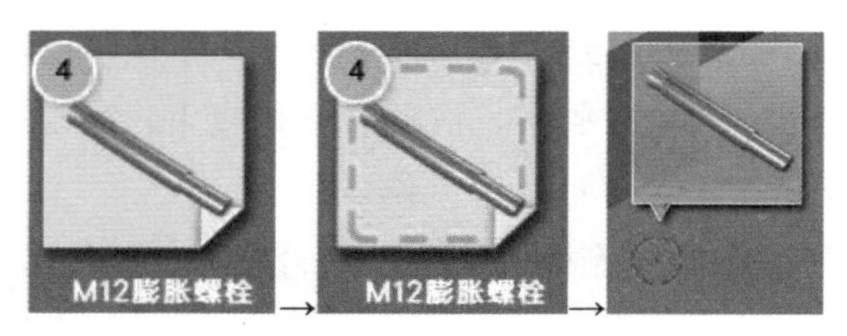

（3）安装控制柜：单击下方【控制柜】图标，单击引导图标下的红圈闪烁位置。

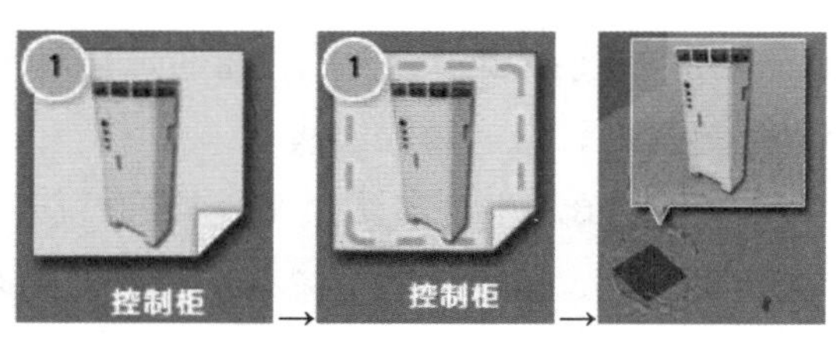

（4）安装 M12 螺母：单击下方【M12 螺母】图标，单击引导图标下的红圈闪烁位置。

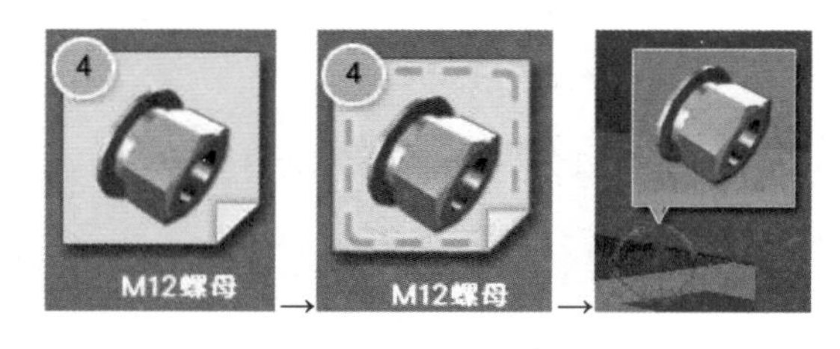

消息提示框：“安装控制柜”操作已完成。

2. 安装配电箱

消息提示框：在机房门口附近，距地面 1.3～1.5m 高的机房墙壁上，确定电源配电箱的安装位置，标出膨胀螺栓固定点，使用电锤钻孔，打入膨胀螺栓，安装配电箱并紧固。

（1）电锤打孔：单击下方【电锤】图标，单击引导图标下的红圈闪烁位置。

（2）安装 M10 膨胀螺栓：单击下方【M10 膨胀螺栓】图标，单击引导图标下的红圈闪烁位置。

（3）安装配电箱：单击下方【配电箱】图标，单击引导图标下的红圈闪烁位置。

（4）安装 M10 螺母：单击下方【M10 螺母】图标，单击引导图标下的红圈闪烁位置。

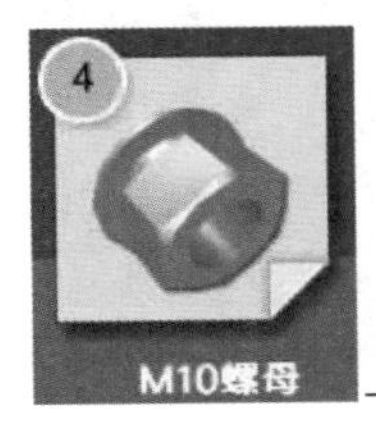

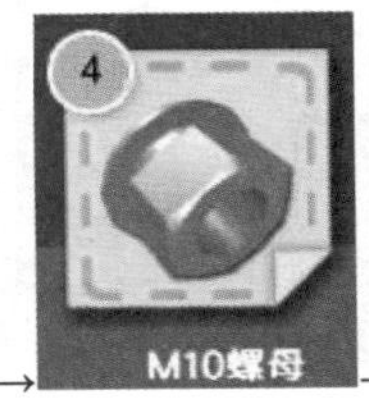

消息提示框：“安装配电箱”操作已完成。

3. 机房线槽安装

消息提示框：根据机房布线图在机房地面铺设线槽，线槽应安装牢固，每根线槽固定点应不少于两点。

（1）电锤打孔：单击下方【电锤】图标，单击引导图标下的红圈闪烁位置。

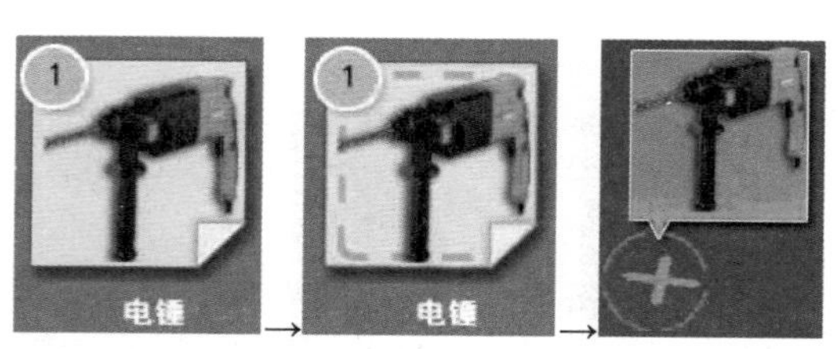

（2）安装 M8 膨胀螺栓：单击下方【M8 膨胀螺栓】图标，单击引导图标下的红圈闪烁位置。

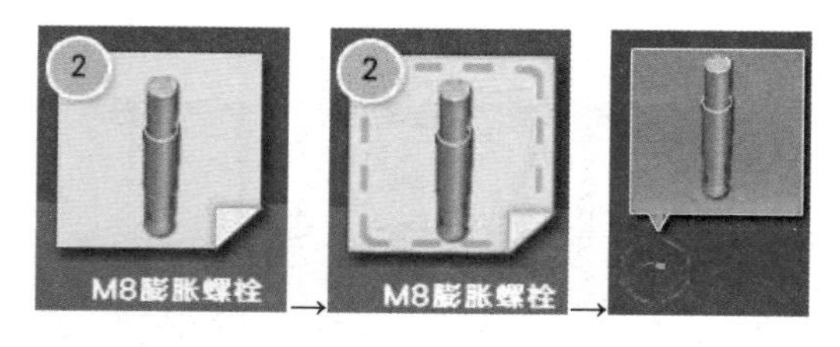

（3）安装线槽：单击下方【线槽】图标，单击引导图标下的红圈闪烁位置。

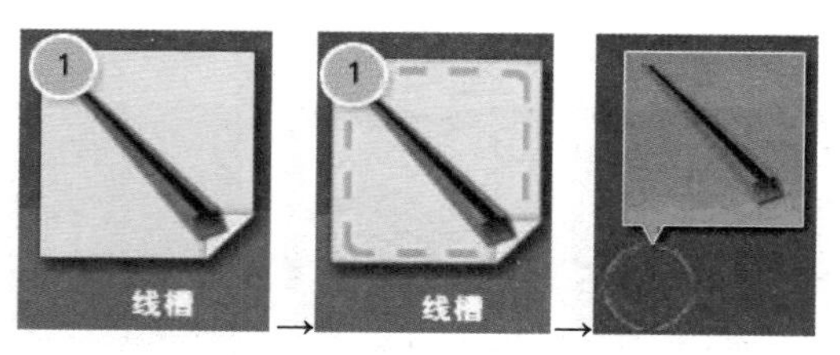

（4）安装 M8 螺母：单击下方【M8 螺母】图标，单击引导图标下的红圈闪烁位置。

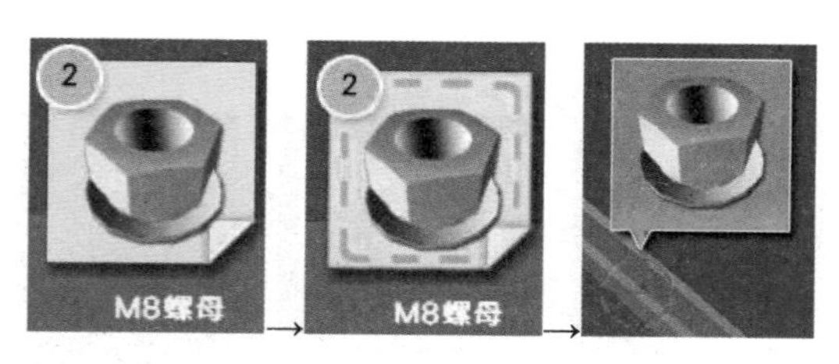

消息提示框：“机房线槽安装”操作已完成。

4. 敷设机房电缆

（1）敷设供电电源电缆。

消息提示框：机房电缆的敷设应符合厂家标准。

安装供电电源电缆：单击下方【供电电源电缆】图标，单击引导图标下的红圈闪烁位置。

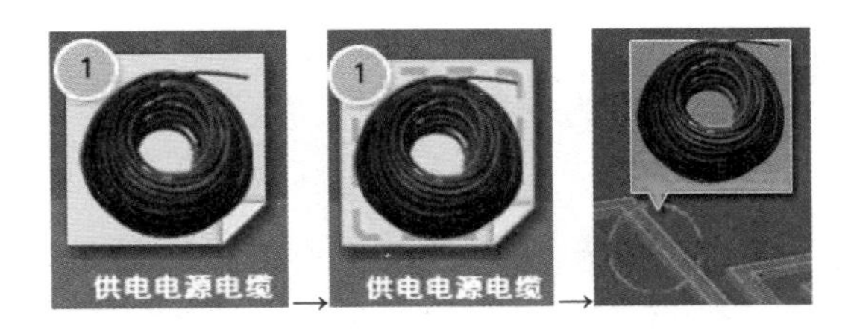

（2）敷设动力线。

安装动力线：单击下方【动力线】图标，单击引导图标下的红圈闪烁位置。

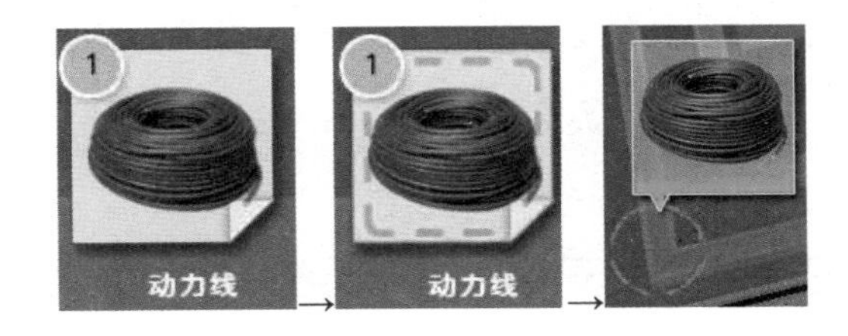

（3）敷设控制线。

安装控制线：单击下方【控制线】图标，单击引导图标下的红圈闪烁位置。

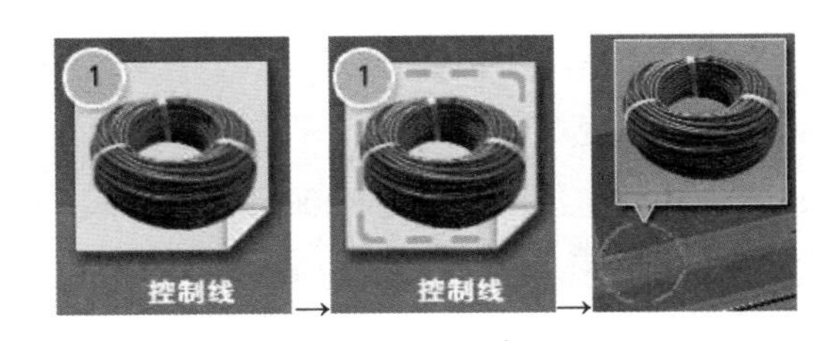

消息提示框：“敷设机房电缆”操作已完成。

5. 线槽接头的接地

消息提示框：每处线槽接头位置都需要做跨接地线。

安装接地线：单击下方【接地线】图标，单击引导图标下的红圈闪烁位置。

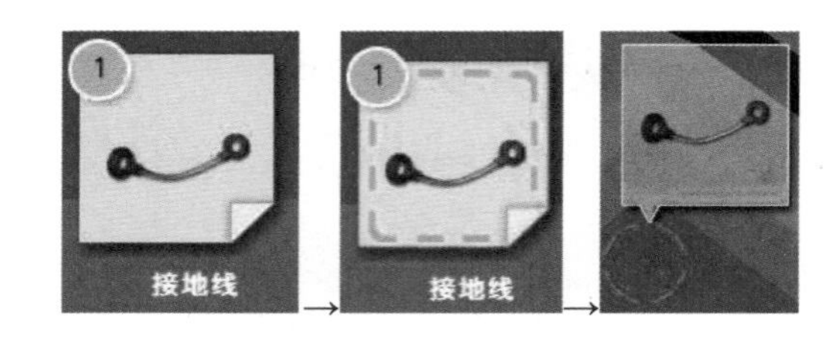

消息提示框：“线槽接头的接地”操作已完成。

6. 线槽折弯处电缆的保护

（1）橡胶板放置。

消息提示框：分别敷设动力和控制线路，在线槽的内拐角处要垫橡胶板等软物。

安装橡胶板：单击下方【橡胶板】图标，单击引导图标下的红圈闪烁位置。

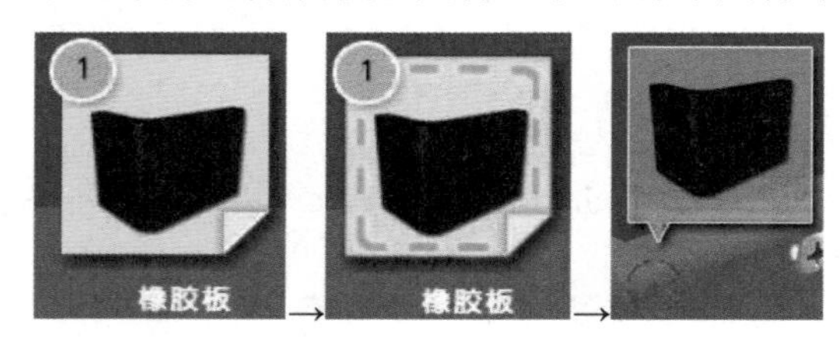

消息提示框：“线槽折弯处电缆的保护”操作已完成。

任务二　安装井道部分电气设备

一、知识框架

（一）电缆支架安装

（1）电缆支架位置按照随机资料确定。

（2）一般原则。在井道电缆孔下方约200mm处安装一个电缆固定支架，在提升高度1/2往上1m处的沿垂直线部位，再安装一个电缆固定支架，用膨胀螺栓将电缆支架固定在井道壁上。或在上述位置将电缆固定支架通过安装臂安装在导轨上。在沿电缆垂直方向的轿厢下梁适当位置，安装一个轿底固定架，所有电缆固定支架安装位置要正确、牢固。

（二）井道固定电缆安装

（1）井道固定电缆一般为圆电缆，电缆内包括各楼层层站召唤的电源线、串行信号线，以及井道内各限位开关的信号线。

（2）井道圆电缆一般直接明敷在井道墙壁上。距井道顶或分支盒的第一档固定架距离为 100mm。A 段为 1000mm。层站圆电缆固定架分支盒或转弯处的第一档固定架的距离为 100mm，B 段为 500mm。若圆电缆上需要用扎带固定，则各扎带的间距为 300mm。

（3）井道圆电缆应沿垂直线方向进行安装固定，明敷安装的多根电缆应绑扎紧固、排列整齐、安装牢固，安装在井道墙壁上的固定电缆不得有破损、断裂现象，不得与任何电梯运动部件发生摩擦、碰撞。

（三）电缆存放

电缆存放。电缆必须得到良好的保管，要求如下：

（1）应避免堆放在阳光直射和风吹雨淋的地方，并需要用防水罩做好保护。

（2）叠放的电缆卷不能超过 3 卷。

（3）电缆的展开必须规范，否则会损伤电缆，损失巨大。

（四）电缆加工

（1）对于随行电缆来说，一般制造商会根据井道设计图所需的规格长度提供随行电缆，并已在电缆两头加工好接插件。

（2）对于井道固定电缆来说，一般制造商会根据井道设计图加工好分支电缆的接插件，与各功能电子板进行插接连接。

（五）井道随行电缆的安装

（1）目前，随行电缆以扁形电缆为主。随行电缆在进入各接线箱前，应留有适当的敷设长度。当轿厢出现冲顶或蹲底时，随行电缆不应因受力拉紧而断裂；当轿厢蹲缓冲器压缩注意绳夹方向后，随行电缆底面距底坑地面还应有在钢丝绳和绳夹上涂防锈油 100～200mm 的距离。随行电缆不得与井道内任何部件和物体摩擦、碰撞，底部不得拖曳底坑地面。

（2）电缆端部、中间部位应可靠固定在电缆支架上，对于提升高度较大的井道，当随行电缆自重较大时，应使用配有内置钢丝绳的电缆，在悬挂电缆时将两根钢丝绳头抽出，专门吊挂，使电缆自重由电缆的钢丝绳分担，不至于将电缆拉断。

（3）扁形随行电缆端部应使用电缆端部、中间部位的固定插座或卡子固定在井道壁、轿底电缆架上。扁形电缆可重叠安装，重叠数量不宜超过 3 根，每两根电缆之间应保持 30～50mm 的活动间距，或按照随机资料规定的要求。

多根电缆安装时，至轿厢底部电缆架后，其剩余部分分别进入轿厢顶部接线箱、轿厢操纵箱、轿厢底部接线箱。

（六）顶层、底层端站保护开关

（1）《电梯主参数及轿厢、井道、机房的型式与尺寸 第1部分：I、II、III、VI类电梯》（GB/T 7025.1—2023）规定了不同速度的电梯，其顶层高、底坑深是不一样的。在安装端站保护开关时，要考虑这些因素。当然，这些因素主要由设计人员来考虑，并提供出厂电梯安装手册。作为施工作业人员，能按照电梯安装手册进行施工即可。

（2）有的企业将端站保护开关（包括减速开关、限位开关、极限开关）安装在开关架上，开关架通过托架固定在导轨上；有的企业将减速开关、限位开关、极限开关分开，独立安装在主导轨上。这些支架、开关应避免安装在导轨支架处、平层板（隔磁板）、开关处。各开关的安装位置、相互间距离、与撞弓的间隙根据随机资料确定，极限开关应调整到缓冲器动作前动作。尺寸要求请参照厂商的安装手册。

（七）平层感应板

平层感应板或隔磁板在轿顶进行安装与调整，用检修运行方式将轿厢停至每一层的平层位置，以轿顶传感器为基准，逐层安装遮光板或隔磁板，并可靠固定。同时，调整所有楼层遮光板或隔磁板，保持安装轨迹在同一直线上，使电梯运行时遮光板或隔磁板能正常、等距地通过轿顶传感器。

（八）井道照明

（1）井道内应设置永久性电气照明，井道内照度应不小于50lx，井道最高点和最低点0.5m以内应各装一盏灯，中间每隔不超过7m的距离应装设一盏照明灯具，并分别在机房和底坑设置一控制开关。

（2）垂直方向电缆每隔2m安装一个固定夹，水平方向电缆每隔1m安装一个固定夹。

（3）井道电缆应安装平整、垂直，灯具、开关应安装牢固。

二、任务实施流程

1. 随行电缆支架安装

消息提示框：安装顶部随行电缆支架。

（1）电锤打孔：单击下方【电锤】图标，单击引导图标下的红圈闪烁位置。

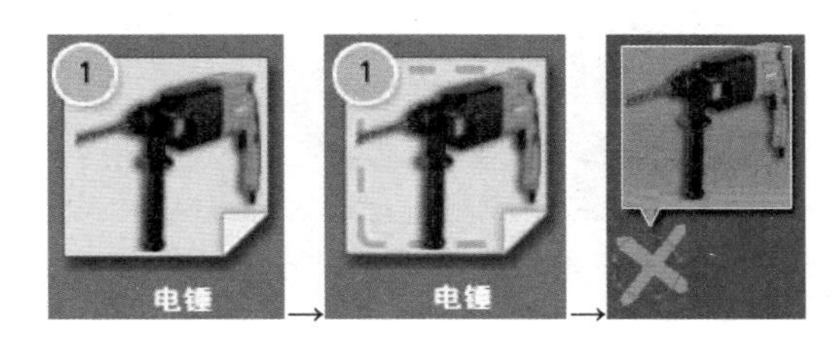

（2）安装 M12 膨胀螺栓：单击下方【M12 膨胀螺栓】图标，单击引导图标下的红圈闪烁位置。

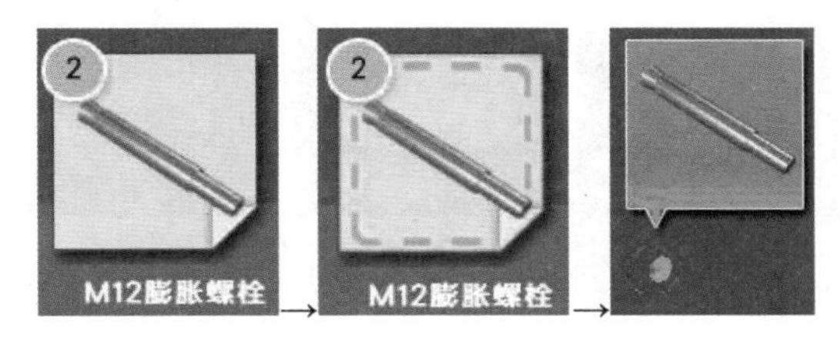

（3）安装随行电缆支架：单击下方【随行电缆支架】图标，单击引导图标下的红圈闪烁位置。

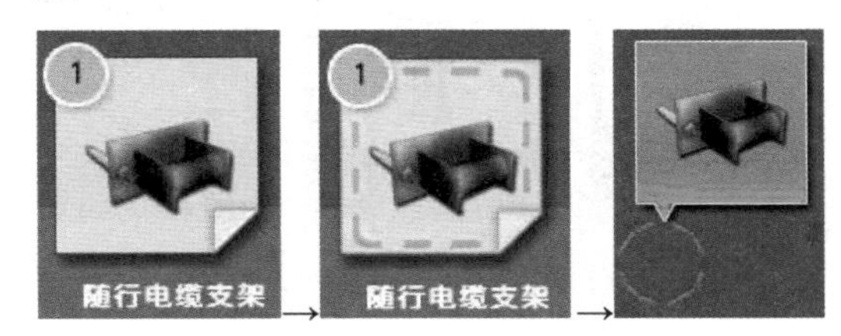

（4）安装 M12 螺母：单击下方【M12 螺母】图标，单击引导图标下的红圈闪烁位置。

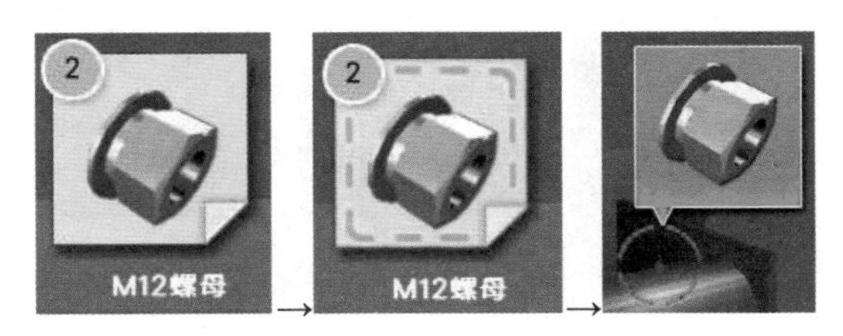

消息提示框：“安装顶部随行电缆支架”操作已完成。

2. 随行电缆井道中部固定件

（1）电锤打孔：单击下方【电锤】图标，单击引导图标下的红圈闪烁位置。

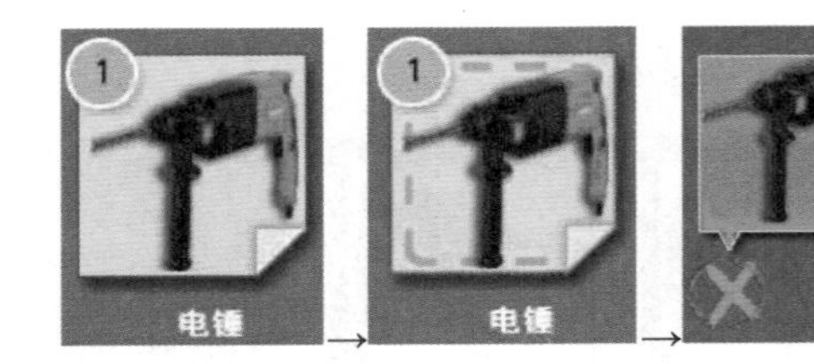

（2）安装 M12 膨胀螺栓：单击下方【M12 膨胀螺栓】图标，单击引导图标下的红圈闪烁位置。

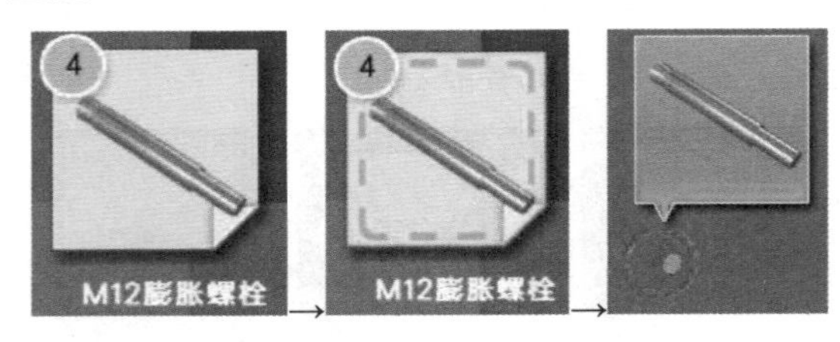

（3）安装中间固定件：单击下方【中间固定件】图标，单击引导图标下的红圈闪烁位置。

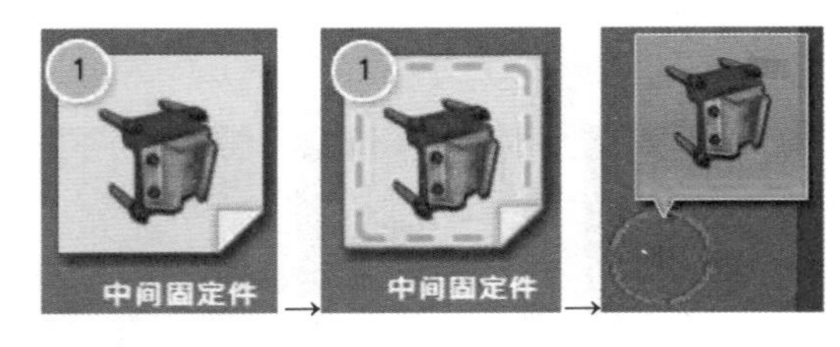

（4）安装 M12 螺母：单击下方【M12 螺母】图标，单击引导图标下的红圈闪烁位置。

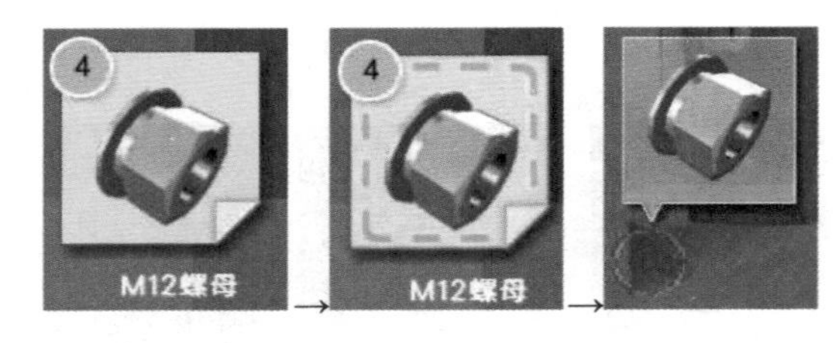

消息提示框：“安装随行电缆井道中部固定件”操作已完成。

3. 轿底随行电缆支架安装

消息提示框：轿底支架安装在轿厢底梁部位。

安装轿底随行电缆架：单击下方【轿底随行电缆架】图标，单击引导图标下的红圈闪烁位置。

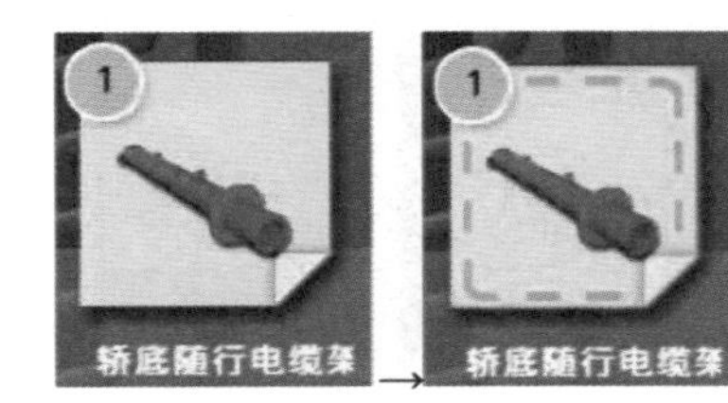

消息提示框：“安装轿底随行电缆支架”操作已完成。

4. 井道布线

（1）井道壁打孔完成。

消息提示框：完成井道布线，井道电缆的接线应牢靠、无松动。

电锤打孔：单击下方【电锤】图标，单击引导图标下的红圈闪烁位置。

（2）放置井道接线盒完成。

① 安装膨胀顶：单击下方【膨胀顶】图标，单击引导图标下的红圈闪烁位置。

② 安装井道接线盒：单击下方【井道接线盒】图标，单击引导图标下的红圈闪烁位置。

（3）固定井道接线盒完成。

安装膨胀螺钉：单击下方【膨胀螺钉】图标，单击引导图标下的红圈闪烁位置。

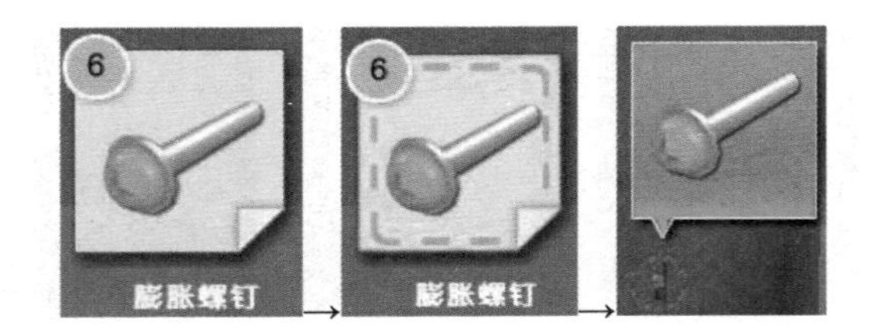

（4）敷设井道电缆完成。

安装井道电缆：单击下方【井道电缆】图标，单击引导图标下的红圈闪烁位置。

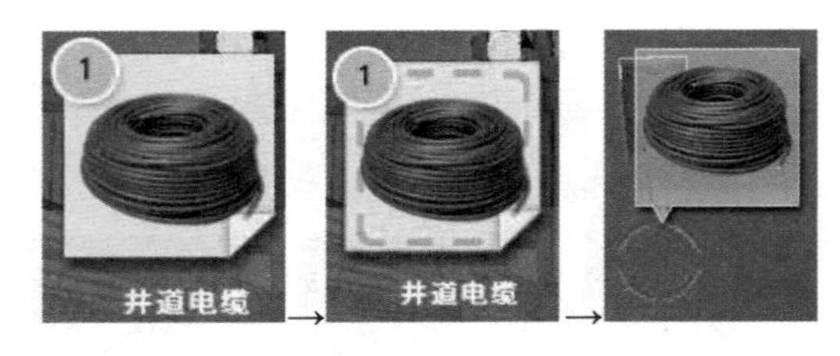

（5）安装线盒罩完成。

① 安装电线绑带：单击下方【电线绑带】图标，单击引导图标下的红圈闪烁位置。

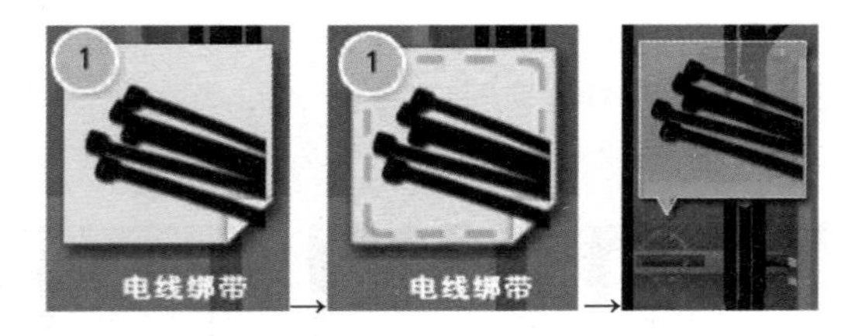

② 安装线盒罩：单击下方【线盒罩】图标，单击引导图标下的红圈闪烁位置。

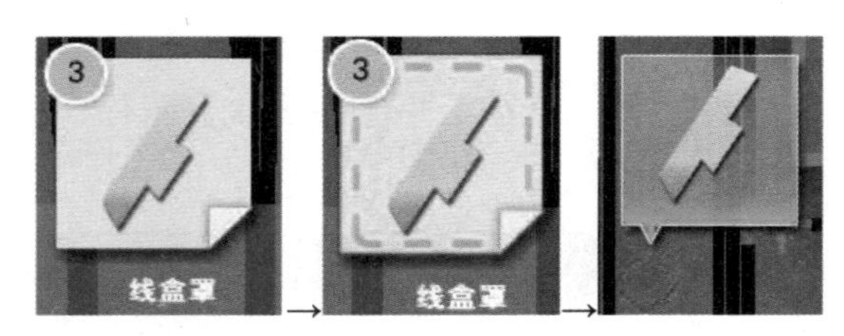

消息提示框：“井道布线”操作已完成。

5. 安装随行电缆

消息提示框：随行电缆进入井道后，悬挂在井道顶部的上端电缆支架组件上；另一头挂在轿底随行电缆挂架上，中间偏上端吊挂在井道 1/2 处 1.5m 的井道挂架上。

安装随行电缆：单击下方【随行电缆】图标，单击引导图标下的红圈闪烁位置。

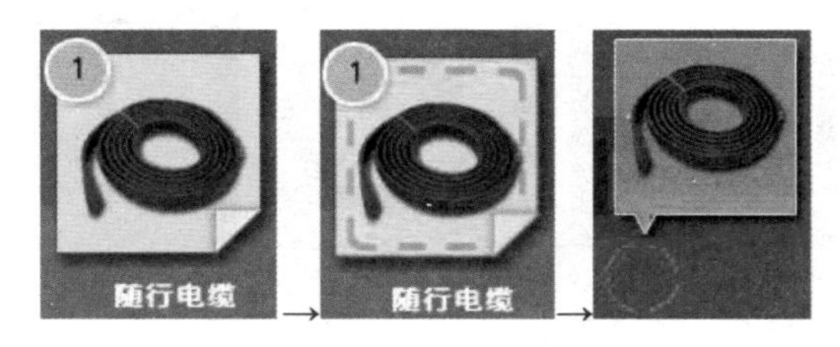

消息提示框：“安装随行电缆”操作已完成。

6. 固定随行电缆

（1）井道顶部随行电缆固定。

消息提示框：使用固定件将顶部随行电缆固定在顶部随行电缆支架上。

安装支架固定件：单击下方【支架固定件】图标，单击引导图标下的红圈闪烁位置。

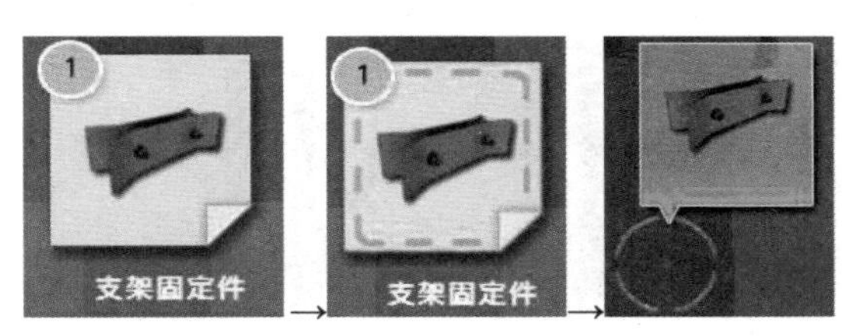

消息提示框：“固定井道顶部随行电缆”操作已完成。

（2）轿顶随行电缆固定。

消息提示框：使用固定件将轿顶部随行电缆固定在轿顶踢脚板上。

安装支架固定件：单击下方【支架固定件】图标，单击引导图标下的红圈闪烁位置。

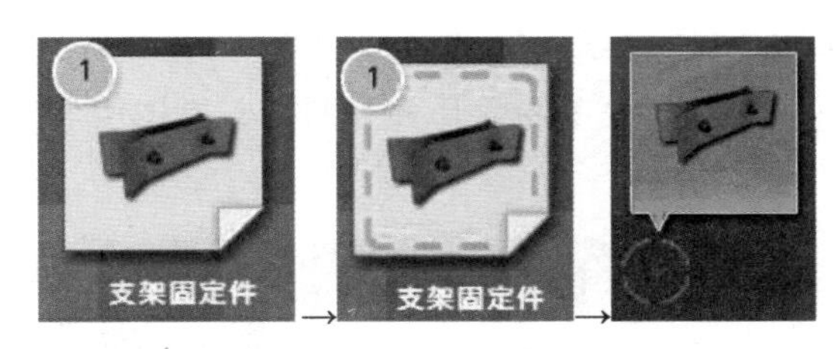

消息提示框：“固定轿顶随行电缆”操作已完成。

（3）随行电缆轿底部分固定。

消息提示框：使用固定件将轿底部随行电缆固定在轿底随行电缆上。

安装随行电缆固定件：单击下方【随行电缆固定件】图标，单击引导图标下的红圈闪烁位置。

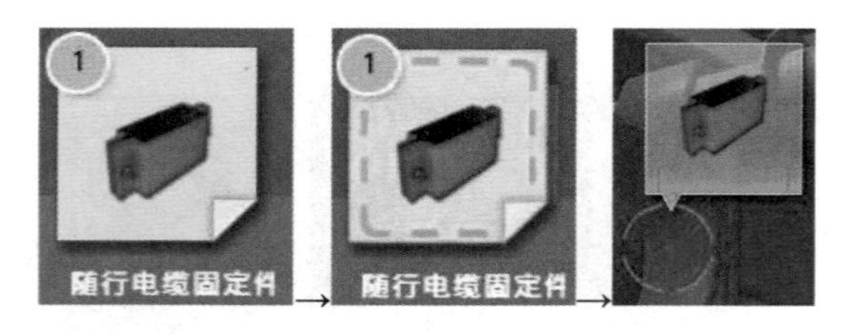

消息提示框：“固定轿底随行电缆”操作已完成。

7. 安装上、下部强迫减速开关

消息提示框：强迫减速开关安装在井道的两端，当电梯失控冲向端站时，首先要碰撞强迫减速开关，该开关在正常换速点相应位置动作，以保证电梯有足够的换速距离。

安装强迫减速开关：单击下方【强迫减速开关】图标，单击引导图标下的红圈闪烁位置。

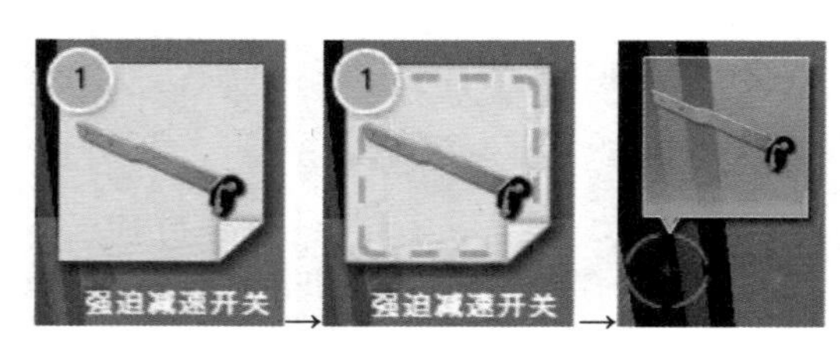

消息提示框：“安装上部强迫减速开关”操作已完成。

下部强迫减速开关操作与上部相似，这里不再赘述。

8. 安装上、下部限位开关

消息提示框：强迫减速开关之后为第二级保护限位开关，当电梯到达端站平层超过 50～100mm 时，碰撞限位开关，切断控制回路。

安装限位开关：单击下方【限位开关】图标，单击引导图标下的红圈闪烁位置。

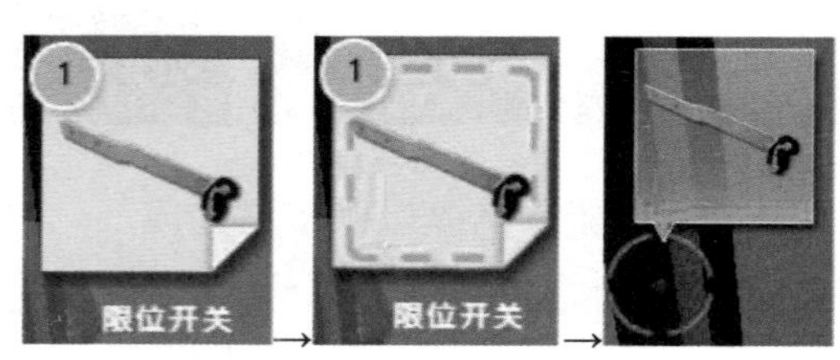

消息提示框：“安装上部限位开关”操作已完成。

下部限位开关操作与上部相似，这里不再赘述。

9. 安装上、下部极限开关

消息提示框：当电梯到达端站平层超过 100mm 时，碰撞第三级保护开关，即极限开关，切断主电源回路。

安装上部极限开关：单击下方【上部极限开关】图标，单击引导图标下的红圈闪烁位置。

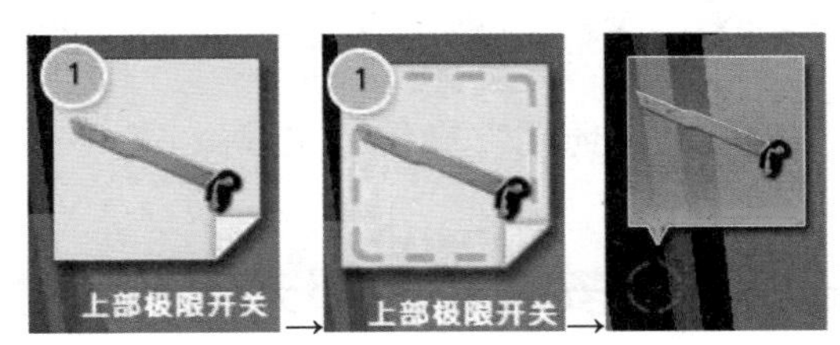

消息提示框：“安装上部极限开关”操作已完成。

下部极限开关操作与上部相似，这里不再赘述。

10. 安装井道照明

（1）膨胀螺栓放置到位。

消息提示框：井道照明在井道最高和最低点 0.5m 以内各装设一盏灯。中间每隔 7m 装设一盏灯；灯头盒与电线管做好跨接地线。

安装 M8 膨胀螺栓：单击下方【M8 膨胀螺栓】图标，单击引导图标下的红圈闪烁位置。

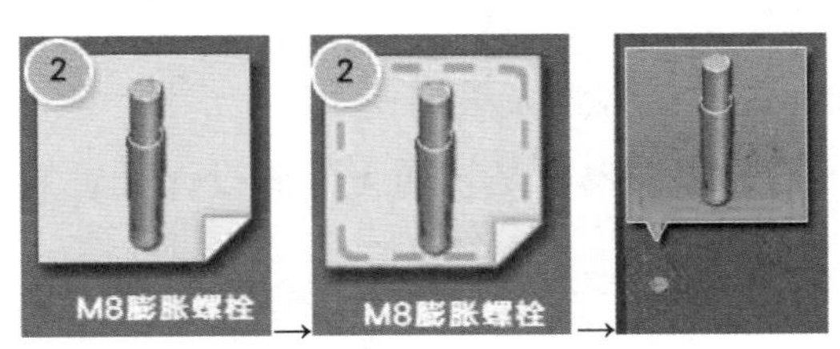

（2）安装井道照明完成。

安装井道照明：单击下方【井道照明】图标，单击引导图标下的红圈闪烁位置。

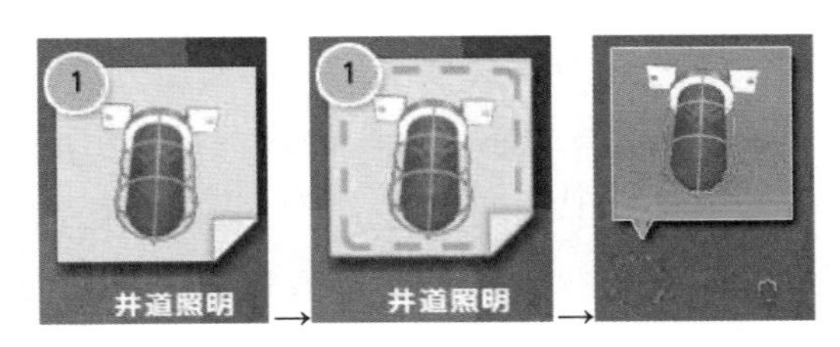

（3）固定井道照明完成。

安装 M8 螺母：单击下方【M8 螺母】图标，单击引导图标下的红圈闪烁位置。

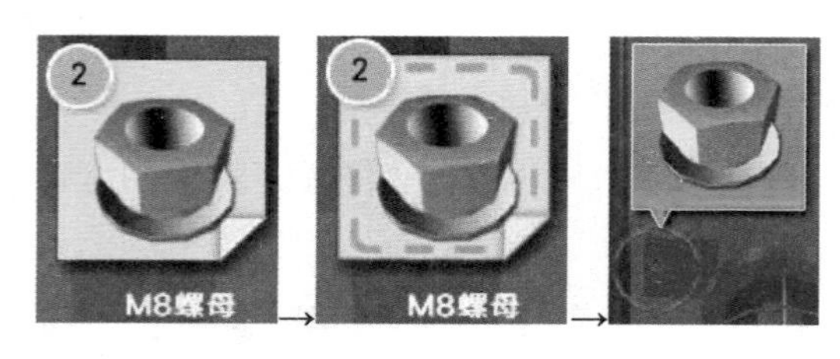

消息提示框：“安装井道照明”操作已完成。

任务三　安装轿厢部分电气设备

一、知识框架

（一）安装轿内操纵箱

（1）轿内操纵箱一般位于轿厢两侧，供电梯驾驶员和乘客使用。操纵箱装置内的电气元件与电梯的控制方式、停站层数有关。操纵箱上装配的电气元件主要有选层按钮，开关门按钮，上、下运行按钮，层楼显示器，暗盒内或用钥匙控制的照明开关、风扇开关、电梯运行方式转换开关等。操纵箱的主要作用是发送轿厢指令、控制电梯的运行。

（2）根据电梯轿厢无障碍设计的要求，电梯轿厢内应装设带盲文按钮的低位操纵箱，或数字组合式键盘。低位操纵箱一般装设于轿厢内侧边，距轿厢底面高度 900～1100mm，供残疾人乘梯使用。

（3）电梯专用语音报站器也是轿厢无障碍设计配置的一个语音装置，一般安装在轿箱顶部的位置。

（4）根据设计程序还具有预报电梯运行方向、电梯超载等信息，并可用多种国家语言进行播报。

（5）强迫开、关门按钮具有延时开门或延时关门功能，方便、适应残障人员行动缓慢的需要。

（二）平层感应器型式

（1）由 U 形永磁式干簧管传感器、隔磁板两部分组成的感应器。工作原理：当隔磁板插入干簧管传感器的凹口时，隔磁板隔断磁铁产生的磁场，干簧管的常闭触点接通，控制相关线路使电梯自动平层停靠。

（2）由光电开关传感器、隔光插板两部分组成的感应器。工作原理：当隔光插板插入光电开关的凹口时，阻断光路，令继电器开路（或接通）使电梯进入自动平层过程。

（三）传感器安装位置及要求

（1）传感器一般安装在轿厢顶部，随轿厢运行，安装要可靠、稳定。

（2）与传感器起配合作用的遮光板或隔磁板安装在井道轿厢导轨一侧，当轿厢到达层站门（停层）区时，遮光板或隔磁板进入 U 形感应器空隙内，随即发出门区信号至控制系统，为轿厢的准确平层及开门提供位置信息。

（3）平层位置调整。遮光板或隔磁板安装位置与轿厢的平层质量有很大关系，要通过逐站校核、调整，使各站平层精度达到 5mm 之内。

（四）称量传感器

（1）位置式称量传感器。其最原始的一种称量装置，俗称磅秤式称量装置。该装置着力点位于轿厢体底部，利用杠杆原理，四点的重力转化为中心杆的位置升降，然后中心杆碰触高低不一的“轻载”“满载”“超载”微动开关，产生称量动作。需要说明的是，用称量橡胶块可替代机械装置，轿底中心杆同样可以触动“满载”“超载”微动开关。

（2）压力式称量传感器，又称应变式压力传感器。它是将应变片安装于轿厢体与轿厢托架之间的一种传感器。应变片实质为一个微电流变阻器。当轿厢出现载重变化时，应变片压力变化进而引起微电流变化，经放大转换后成为称量指标。安装时需要注意，轿厢与托架要浮动连接，不得用螺栓紧固连接。

（3）磁极变形式传感器，又称霍尔效应传感器。它利用静极线圈与动极磁心的相对位移，在线圈中产生感应参数，再转换为连续线性称量信号。施工时静、动极均需要可靠固定，以形成稳定的相对运动。

当轿厢超过额定载重时，轿厢内的操纵箱上会发出声、光、字幕等警告信号，不关门轿厢不启动，以提醒电梯驾驶人员或乘客注意，必须进行减载。各种称量装置，无论是机械式、橡胶块式、应变传感器式，还是电磁式，其功能是一样的。具体安装方法、要求，可以参考出厂随机安装手册中的相关内容。

二、任务实施流程

1. 称重开关的安装

（1）安装称重开关支架完成。

消息提示框：使用螺栓将称重开关安装至轿厢底梁。

安装称重开关支架：单击下方【称重开关支架】图标，单击引导图标下的红圈闪烁位置。

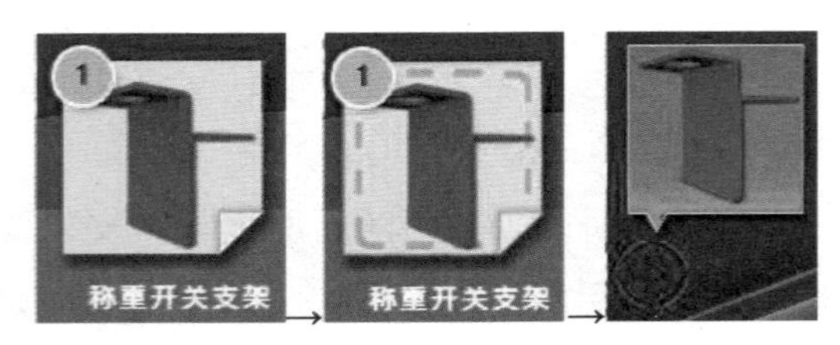

（2）安装称重开关完成。

安装称重开关：单击下方【称重开关】图标，单击引导图标下的红圈闪烁位置。

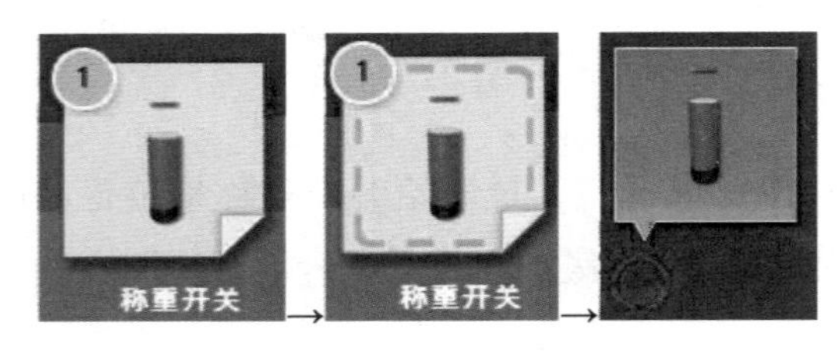

消息提示框：“称重开关的安装”操作已完成。

2. 安装平层感应器

消息提示框：安装固定平层感应器。

安装平层感应器：单击下方【平层感应器】图标，单击引导图标下的红圈闪烁位置。

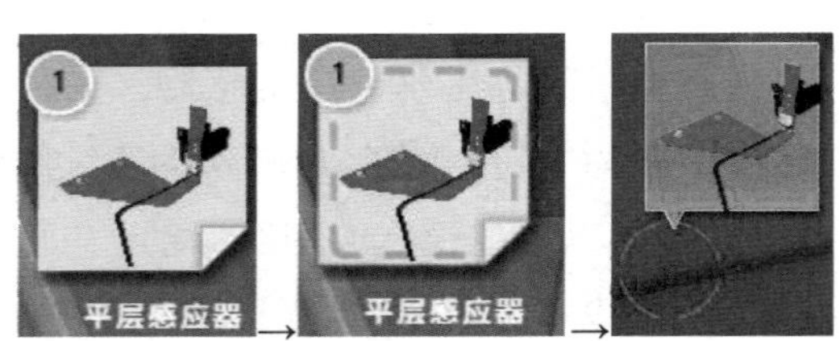

消息提示框：“安装平层感应器”操作已完成。

3. 安装平层感应板

消息提示框：安装平层感应板应横平竖直，各侧面应在同一垂直面上，其垂直偏差≤1mm，感应板安装应垂直。其偏差≥1%，插入感应器时应位于中间，插入深度距感应器底 10mm，偏差≤2mm，若感应器灵敏度达不到要求，适当调整感应器。

安装平层感应板：单击下方【平层感应板】图标，单击引导图标下的红圈闪烁位置。

消息提示框：“安装平层感应板”操作已完成。

4. 安装操纵盘

消息提示框：安装操纵盘，操纵盘面板的固定方盘面板与操纵盘轿壁间的最大间隙应在 1mm 以内。

安装操纵盘：单击下方【操纵盘】图标，单击引导图标下的红圈闪烁位置。

消息提示框：“安装操纵盘”操作已完成。

任务四　安装底坑部分电气设备

一、知识框架

为保证电梯检修人员安全进入底坑工作，必须在底坑中安装检修箱，其安装位置应是检修人员进入底坑前和进入底坑后都能够方便操作的部位，一般安装在井道内最底层的侧面，即当最底层层门打开后检修人员便可操作的部位。检修箱上必须设置电梯停止按钮，该按钮是非自动复位装置，且有红色标记。将电缆线引入检修箱内，分别将电缆线连接到相应的电气元件上，检修箱安装要平整、牢固。

二、任务实施流程

1. 底坑检修箱放置

消息提示框：底坑检修盒安装在底坑距线槽或接线盒较近、操作方便、不影响电梯运行的地方。用膨胀螺栓固定在井道壁上。检修盒、电线管、线槽之间都要跨接接地线。

（1）电锤打孔：单击下方【电锤】图标，单击引导图标下的红圈闪烁位置。

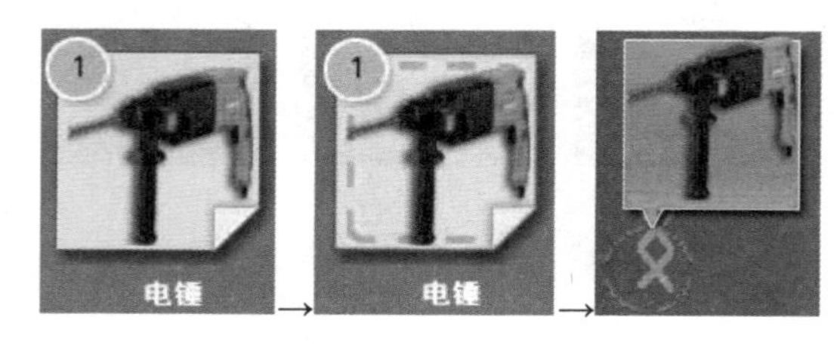

（2）安装膨胀顶：单击下方【膨胀顶】图标，单击引导图标下的红圈闪烁位置。

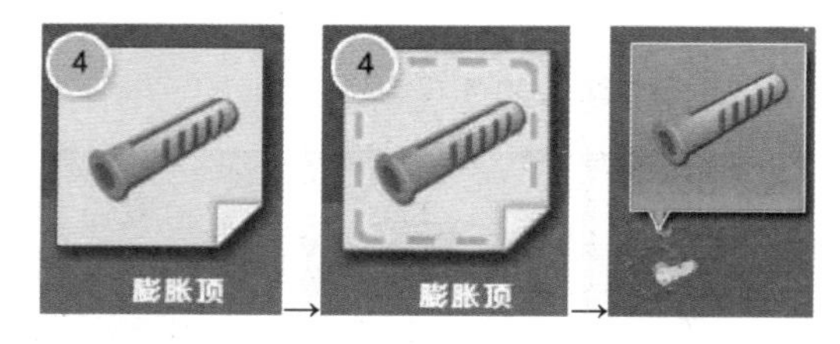

（3）安装底坑检修箱：单击下方【底坑检修箱】图标，单击引导图标下的红圈闪烁位置。

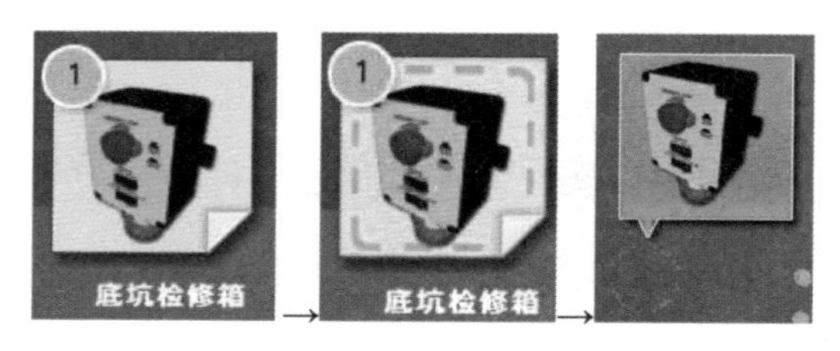

2. 底坑检修箱固定

安装膨胀螺钉：单击下方【膨胀螺钉】图标，单击引导图标下的红圈闪烁位置。

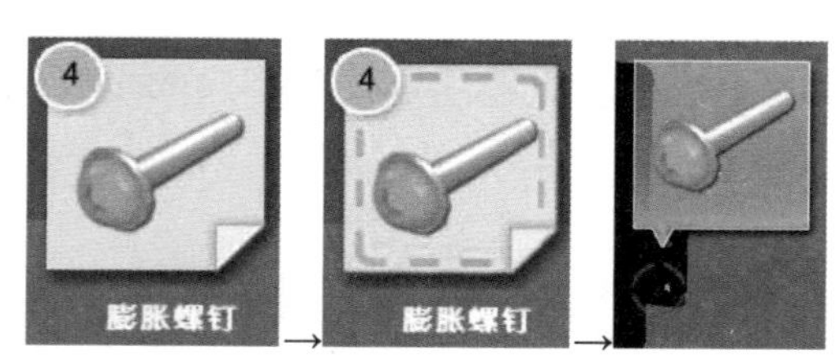

消息提示框：“安装底坑检修箱”操作已完成。

任务五　安装层站部分电气设备

一、知识框架

（一）安装层站召唤盒、层站指示器

（1）层站召唤盒、层站指示器的安装部位和预留孔位置、尺寸等要求，应按照电梯土建设计图，由土建施工单位负责完成。电梯施工单位在安装前应查看预留孔位置和尺寸是否与图样一致。否则，应由土建施工单位负责整改。

（2）单独安装的层站指示器应位于层门框上方的中心部位，离楼面高度应按设计要求，安装后水平偏差不大于 3%，面板与墙体或装饰件之间要严密。

（3）层站召唤盒的安装位置离楼面高度一般宜在 1200～1400mm，单台电梯层站经现层门边框为 200mm 左右或按设计要求，两台并联电梯共用的层站召唤盒，应设置在两台电梯的中间部位，以方便乘客操作。某些层站召唤盒与层站指示器是连为一体的。层站召唤盒的面板安装要垂直、平整，面板与墙体或装饰件之间要严密，间隙在 1.0mm 以内。层站召唤盒箱体需接地，用以消除静电。

（二）电梯消防开关

（1）电梯消防开关应设在具有消防功能的电梯，必须在基站或撤离层设置消防开关。消防开关盒宜装于召唤盒的上方，其底边距地面的高度宜为 1.6～1.7m。

（2）人员进行灭火与救援使用且具有一定功能的电梯。因此，消防电梯具有较高的防火要求，其防火设计十分重要。目前，我国大陆地区，真正意义上的消防员电梯非常少见，现在见到的所谓消防电梯只是具有消防开关动作时，返回预设基站或撤离层功能的普通乘客电梯，不能在发生火情时搭乘。

二、任务实施流程

1. 安装呼梯盒

消息提示框：呼梯按钮盒装在距地面 1.2～1.4m 的墙壁上，盒边距层门边 200～300mm，群控电梯呼梯盒应装在两台电梯的中间位置。

安装呼梯盒：单击下方【呼梯盒】图标，单击引导图标下的红圈闪烁位置。

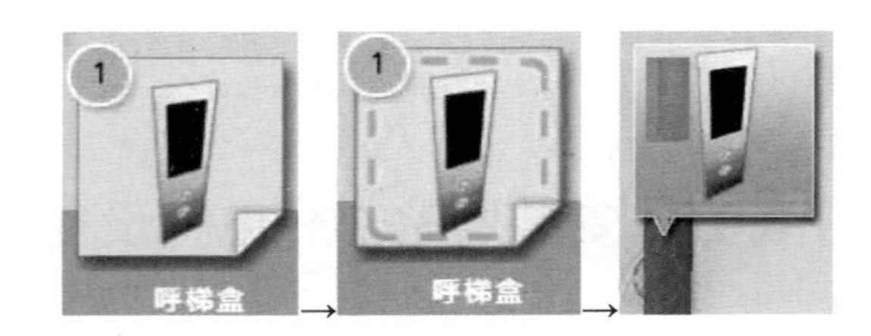

消息提示框：“安装呼梯盒”操作已完成。

2. 安装消防开关

消息提示框：具有消防功能的电梯，必须在基站或撤离层设置消防开关，消防开关盒应装在呼梯盒的上方，其底边距地面高度为1.6～1.7m。

安装消防开关：单击下方【消防开关】图标，单击引导图标下的红圈闪烁位置。

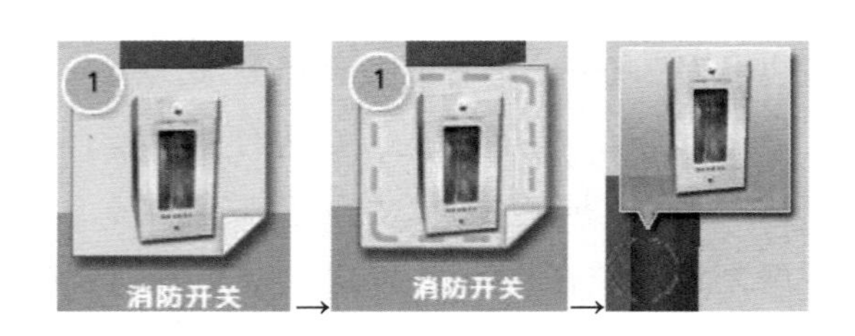

消息提示框：“安装消防开关”操作已完成。

3. 安装操纵盘

消息提示框：安装操纵盘，操纵盘面板的固定方盘面板与操纵盘轿壁间的最大间隙应在1mm以内。

安装操纵盘：单击下方【操纵盘】图标，单击引导图标下的红圈闪烁位置。

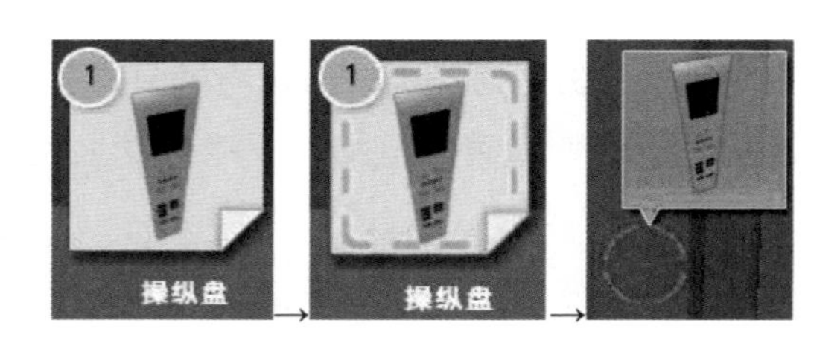

消息提示框：“安装操纵盘”操作已完成。

4. 安装楼层指示灯

消息提示框：提示灯盒安装应横平竖直，其误差≤1mm。指示灯盒中心与门中心偏差≤5mm。埋入墙内的按钮盒、指示灯盒等其盒口不应凸出装饰面，盒面板与墙面应贴实无间隙。候梯厅层楼指示灯盒应装在层门口上 150～250mm 的位置。

安装楼层指示灯：单击下方【楼层指示灯】图标，单击引导图标下的红圈闪烁位置。

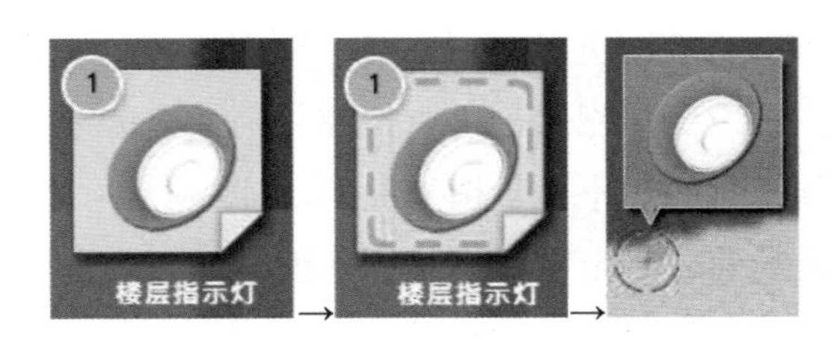

消息提示框：“安装楼层指示灯”操作已完成。

模块梳理

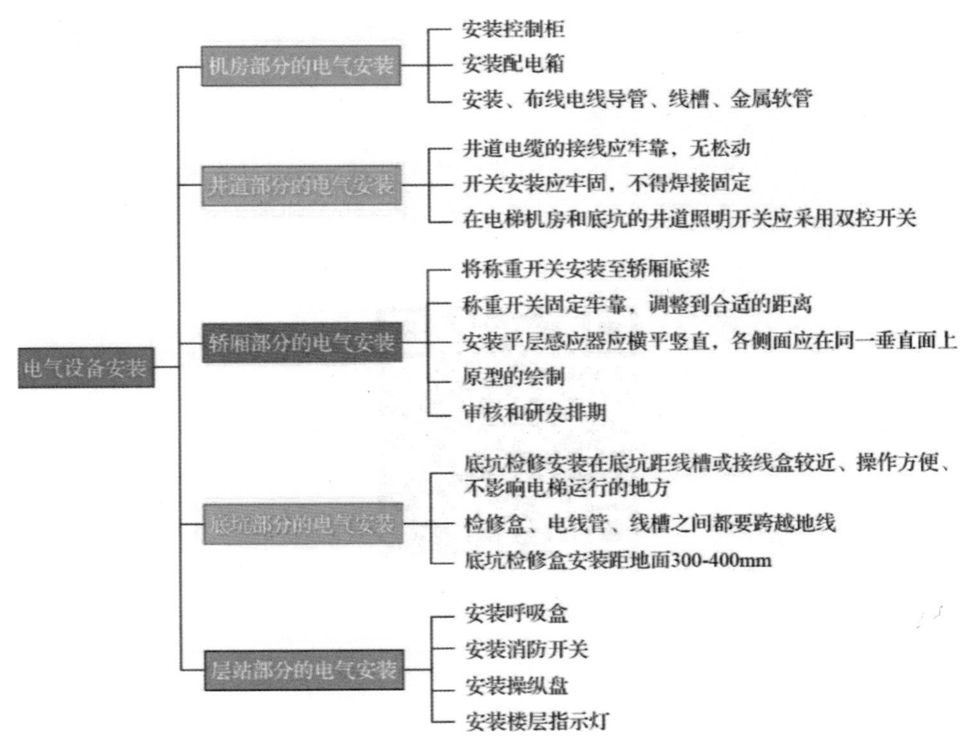

模块测评

判断题

（1）线管、线槽的敷设应平整、整齐、牢固。（　　）

（2）为了让控制柜更加稳固，可以把控制柜紧靠墙壁安装。（　　）

（3）线槽内导线总面积不大于槽净面积的40%。（　　）

（4）挂随行电缆前应将电缆自由悬垂，使其内应力消除。（　　）

（5）强迫减速开关安装在井道的两端，当电梯失控冲向端站时，首先要碰撞强迫减速开关，该开关在正常换速点相应位置动作，以保证电梯有足够的换速距离。（　　）

（6）操纵盘的指示信号清晰、明亮、准确，遮光罩良好，不应有漏光和串光现象。按钮及开关应灵活可靠，不应有卡阻现象。（　　）

（7）轿内操纵箱是控制电梯关门、开门、启动、停层、急停等控制装置。（　　）

（8）层站召唤盒的安装位置离楼面高度一般宜在1200～1500mm。（　　）

（9）检修盒、电线管、线槽之间都要跨接地线。（　　）

（10）消防开关盒应装在呼梯盒的上方，其底边距地面高度为1.6～1.7m。（　　）

模块测评答案

模块评价

（一）自我评价

由学生根据学习任务完成情况进行自我评价，将评分值记录于表中。

自我评价

评价内容	配分	评分标准	扣分	得分
1. 安全意识	10	1.不遵守安全规范操作要求，酌情扣2～5分； 2.有其他违反安全操作规范的行为，扣2分		
2. 知识掌握	40	1.课前对知识的预习程度及参与度，酌情扣10分； 2.课后对知识的掌握程度，酌情扣20分； 3.课下对知识的巩固程度，酌情扣10分		
3. 施工流程	40	1.是否遵循合理的安装工艺流程，不符合要求，酌情扣分； 2.在安装过程中是对接标准，不合要求，酌情扣分		
4. 职业规范和环境保护	10	1.工作过程中工具、器材摆放凌乱，扣3分； 2.不爱护设备、工具、不节省材料，扣3分； 3.工作完成后不清理现场，在工作中产生的废弃物不按规定处置，各扣2分；若将废弃物遗弃在井道内，扣3分		
总评分=（1～4项总分）×40%				

签名：__________　　　　　　　　　　_____年_____月_____日

（二）小组评价

由同一实训小组的同学结合自评情况进行互评，将评分制记录于表中。

小组评价

评价内容	配分	评分
1. 实训记录自我评价情况	30	
2.电气设备是否遵循标准	30	
3. 互助与协作能力	20	
4. 安全、质量意识与责任心	20	
总评分=（1～4项总分）×30%		

参加评价人员签名：____________　　　　_____年_____月_____日

（三）教师评价

由指导教师结合自评与互评的结果进行综合评价，并将评价意见与评价值记录于表中。

教师评价

教师总体评价意见：	
教师评分：	
总评分（自我评分+小组评分+教师评分）	

教师签名：__________　　　　　　　　　　______年______月______日

模块十　试运行及收尾工作

学习目标

【知识目标】

1. 让学生能够熟悉安全护栏的详细流程和注意事项。

2. 学生能够深入了解电梯试运行的理论框架。

【能力目标】

能够掌握电梯试运行的实际操作并熟悉收尾工作的整个流程。

【素养目标】

通过各种实践活动，尝试通过思考发表自己的见解，尝试运用技术知识和研究方法，提高问题解决能力。

模块导入

随着经济建设的发展，高层建筑越来越多，作为高层建筑中极为重要的机电设备，电梯的安装调试工作将直接影响建筑物的使用安全和服务质量。因此，在电梯全部项目安装完毕后，要进行严格的系统检查和调整，并进行试运行试验。

施工工艺

施工工艺流程表

工艺流程	作业计划
自动门调整	
安装安全护栏	
检查控制柜铭牌	
慢车检查平层感应装置	
检查开门刀与各层门坎间隙	
检查层门锁轮与轿厢地坎间隙	
手动切换电梯至紧急电动运行状态	
井道自学习	
自动运行	
平层测量	
超满载实验	

施工安全

（1）现场作业必须使用、穿戴相关的劳防用品：安全头盔、安全鞋、手套、工作目镜、防护工作服等。

（2）电梯调试人员必须熟悉电梯的机械与电气安装知识并经过专业的技术操作培训，经过相关部门考核合格，持有电梯安装机械与电气操作证及电工操作证。

（3）电梯的调试过程务必在井道、轿厢内无其他人员的情况下进行，并至少有两人配合同时作业。若出现有异常情况应立即切断电源，防止安全事故的发生。

（4）在电梯进行调试之前应清除一切无关的障碍物，对安装完毕的状态全面检查，了解现场状态。

（5）调试工作所涉及的施工场地与通道必须保持清洁畅通，材料和物件的堆放应整齐稳固。

（6）动车前，应仔细检查缓冲器、限速器、安全钳是否有效，对重架内是否已放置合适的对重块，主机抱闸是否有效。

（7）判明并确认各安全装置、电气装置、限速器与安全钳状态、上下限位与极限开关、厅门和轿门安全连锁、轿顶检修与急停开关、底坑急停与缓冲器、应急按钮等功效。

（8）在轿顶慢车运行时要格外注意上下与四周情况，应关闭轿厢风扇，不得将肢体的任何部位超越轿顶护栏边缘，人不得倚靠在轿顶护栏上。

（9）在轿顶上作业时严禁骑跨在轿厢、对重两侧，调试中不得处于内、外（轿、层）门之间。

（10）在轿厢顶上作业时，要注意并做好防止电梯突然启动的防范措施，在停止运行作业前，应首先关闭轿顶的急停开关。

（11）在跨接层门、轿门或其他安全回路时，以及在轿顶作业时，严禁快车运行。

施工质量

施工质量检验表

序号	安装要点
1	地坑安全栅栏的底部距底坑地面应≤300mm
2	地坑安全栅栏的顶部距底坑地面应不小于 2500mm
3	轿门门刀与层门地坎的间隙应不小于 5mm
4	层门锁滚轮与轿厢地坎间隙应不小于 5mm
5	电梯平层精度不能超过±10mm

工具、材料

钢直尺	扳手	卷尺

任务　测试与试运行

一、知识架构

（一）速度控制原理

速度控制原理是通过外部位置开关的信号通知门机控制器什么时候开始减速，什么时候门已经运行到位，其加减速和各个阶段的速度是通过门机控制器内部参数设定的。

因此，可通过调整外部位置开关的安装位置，或门机控制器内部预设的速度段及加减速参数来优化自动门机（简称门机）的整体运行效果。常用的外部位置开关是双稳态磁开关，有通断状态保持的特性，只有磁珠划过双稳态磁开关后，磁开关的通断才会发生变化。

（二）距离控制

距离控制原理是利用编码器（PG）脉冲确定门机的当前位置，通过门机控制器内部预设的速度切换点、速度和加减速度来控制门机电动机的运行。可通过门机控制器内部预设的速度切换点、速度和加减速度来优化自动门机的整体运行效果。

（三）自动门机关门过程调试

（1）关门加速。当关门命令有效时，门机控制器通过内部预设的加速时间 t_1，控制门机电动机加速到关门高速 v_1，门机进入高速运行阶段。

（2）关门高速运行。门机以关门高速 v 运行，直至关门减速点 A，门机开始减速。

（3）关门减速。门机控制器通过内部预设的减速时间 t_2，控制门机电动机减速到关门低速 v_2，并以这个速度低速运行，直至关门到位点 B，开始逐步减速到关门到位保持速度 v_3。

（4）门机以关门到位保持速度 v_3 运行，直到关门完全到位。到达 B 点减速的同时，门机控制柜会输出关门到位信号给电梯控制板。

（5）对于速度控制方式的门机，A 点和 B 点是由外部双稳态磁开关信号给定的。

（6）对于距离控制方式的门机，A 点和 B 点是由内部设置的减速点脉冲数决定的。

（四）自动门机开门过程调试

（1）开门加速。当开门命令有效时，门机控制器通过内部预设的加速时间 t_3，控制门机电动机加速到开门高速 v_4，门机进入高速运行阶段。

（2）开门高速运行。门机以开门高速 v_4 运行，直至开门减速点 C，门机开始减速。

（3）开门减速。门机控制器通过内部预设的减速时间 t_4，控制门机电动机减速到开门低速 v_5，并以这个速度低速运行，直至开门到位点 D，开始逐步减速到开门到位保持速度 v_6。

（4）门机以开门到位保持速度 v_6 运行，直到开门完全到位。到达 D 点减速的同时，门机控制柜会输出开门到位信号给电梯控制板。

（五）自动门机速度调试前的准备

（1）检修运行，使轿厢顶部比顶层厅门地坎高出 500mm 左右，这样的位置便于调试。

（2）按下急停开关，并关闭机房主电源。

（3）手动开关门一次，检查是否有机械上的卡阻问题，如果有必须先解决后再进行下一步。

（4）检查门机控制器、门机电动机，以及相应的开关和编码器的接线。

（5）确认接线正确后，接通机房总电源，测量门机输入电源电压是否满足门机要求。

（6）进入门机控制器的监视菜单，检查外部位置开关和编码器信号是否正常。

（7）检查门机控制器预先输入的参数是否正确。电梯自动门机系统出厂前都会在控制器中预先输入硬件部分的基本参数、控制部分的经验参数，并完成曳引机或编码器的自整定，调试前应先核对这些参数是否正确。

（8）轿顶检修慢车运行直到轿厢进入平层区，通过修改参数进入门机调试模式，用按键或参数让门机自动开关门运行，检查门机的运行情况是否正常。如果没有调试模式，也可以通过短接开门输入信号和公共端或短接关门输入信号和公共端的方式让门机开关门运行。

（六）自动门机运行速度调试

（1）调整自动门机速度时，要明确门机的控制方式，要对其原理有一个整体的概念。门机的运行不管是开门还是关门总是先低速启动，然后加速到高速，再减速到一个较低的爬行速度，等门机运行到位以后转换成保持速度。

（2）调整之前必须先通过观察确定自动门机速度问题属于哪个阶段，针对有问题的阶段调整相关联的加减速时间、加减速位置点、速度段。例如，门机关门时，关到位的时候有撞击声。首先需要排除机械问题，然后观察门机运行过程是否有一个完整的加速到高速，然后减速到低速爬行，再降低至到位保持速度的过程。正常情况下，门板以爬行速度接触时是没有明显撞击声的，出现撞击声的时候要观察是否出现了爬行速度。

（3）如果没有爬行速度，说明门机从高速减速成低速爬行的这个过程存在问题，我们应针对这一阶段进行调整。如果有爬行速度，说明爬行速度太大，应减小爬行速度。

（七）自动门机控制器参数预置

（1）如果门机控制器预置参数不正确，必须先按照随机说明书输入门机控制器、门机电动机、编码器的基本参数。

（2）有些门机控制器具有按照门宽和电动机型号进行恢复出厂参数设置的功能，可以省去逐一修改参数的步骤。

（3）门机电动机的自整定。自整定时需要注意门机电动机的类型，一般情况下需要脱去门机电动机的负载，使其空转。但必须核对随机说明书，确认该类型门机电动机是否需要自整定。

（八）自动门机宽度自整定

距离控制方式的门机系统，需要进行门机宽度的自整定。进行门机宽度自整定时需要带上负载，门机会自动运行开关门一次或多次。自整定过程中，必须核对随机说明书，确认自整定过程是否正常。

（九）井道自学习

（1）井道自学习运行是指电梯以自学习速度运行并测量各楼层的位置及井道中各个开关的位置，由于楼层位置是电梯正常起、制动运行的基础及楼层显示的依据。因此，电梯快车运行之前，必须首先进行井道自学习运行。

（2）进行井道自学习必须在检修状态下才能开始进行。在开始井道自学习后，系统会检测轿厢是否在下限位位置，如不在下限位位置，则自动运行至下限位，然后电梯自动向上运行进行井道自学习。电梯自学习至上限位停止。自学习成功，则显示“自学习成功”提示信息，此时按 Enter 键确认。井道自学习完成。

（3）电梯进行井道自学习前必须具备以下条件：

① 上/下限位开关、上/下端站开关安装完毕，接线正确。

② 上/下门区开关及每层门区挡板安装完毕，接线正确。

③ 安全回路及门锁回路正常，变频器正常。

④ 系统参数设置完成。

⑤ 电梯可正常进行全程检修运行。

⑥ 在外部检修状态。

（十）满载、超载实验

（1）轿厢在最底层平层位置。轿厢内加 80%的额定负载，轿底满载开关动作，电梯可以正常运行，但外呼功能消失。

（2）轿厢在最底层平层位置。轿厢内加 110%的额定负载，轿底超载开关动作，操纵盘上灯亮，蜂鸣器响，且门不关。

二、任务实施流程

1. 测试门机打开轿门

消息提示框：通电进行开门、关门调整。开门时间一般调整为 2.5～3s，关门时间一般调整为 3～3.5s。

测试门机打开轿门：单击引导图标下的红圈闪烁位置。

→

2. 测试门机关闭轿门

测试门机关闭轿门：单击引导图标下的红圈闪烁位置。

→

消息提示框：“自动门调整”操作已完成。

3. 安装安全护栏

底坑栅栏安装。

消息提示框：底坑安全栅栏安装在对重导轨上，栅栏的底部距底坑地面应≤300mm，安全栅栏的顶部距底坑地面应≤2500mm。

安装对重护栏：单击下方【对重护栏】图标，单击引导图标下的红圈闪烁位置。

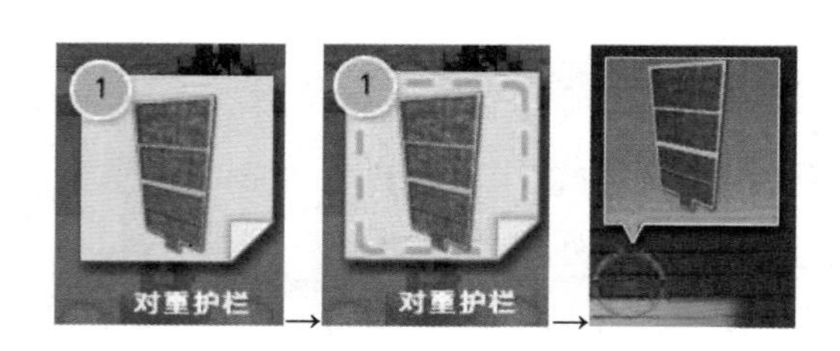

消息提示框：“安装安全护栏”操作已完成。

4. 测量安全护栏

消息提示框：底坑安全栅栏安装在对重导轨上，栅栏的底部距底坑地面应≤300mm，安全栅栏的顶部距底坑地面应≥2500mm。

进行安全护栏检测：单击下方【测量检测】图标，单击引导图标下的红圈闪烁位置。同样的方法测量 2 次。

消息提示框：“测量安全护栏”操作已完成。

5. 螺栓安装

消息提示框：底坑安全栅栏安装在对重导轨上，栅栏的底部距底坑地面应≤300mm，安全栅栏的顶部距底坑地面应≥2500mm。

安装 M10×25 螺栓：单击下方【M10*25 螺栓】图标，单击引导图标下的红圈闪烁位置。

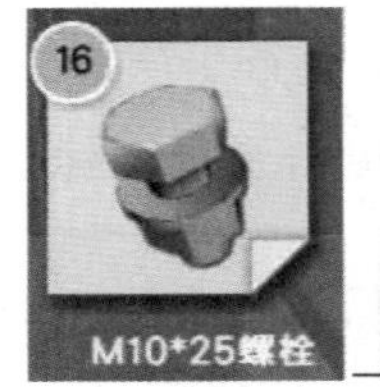

消息提示框：“固定安全护栏”操作已完成。

6. 检查控制柜铭牌

（1）控制柜铭牌检查。

对控制柜铭牌进行查看：单击下方【查看】图标，单击引导图标下的红圈闪烁位置。

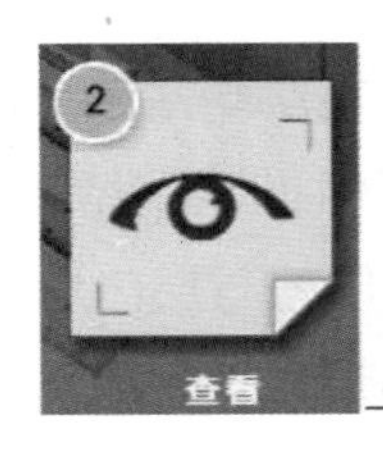

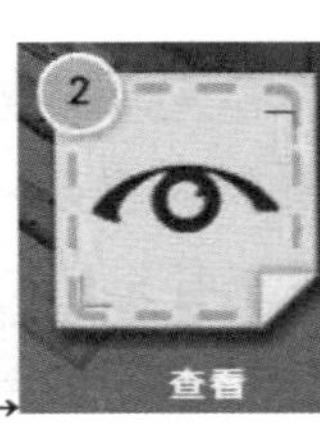

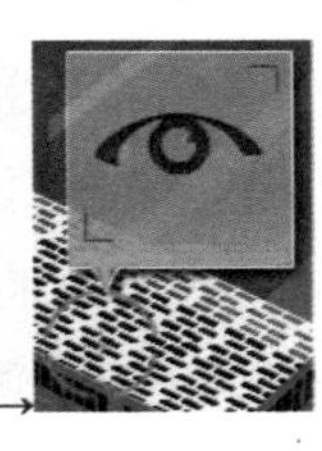

消息提示框：“检查控制柜铭牌”操作已完成。

（2）限速器铭牌检查。

消息提示框：同一机房有数台电梯，设置配套编号标志，便于区分所对应的电梯，标志符号清晰齐全，安装牢固。

对控制柜铭牌进行查看：单击下方【查看】图标，单击引导图标下的红圈闪烁位置。

消息提示框：“检查限速器铭牌”操作已完成。

7. 慢车检查平层感应装置

作业人员在轿顶检修运行电梯，逐个检查平层插板安装数量及尺寸是否符合要求，单块平层插板应垂直安装，全部平层插板应在一条垂线上，平层插板相对于平层感应器的距离应符合电梯安装手册的要求，且不能出现碰撞或摩擦的现象。

消息提示框：手动盘车或检修慢车运行，检查平层装置的有关间隙。

检查平层装置：单击下方【测量】图标，单击引导图标下的红圈闪烁位置。

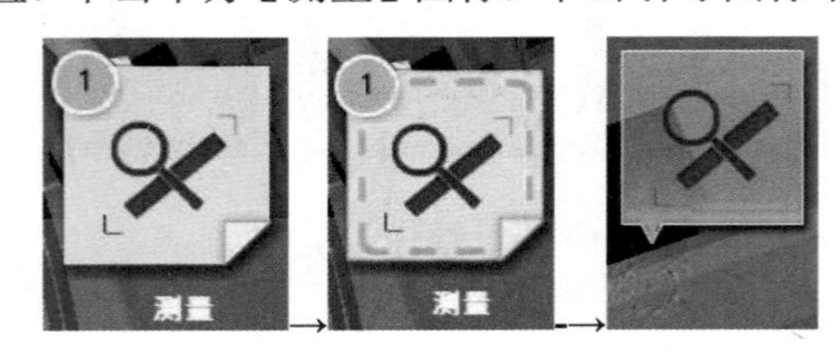

消息提示框：“慢车检查平层感应装置”操作已完成。

8. 检查开门刀与各层门坎间隙

检验方法：轿门门刀与层门地坎间隙的检验，在轿顶进行检修操作。检验人员在层站处检验，从顶层端站依次向下直至底层端站上一层。

第一，检验测量时轿顶停止开关应置于“停止”位置。

第二，在轿顶检修使轿厢向下运行至轿门门刀与层门地坎平行的位置，检验人员在层站处用塞尺或直尺测量轿门门刀与层门地坎的水平间隙，记录测量数据。测量 3 次，取最小值。

第三，电梯检修向下运行，检验人员观察轿门门刀与层门地坎是否有摩擦现象，依次检验每个轿门门刀与层门地坎间隙至底层端站上一层。

检验要求：轿门门刀与层门地坎的间隙应不小于 5mm，电梯运行时不得互相碰擦。

开门刀与层门坎间隙检查过程如下。

消息提示框：手动盘车或检修慢车运行，检查开门刀与各层门地坎间隙，门刀与层门地坎的间隙应为 5～8mm。

测量间隙：单击下方【直尺】图标，单击引导图标下的红圈闪烁位置。

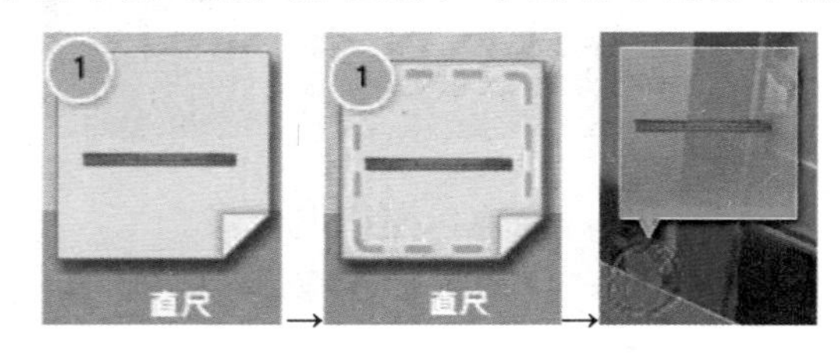

消息提示框：“检查开门刀与各层门地坎间隙”操作已完成。

9. 检查层门锁轮与轿厢地坎间隙

检验方法：层门锁滚轮与轿厢地坎间隙的检验在轿顶进行检修操作，检验人员在轿内检验，从底层端站依次向上直至顶层端站下一层。

第一，在轿顶检修运行至底层平层位置。

第二，检验人员进入轿厢，电梯检修向上运行至底层层门锁滚轮与轿厢地坎平行的位置。由轿顶人员打开轿门，检验人员在轿厢内用塞尺或直尺测量层门锁滚轮外缘与轿厢地坎水平间隙，记录测量数据。测量 3 次，取最小值。

第三，电梯检修向上运行，观察层门锁滚轮与轿厢地坎是否有碰撞、摩擦现象，依次检验每个层门锁滚轮与轿厢地坎间隙，至顶层端站下一层。

层门锁轮与轿厢地坎间隙检查过程如下。

消息提示框：手动盘车或检修慢车运行，检查开轿厢地坎与各层门锁轮间隙，门锁滚轮与轿厢地坎的间隙应为 5～8mm。

测量间隙：单击下方【直尺】图标，单击引导图标下的红圈闪烁位置。

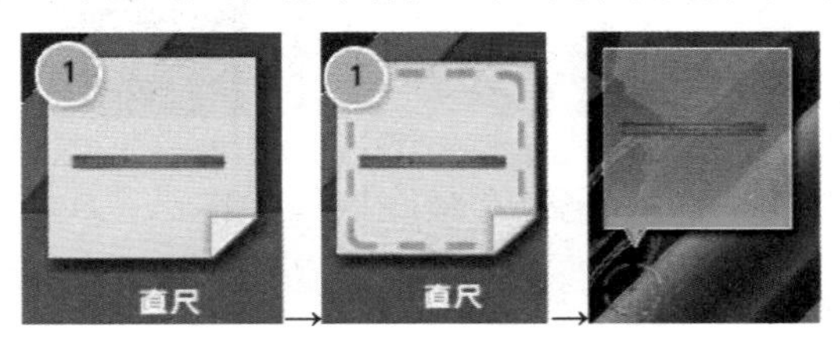

消息提示框：“检查厅门锁轮与轿厢地坎间隙”操作已完成。

10. 手动切换电梯至紧急电动运行状态

井道自学习之前，首先将机房检修转换至紧急电动运行状态，然后将轿顶检修转换至正常状态。

（1）转换机房检修开关至“紧急电动运行”状态。

转换机房检修开关：单击下方【扭转】图标，单击引导图标下的红圈闪烁位置。

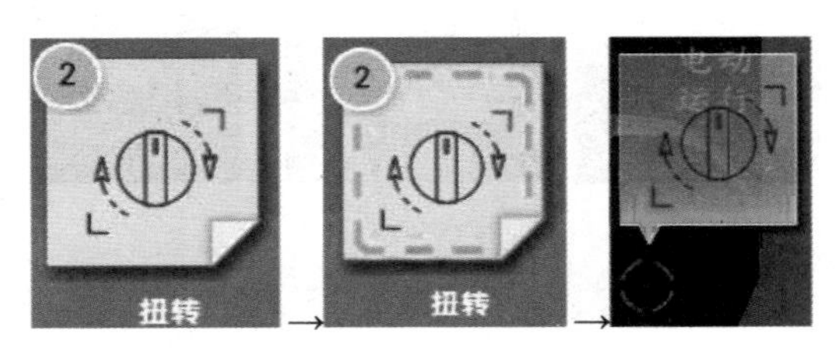

（2）恢复轿顶检修至“正常”状态。

转换机房检修开关：单击下方【扭转】图标，单击引导图标下的红圈闪烁位置。

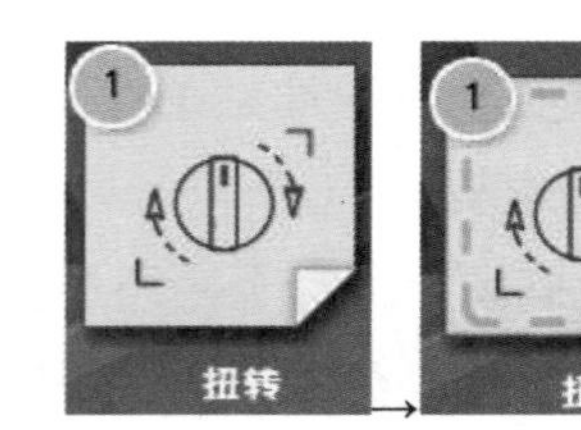

消息提示框：“手动切换电梯至紧急电动运行状态”操作已完成。

11. 手动运行电梯至最底层

手动运行电梯：单击下方【按下】图标，单击引导图标下的红圈闪烁位置。

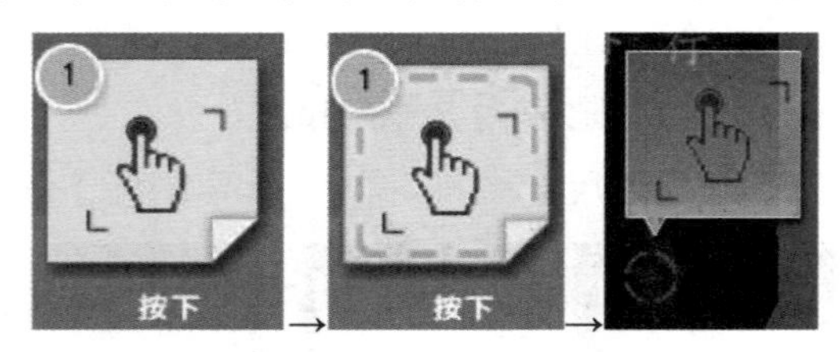

消息提示框：“手动运行电梯至最底层”操作已完成。

12. 井道自学习

（1）连接手持编程器。

消息提示框：井道自学习运行是指电梯以自学习速度运行并记录各楼层的位置和井道中各开关的位置。由于楼层位置是电梯正常启制动运行的基础和楼层显示的依据，因此在快车运行之前，必须首先进行井道自学习运行。

连接编码器：单击下方【手持编程器】图标，单击引导图标下的红圈闪烁位置。

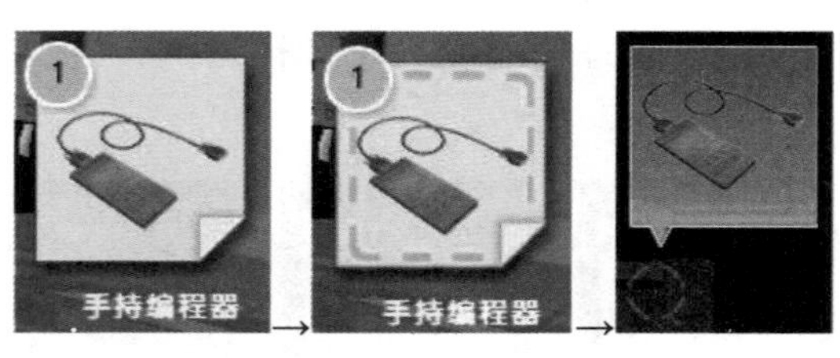

（2）进入状态设置菜单。

进入状态设置菜单：单击引导图标下的红圈闪烁位置。

（3）进入功能设置菜单。

进入功能设置菜单：单击引导图标下的红圈闪烁位置。

（4）进入开始井道自学习菜单。

进入开始井道自学习菜单：单击引导图标下的红圈闪烁位置。

（5）确认开始井道自学习。

确认开始井道自学习：单击引导图标下的红圈闪烁位置。

（6）自学习成功确认。

自学习成功确认：单击引导图标下的红圈闪烁位置。

消息提示框：“井道自学习”操作已完成。

13. 切换电梯至正常状态

转换机房检修开关：单击下方【扭转】图标，单击引导图标下的红圈闪烁位置。

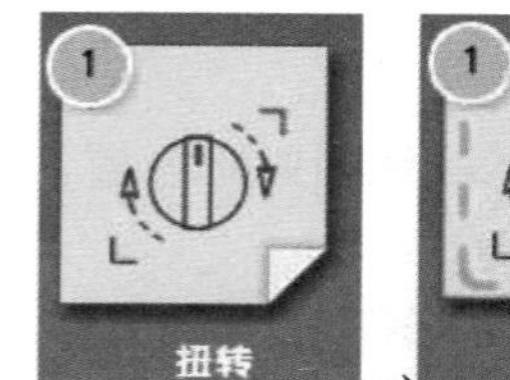

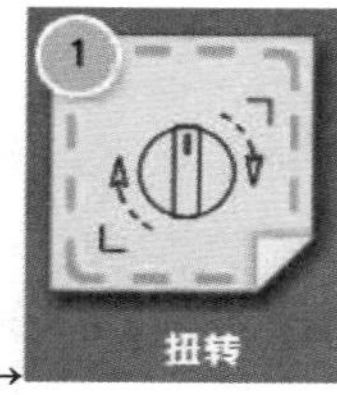

消息提示框：“切换电梯至正常状态”操作已完成。

14. 通过手持编程器运行电梯

（1）连接手持编程器完成。

连接编码器：单击下方【手持编程器】图标，单击引导图标下的红圈闪烁位置。

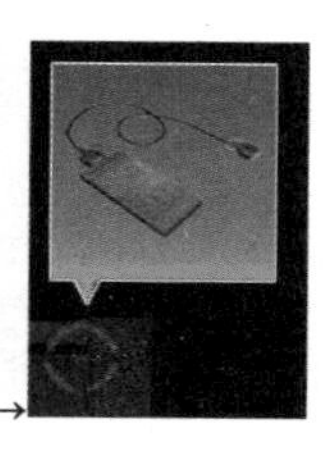

（2）进入设置菜单完成。

进入设置菜单：单击引导图标下的红圈闪烁位置。

（3）进入选层菜单完成。

进入选层菜单：单击引导图标下的红圈闪烁位置。

（4）选择楼层并运行电梯完成。

选择楼层并运行电梯：单击引导图标下的红圈闪烁位置。

消息提示框：“通过手持编程器运行电梯”操作已完成。

15. 自动运行

在轿内登记指令若干，电梯能正常自动关门、启动、停车、消号、开门。在厅外登记上召和下召指令若干，电梯能正常截车、减速、消号、开门。

检测电梯自动运行：单击下方【单击】图标，单击引导图标下的红圈闪烁位置。

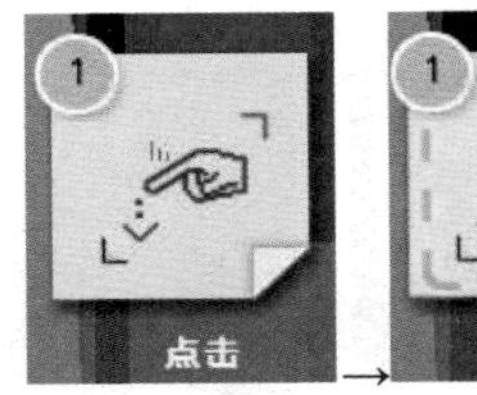

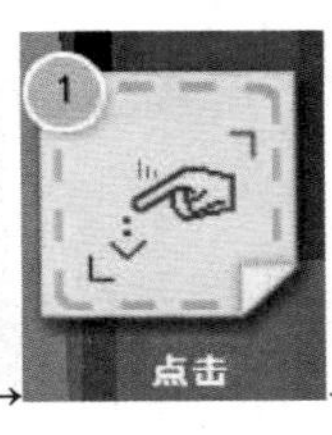

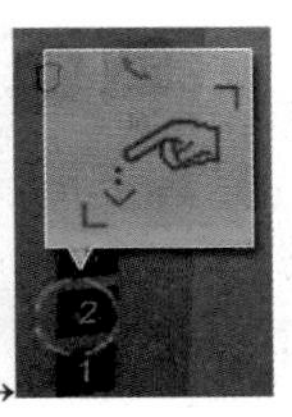

消息提示框：“自动运行”操作已完成。

16. 平层测量

快速上下运行至各层，记录平层偏差值，综合分析，调整平层感应器与平层感应板，使平层偏差在规定范围内不超过±10mm。

（1）运行电梯：单击下方【按下】图标，单击引导图标下的红圈闪烁位置。

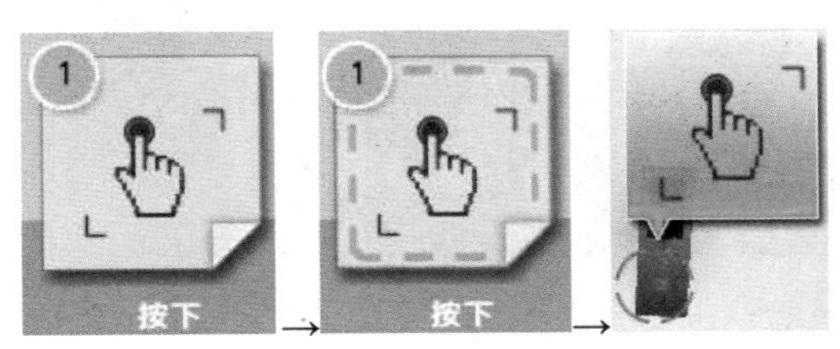

（2）测量平层：单击下方【测量检测】图标，单击引导图标下的红圈闪烁位置。

消息提示框：“平层测量”操作已完成。

17. 满载、超载实验

（1）满载实验。

① 放置负载：单击下方【百分之 80 负载】图标，单击引导图标下的红圈闪烁位置。

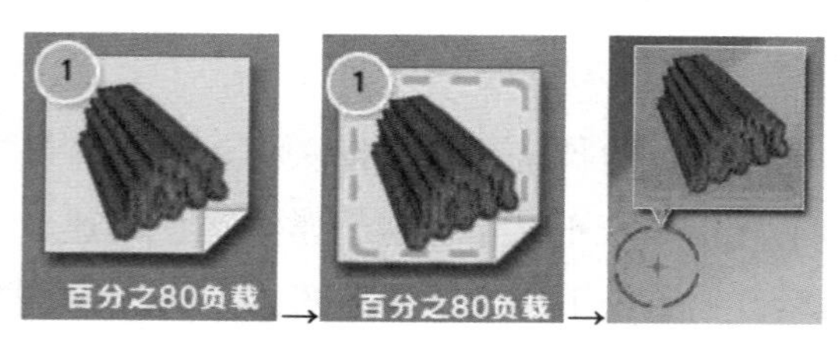

② 运行电梯：单击下方【按下】图标，单击引导图标下的红圈闪烁位置。

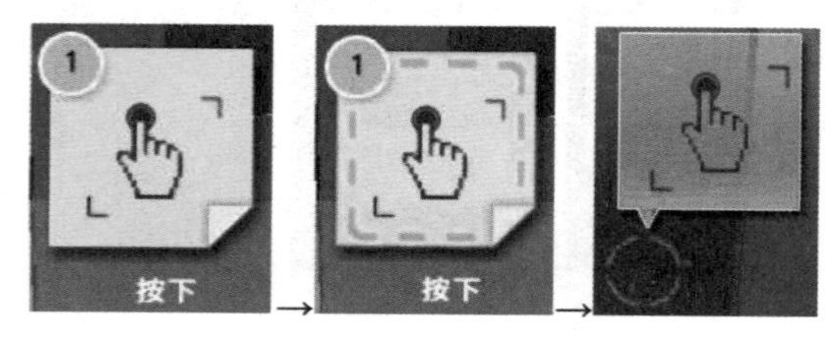

消息提示框：“满载试验”操作已完成。

（2）超载实验。

① 放置负载：单击下方【百分之 110 负载】图标，单击引导图标下的红圈闪烁位置。

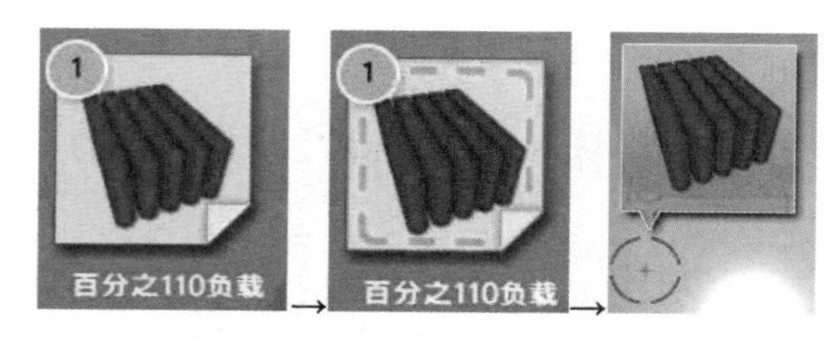

② 运行电梯：单击下方【按下】图标，单击引导图标下的红圈闪烁位置。

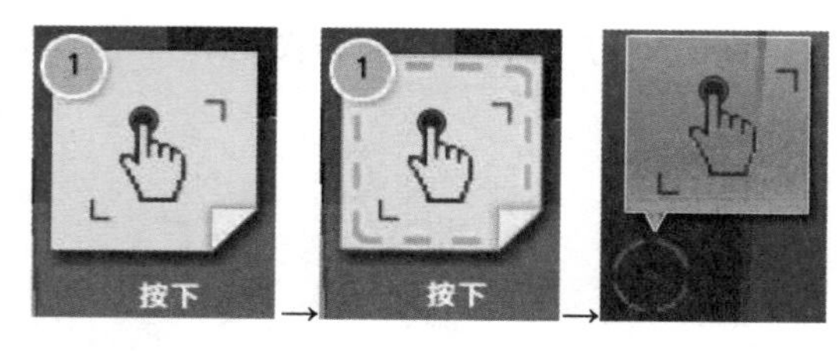

消息提示框：“超载试验”操作已完成。

18. 调整检修运行速度

（1）连接手持编程器。调整检修运行速度，设定检修速度为 0.5m/s。

连接编码器：单击下方【手持编程器】图标，单击引导图标下的红圈闪烁位置。

→
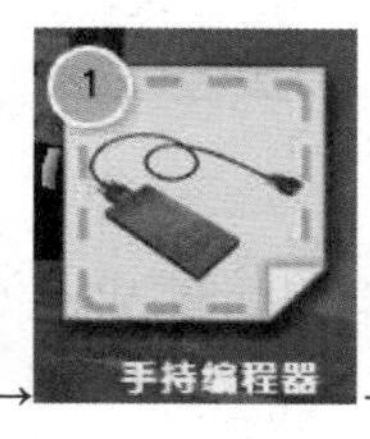

→

（2）进入 Inspec. Speed（检修速度）菜单。

进入检修速度菜单：单击引导图标下的红圈闪烁位置。

单击 2 次。

单击 2 次。

单击 2 次。

单击 12 次。

（3）设定检修速度。

进行设定：单击引导图标下的红圈闪烁位置。

消息提示框：“调整检修运行速度”操作已完成。

模块梳理

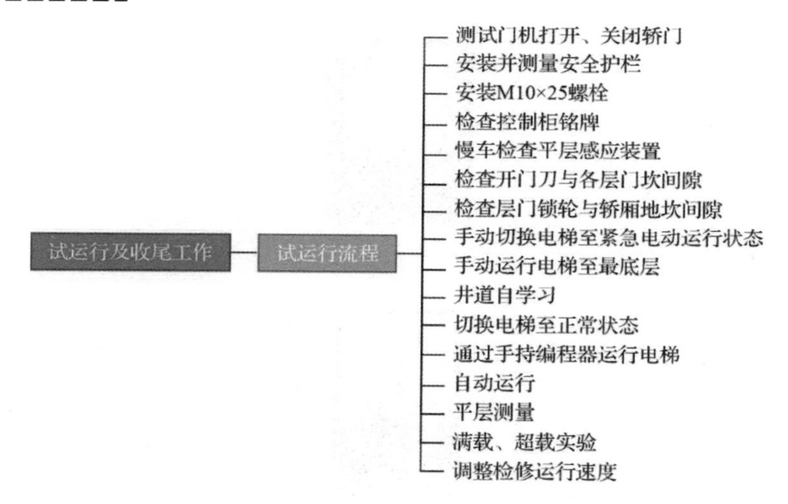

模块测评

判断题

（1）速度控制原理是通过外部位置开关的信号通知门机控制器，什么时候开始减速，什么时候门已经运行到位。（　　）

（2）地坑安全栅栏的底部距底坑地面应≤200mm。（　　）

（3）轿厢在最底层平层位置。轿厢内加 110%的额定负载，轿底超载开关动作，操纵盘上灯亮，蜂鸣器响，且门不关。（　　）

模块测评答案

模块评价

（一）自我评价

由学生根据学习任务完成情况进行自我评价，将评分值记录于表中。

自我评价

评价内容	配分	评分标准	扣分	得分
1. 安全意识	10	1. 不遵守安全规范操作要求，酌情扣分 2. 有其他违反安全操作规范的行为，扣 2 分		
2. 熟悉电梯测试及试运行流程	40	1. 没有进行必要的测试，每处扣 5 分； 2. 不能进行试运行操作，每处扣 5 分		
3. 参观（观察）记录	40	根据任务实施流程观察学生掌握情况，不符合要求，每处扣 3～5 分		
4. 职业规范和环境保护	10	1. 工作过程中工具和器材摆放凌乱，扣 3 分； 2. 不爱护设备、工具、不节省材料，扣 3 分； 3. 工作完成后不清理现场，在工作中产生的废弃物不按规定处置，各扣 2 分；若将废弃物遗弃在井道内，扣 3 分		
总评分=（1～4 项总分）×40%				

签名：__________　　　　_____年_____月_____日

（二）小组评价

由同一实训小组的同学结合自评情况进行互评，将评分制记录于表中。

小组评价

评价内容	配分	评分
1. 实训记录自我评价情况	30	
2. 口述电梯的试运行的流程	30	
3. 互助与协作能力	20	
4. 安全、质量意识与责任心	20	
总评分=（1～4 项总分）×30%		

参加评价人员签名：＿＿＿＿＿＿＿　　　　＿＿＿年＿＿＿月＿＿＿日

（三）教师评价

由指导教师结合自评与互评的结果进行综合评价，并将评价意见与评价值记录于表中。

教师评价

教师总体评价意见：	
教师评分：	
总评分（自我评分+小组评分+教师评分）	

教师签名：＿＿＿＿＿＿　　　　＿＿＿年＿＿＿月＿＿＿日

参 考 文 献

[1] 石春峰. 电梯安装与调试[M]. 北京：机械工业出版社，2016.

[2] 上海市电梯行业协会，上海市电梯培训中心. 电梯安装技术[M]. 北京：中国纺织出版社，2013

[3] 李乃夫. 电梯维修与保养[M]. 2 版. 北京：机械工业出版社，2019.